E. LEDUC

CHAUX ET CIMENTS

Encyclopédie Industrielle

J.B. BAILLIÈRE & FILS

ENCYCLOPÉDIE INDUSTRIELLE

CHAUX ET CIMENTS

E. LEDUC
CHEF DE LA SECTION DES MATÉRIAUX DE CONSTRUCTION
AU CONSERVATOIRE DES ARTS ET MÉTIERS,
ANCIEN CHEF DU LABORATOIRE D'ESSAIS DE CIMENTS DU GÉNIE DE BOULOGNE-S.-MER

CHAUX ET CIMENTS

Avec 119 figures intercalées dans le texte

HISTORIQUE
Théories anciennes et modernes
DÉVELOPPEMENT ÉCONOMIQUE
Usines
CHAUX ET CIMENTS DE GRAPPIERS
Chaux aériennes, chaux hydrauliques
CIMENTS NATURELS, DE LAITIER ET POUZZOLANES
PORTLAND ARTIFICIEL
Contrôle technique de l'usine
ESSAIS ET PROPRIÉTÉS GÉNÉRALES
MORTIERS
Béton, Ciment armé

PARIS
LIBRAIRIE J.-B. BAILLIÈRE ET FILS
19, Rue Hautefeuille, près du Boulevard Saint-Germain

1902

PRÉFACE

Le livre que nous publions aujourd'hui est le résultat d'expériences poursuivies pendant cinq années au laboratoire d'essais de Boulogne-sur-Mer.

Notre travail se divise en six chapitres. Le premier présente, sous une forme assez développée, l'*historique* de l'emploi du ciment depuis les temps les plus reculés jusqu'à nos jours et passe en revue la plupart des théories émises au sujet de l'hydraulicité.

Dans un second chapitre, nous exposons le *développement actuel de l'industrie des chaux et ciments dans les différents pays*. On y trouvera des renseignements sur les établissements qui ont contribué au perfectionnement de la fabrication de cette matière première dont l'emploi devient chaque jour plus considérable.

Les statistiques officielles n'existant pas toujours,

nous nous excusons des erreurs que nous avons pu commettre, et nous prions les lecteurs de bien vouloir nous les signaler.

Le chapitre III traite de la *fabrication des chaux et des ciments de grappiers*.

Le chapitre IV est consacré à la *fabrication des ciments naturels, des ciments de laitier et des pouzzolanes*.

Le chapitre V, auquel nous avons donné une étendue en rapport avec l'importance du sujet, traite de la *fabrication du portland artificiel*. Le dosage des matières premières, la préparation de la pâte par voie humide et par voie sèche, les différents procédés de cuisson et, en particulier, de la cuisson au moyen des fours rotatifs, du concassage, du broyage et du blutage, y sont successivement examinés.

Le chapitre VI donne le *fonctionnement régulier d'une fabrication contrôlée par les moyens scientifiques* dont l'industrie dispose aujourd'hui. Pour la rédaction de ce chapitre nous nous sommes inspiré de notre expérience personnelle, ayant été à même de constater que le contrôle de tous les ateliers d'une usine est absolument nécessaire; c'est ce dont on ne s'est pas toujours suffisamment préoccupé, à notre avis.

Les *essais et les propriétés générales des chaux et ciments* font l'objet du chapitre VII. L'influence de la finesse, la recherche des matières étrangères, la confection des mortiers secs et plastiques, les essais de poinçonnage, l'adhérence au fer, l'expansion, l'action de l'eau de mer, l'influence des matières pouzzolaniques, l'action d'une élévation de température, que nous y traitons forment un ensemble de recherches personnelles dont on trouvera les résultats dans de nombreux tableaux.

Nous ne saurions oublier, en cette occurrence, de remercier très vivement MM. Devisme et Grison, chefs de bataillon du Génie, de la bonne grâce avec laquelle ils ont bien voulu nous faciliter l'exécution de nos nombreux essais.

Les *applications industrielles des chaux et ciments* sont l'objet du chapitre VIII.

Nous signalerons l'emploi de ces matériaux dans les dallages, les enduits, le béton, et le ciment armé d'un usage chaque jour plus répandu.

Pour l'illustration de cet ouvrage, nous avons reçu des constructeurs les plus qualifiés dans cette industrie, les éléments des nombreuses figures et les plans de plusieurs usines auxquels nous avons joint le plan d'un laboratoire de contrôle et celui d'un laboratoire de recherches.

Depuis quelques mois, nous avons été appelé par M. le Ministre du Commerce, à la tête de la section des essais de matériaux de construction du Laboratoire du Conservatoire des Arts et Métiers. Nous espérons poursuivre dans nos nouvelles fonctions les recherches sur les chaux et ciments.

Pour cela le concours des industriels nous est nécessaire, car c'est très souvent de leurs connaissances pratiques qu'il faut s'inspirer pour mener à bien des études nouvelles dans le but d'éclaircir les points obscurs soit de la fabrication, soit de la préparation, soit de l'utilisation des matériaux. Aussi, désirant nous tenir au courant des modifications journalières qui pourront être apportées dans l'industrie des chaux et ciments, nous accueillerons avec la plus vive reconnaissance les renseignements techniques, scientifiques et économiques que MM. les fabricants, ingénieurs et constructeurs voudront bien nous faire parvenir.

E. Leduc.

Mai 1902.

CHAUX ET CIMENTS

I. — HISTORIQUE

1. THÉORIES ANCIENNES.

L'emploi des mortiers de chaux fut connu de la plus haute antiquité. Toutefois, les constructions des premiers âges de la Grèce, connues sous le nom de *constructions cyclopéennes*, furent édifiées à l'aide de prismes de pierre, taillés et juxtaposés, les uns à côté des autres, sans l'aide de mortier.

La colonne du péristyle du labyrinthe d'Égypte, érigée 3 600 ans avant notre ère, était, d'après Pline, en pierre artificielle.

D'Égypte, l'art de la construction, passa en Grèce. L'aqueduc d'Argos était en béton de marbre et de chaux.

Sans être exactement fixé sur l'époque à laquelle les Romains commencèrent à se servir du mortier, on croit savoir qu'il n'en entra point dans l'établissement de la Grande Cloaque que fit construire à Rome, environ 600 ans avant notre ère, Tarquin l'Ancien, et qu'on en employa dans la construction de la voie Appienne, tracée 313 ans avant notre ère.

La manière dont les Romains employaient ces matériaux nous est révélée par Marcus Porcius Caton dans son traité *De re rustica* (200 ans avant notre ère), puis Fussitius, Taventius Varron, Publius et Septimius et enfin Vitruve, architecte d'Auguste, qui décrit toutes les opérations. Dans les xve et xvie siècles, Léon-Baptiste Alberti et Palladio Scamozzi en Italie, Philibert Delorme en France répètent ce qu'ont écrit Vitruve et Pline.

La cherté et la difficulté de se procurer la pouzzolane d'Italie employée pour les travaux à la mer incitèrent à trouver d'autres matières susceptibles de la remplacer. Les Hollandais y substituèrent pour la construction de leurs digues le trass d'Andernach, tuf volcanique des bords du Rhin provenant de la petite vallée de Brohlbach.

Pour les mêmes raisons, vers le milieu du dernier siècle, un ingénieur suédois, Baggé, de Gothembourg, chercha à fabriquer une espèce de pouzzolane par la calcination du schiste compact qui se trouve abondamment auprès de Wesneborg, ce dont il se trouva bien.

En 1729, Bélidor publie un ouvrage sur *La science des Ingénieurs*, et vante l'emploi du béton.

Smeaton, qui ne publia ses expériences qu'en 1791, avait, vers 1750, été chargé de la construction du phare d'Eddystone devant Plymouth, qui devait le rendre célèbre. Il remarqua, en étudiant les différentes chaux d'Angleterre, et principalement celle d'Abertaw du comté de Clamorghan qui contenait 11 p. 100 d'argile, que les calcaires qui, comme le marbre et la craie, traités par l'acide nitrique, ne laissent aucun résidu, donnent une chaux incapable de durcir sous l'eau, tandis que ceux laissant un résidu de sable et d'argile

« acquièrent par la calcination une propriété qui a pour effet de donner de la solidité aux murs construits dans l'eau et de rendre les murs exposés à l'air plus résistants que s'ils avaient été construits avec une chaux exempte d'argile ».

Smeaton, peu avancé en chimie, et ayant dû s'adresser à un ami pour apprendre à analyser sommairement les calcaires, ne sut pas tirer tout le parti de son observation. Aussi, il propose aux chimistes de décider « pourquoi la présence de l'argile dans le tissu de la pierre calcaire rend la chaux propre à durcir sous l'eau, propriété que la chaux tirée des pierres calcaires pures n'acquiert point ».

Il ajoute que l'argile mêlée à la chaux ordinaire ne produit pas cet effet.

Si, dit Vicat, à qui nous empruntons ces citations, et qui résolut le problème posé par Smeaton, cet ingénieur avait eu l'idée de cuire le mélange de chaux et d'argile, il aurait obtenu de la chaux hydraulique.

Vers 1780, le savant chimiste suédois Bergman, dont l'opinion faisait autorité à cette époque, ayant trouvé que la chaux de Léna, en Upland, contenait environ 2 p. 100 de manganèse, attribua à la présence de ce corps la propriété de cette chaux de durcir sous l'eau.

On construisit même, rapporte Vicat d'après un ingénieur suédois, sur la foi de Bergman une écluse en mortier de chaux grasse et peroxyde de manganèse qui, au bout de peu de temps, fut mise dans un état pitoyable.

En France, Loriot, mécanicien et pensionnaire du Roi, publia en 1775, un mémoire dans lequel, interprétant faussement un passage de Pline, il croit avoir retrouvé le fameux secret des Romains. Son procédé consistait à ajouter au mortier de chaux et de sable une certaine proportion de chaux vive en poudre très fine. Guyton de Morveau, avec toute son autorité, répéta ces expériences, et prôna lui-même le procédé.

Deux ans après, en 1778, de la Faye, interprétant à son tour le passage de Pline, croit, lui aussi, avoir retrouvé ce fameux secret si bien gardé. Son procédé consistait à éteindre la chaux par immersion. Au point de vue de la valeur hydraulique de la chaux fournie, son procédé n'eut pas plus de succès que celui de Loriot. Comme pour le procédé de ce dernier, Guyton de Morveau expérimenta et prôna la méthode de de la Faye. Il l'employa même pour la construction d'une écluse.

Ces deux méthodes furent abandonnées. Quoique n'ayant aucune valeur au point de vue de l'hydraulicité, elles eurent de nouveau l'honneur de la discussion environ cinquante ans plus tard.

L'expérience de Joseph Black (1728-1799), professeur de chimie à Édimbourg, donnant la première explication scientifique de la décomposition du calcaire, en montrant que, par la calcination, on enlevait à la pierre une certaine quantité d'une substance acriforme — acide carbonique — fut le point de départ de plusieurs théories sur le durcissement des mortiers.

En 1780, Higgins publie une série de recherches entreprises en 1775, dans lesquelles il écrit que le durcissement provient de ce que la chaux a repris à l'atmosphère tout le gaz carbonique qu'elle a perdu, et revient à l'état de pierre.

Il donne en outre des expériences très curieuses et très étendues sur la valeur des sables, l'emploi des mortiers, etc., et montre que les mortiers doivent être composés de sable gros et fin qu'il classe en trois catégories, suivant la grosseur des grains ; que les meilleurs sables doivent être composés de quatre de gros et trois de fin. Il étudie également l'addition de diverses matières, argile crue, plâtre en poudre, etc. C'est, d'après un rapport de Gay-Lussac, de Prony et Girard, un travail remarquable pour l'époque.

Deux ans avant la publication du mémoire d'Higgins, Faujas de Saint-Fond, savant naturaliste, dans un mémoire sur la substitution des pouzzolanes du Vivarais à celles d'Italie, s'appuyant sur ce que Achard, chimiste berlinois, venait de découvrir que l'action de l'acide carbonique sur l'eau de chaux et une évaporation lente produisaient des cristaux de carbonate de chaux, émet la même idée qu'Higgins.

A la même époque, des expériences eurent lieu à Toulon pour remplacer la pouzzolane d'Italie par celle du Vivarais préconisée par Faujas de Saint-Fond, qui publia en 1778 et 1780 plusieurs mémoires sur cette question.

En 1783, Guyton de Morveau, reprenant les travaux de Bergman, sur la chaux de Léna qu'il analysa, ainsi que sept espèces de chaux de Bourgogne, reconnut dans celles de Brion, dans le département de Saône-et-Loire, et de Morex dans le pays de Gex, la présence du manganèse. Il conclut comme Bergman en attribuant l'hydraulicité à la présence de ce corps. C'est à la suite de ce travail, que, comme Bergman et sans plus de succès d'ailleurs, voulant passer de la théorie à la pratique, il conseilla un peu avant l'an V, pour fabriquer de la chaux hydraulique, de calciner un mélange de quatre parties d'argile grise, six d'oxyde noir de manganèse et quatre-vingt-dix de pierre à chaux en poudre fine. Il conseilla également d'ajouter à la chaux vive une certaine quantité de mine de fer blanche qui se compose en grande partie de carbonate de chaux manganésifère.

En 1786, DE SAUSSURE, étudiant la chaux de Chamonix, remarque que, bien que dépourvue de manganèse, elle durcit dans l'eau, d'où il infère que cette propriété dépend seulement de la silice. Il considère néanmoins, malgré son observation et par pur respect de l'autorité de Bergman, que le manganèse est plus énergique que la silice.

La même année et l'année suivante, 1786-1787, l'illustre CHAPTAL, préoccupé de substituer des produits français aux pouzzolanes italiennes, publie deux longs mémoires sur la fabrication des pouzzolanes et la substitution des terres ocreuses aux pouzzolanes d'Italie.

« Nous trouvons fréquemment sur la surface du globe des terres analogues à cette terre volcanique, et il ne leur manque que d'avoir éprouvé l'action du feu violent pour ne pas en différer du tout. J'ai donc cru que le feu de nos fourneaux, plus actif que celui des volcans, puisque nous vitrifions aisément ce que le volcan ne fait que fritter, pourrait le remplacer avec avantage. »

D'après lui, on peut convertir facilement en pouzzolanes : 1° les terres ou ocres vierges connues généralement dans le Languedoc sous la désignation de *terres bolaires ;* 2° les terres bolaires jaunes qui passent au rouge par la calcination ; 3° les schistes noirâtres.

Les premiers essais, qui portèrent sur 2 ou 300 tonnes de ces ocres, eurent lieu, en 1785, dans le port de

Cette. Comme celles entreprises l'année suivante, elles montrèrent que ces pouzzolanes égalaient celles d'Italie.

Chaptal insiste sur la nécessité d'avoir des argiles riches en oxyde de fer. Cette opinion sur la nécessité de l'oxyde de fer pour l'hydraulicité prévalut si bien, qu'elle faillit presque remplacer celle du manganèse. C'est ainsi qu'en 1805, Gratien Lepère, ingénieur des ponts et chaussées que nous citerons plusieurs fois dans le cours de cette étude, prescrivait d'éteindre la chaux dans de l'eau saturée d'oxyde de fer. Guyton de Morveau, dans un mémoire publié la même année, semble également partager cette opinion ; et même bien plus tard, et pour en finir avec l'oxyde de fer, en 1854, deux chimistes éminents, Malaguti et Durocher, dans une note à l'Académie des sciences, insistent encore sur les qualités hydraulisantes de l'oxyde de fer, théorie qui fut du reste combattue par Vicat.

En 1787, de Cessart transforme le basalte en pouzzolane par la calcination.

Pendant la Révolution, on rechercha par toute la France les produits propres à remplacer les pouzzolanes d'Italie qu'on ne pouvait se procurer. De nombreux essais eurent lieu sans grand succès.

En Angleterre, PARKES découvre accidentellement les propriétés hydrauliques du septarium dans l'île de Sheppey en 1791, qui est le point de départ de l'industrie des ciments naturels, et plus tard des ciments artificiels, car c'est la crainte de manquer de cette roche naturelle qui fit chercher à la remplacer par des mélanges artificiels. Voulant exploiter sa découverte, Parkes s'associe quelques années plus tard avec Wyatts, et tous deux prennent, en 1796, une patente pour la fabrication d'une espèce de chaux qu'ils appellent d'abord *ciment aquatique*, puis plus tard *ciment romain*, appellation bien impropre, les Romains n'ayant jamais connu de produits de ce genre. Parkes obtenait son ciment par la cuisson à faible température de concrétions marneuses contenant 30 à 35 p. 100 d'argile, puis broyait les roches après avoir rejeté les morceaux trop cuits comme impropres.

Darcet, analysant des débris de mortier de la Bastille, montre qu'il ne contient que la moitié de l'acide carbonique nécessaire pour la reconstitution totale de toute la chaux en carbonate, et porte ainsi un coup à la théorie du durcissement basée, à la suite de la découverte de Black, sur la transformation de la chaux en carbonate, reconstituant la pierre primitive.

En 1800, Guyton de Morveau publie un mémoire intéressant parce qu'il montre le petit nombre de chaux hydrauliques connues à cette époque. Il en connaissait en tout huit, dont la chaux de Léna (Suède) et d'Abertaw (Angleterre).

Il revient sur la théorie de la nécessité du manganèse et écrit : « Il est possible, comme a dit de Saussure, qu'il y ait des pierres qui ne tenant point manganèse donnent néanmoins une chaux susceptible de durcir dans l'eau, ce qui peut tenir à quelque autre composition, comme celle de la cendrée de Tennay, du mortier fait avec le trass des Hollandais, etc. Mais cela n'infirme nullement les résultats des observations et des expériences sur l'oxyde de manganèse.

Presque à la même époque, on commença à fabriquer en France un peu du ciment de Parkes grâce à un

Anglais qui débarqua en France dans le but de vendre le secret de la fabrication.

« En 1802, (1) alors que la France était en guerre avec l'Angleterre, un Anglais fut rencontré errant sur la plage de Boulogne ; conduit au sous-préfet, M. Masclet, il lui déclara se nommer Smith, être piqueur du gouvernement anglais et avoir été employé en dernier lieu aux constructions hydrauliques de Chatham ; il avait couru le risque de débarquer en France dans l'espoir d'obtenir une bonne récompense pour un service éminent qu'il voulait nous rendre. Dans les travaux sous l'eau exécutés par le gouvernement anglais, on faisait usage d'un ciment d'une excellente qualité résultant de la calcination des galets qu'on trouvait le long des falaises et des côtes d'Angleterre; il avait supposé que le même galet devait se trouver sur la côte de France opposée; ses présomptions s'étaient réalisées, car il avait la poche pleine de galets pareils qu'il venait de ramasser sur la plage de Boulogne, et il était disposé à faire toutes les recherches possibles pour découvrir la roche. M. Masclet ne voulut pas laisser échapper cette découverte; il nomma une commission composée des citoyens Anselin, ingénieur des ponts et chaussées, Blanchard, pharmacien, Henry, garde adjudant du génie, Lesage, ingénieur militaire, et Liégeard, professeur de physique et de chimie à l'École centrale, qui fut chargée d'étudier les propriétés du produit obtenu par la cuisson des galets, et qui, par l'organe de son rapporteur Lesage, présenta, le 1er floréal an X, à la Société d'Agriculture, de Commerce et des Arts de Boulogne-

(1) R. Feret, *L'industrie des ciments dans le Boulonnais.* Boulogne-sur-Mer, 1899.

sur-Mer un important rapport sur les résultats de ses recherches. Toutefois, malgré ses brillantes qualités, le nouveau produit ne devait jamais, du moins pendant près d'un demi-siècle, être l'objet d'une fabrication industrielle suivie ; diverses recherches en vue de découvrir les bancs d'où provenaient les galets restèrent sans résultats, et, vu la quantité relativement faible des galets qu'on pouvait ramasser sur la plage, la consommation fut forcément limitée aux besoins locaux ; encore ne trouve-t-on trace de l'emploi de ce ciment que dans quelques travaux de réparation exécutés de 1820 à 1835 par le génie aux forts de l'Heurt et de la Crèche. Néanmoins, le *ciment de galets de Boulogne*, pour employer le nom qui lui est resté, a été l'objet de nombreuses recherches expérimentales et est cité par tous les auteurs de l'époque. »

Telle est l'origine de la fabrication du portland en France.

Ce produit, qui provenait probablement du même banc que celui qui avait donné de si bons résultats à Smeaton, fut dénommé *plâtre-ciment*.

On attribua les propriétés hydrauliques de ce ciment au manganèse. Cependant, une analyse faite plus tard par Drapier, élève des mines, n'en montra point.

Malgré le succès de ce produit, les recherches des ingénieurs se portaient toujours sur la fabrication des pouzzolanes artificielles. Gratien Lepère, ingénieur des ponts et chaussées à Cherbourg, remplace en l'an XII la pouzzolane d'Italie par un schiste calciné, provenant d'Haineville. Ses efforts eurent plus ou moins de succès, et son produit, dit quelque part Vicat, avait besoin de chaux hydraulique pour durcir. Cette observation s'applique à beaucoup de produits expérimentés comme pouzzolanes artificielles, qui pour les uns étaient excellents et ne valaient rien pour d'autres; le peu de connaissances qu'on possédait sur les chaux devait certainement faire prendre parfois et selon le hasard des chaux hydrauliques durcissant seules, faisant par cela même croire à l'inventeur que son procédé en était cause, alors que, dans un autre endroit, expérimenté avec une chaux grasse, il ne donnait aucun résultat.

Quoi qu'il en soit des essais de Gratien Lepère, cet éminent ingénieur eut le mérite de faire et faire faire des études diverses sur les produits hydrauliques.

De 1802 à 1817, Jean Rondelet, architecte de l'église Sainte-Geneviève à Paris, publie un *Traité de l'art de bâtir*, dans lequel il traite de la connaissance et de la force des matériaux, ouvrage important.

En 1806, Vitalis, professeur de chimie et secrétaire de l'Académie de Rouen, ayant fait les analyses des chaux de Sainte-Catherine et de Senonches, écrit: « Il résulte de cette analyse que les pierres à chaux de Senonches et de Sainte-Catherine sont de vraies marnes calcaires dans lesquelles la craie prédomine, il est vrai, mais où l'argile joue un rôle très important; c'est cette proportion d'argile qui, suivant moi, rend *maigre* (employé pour *hydraulique*) la chaux de ces deux espèces de pierre, d'où il suit que la présence de l'oxyde de manganèse n'est pas du moins la seule condition pour obtenir une chaux de cette espèce, puisque cette analyse prouve que les pierres dont il s'agit ne contiennent point de manganèse. »

Gratien Lepère cite les analyses de Vitalis infirmant les opinions de Bergman et de Guyton et confirmant celle que Saussure avait émise avec tant de timidité.

L'année suivante (1807), Le Masson, dans un rapport sur l'emploi d'une pouzzolane artificielle, accentue la portée de l'importante observation de Vitalis en faisant remarquer que la « pierre à chaux de Caumont près Rouen, qui, sur 100 parties, ne contient que 2 parties d'argile, au lieu de donner de la chaux maigre donne au contraire l'espèce de chaux qu'on nomme *grasse*, beaucoup moins propre que la chaux maigre aux constructions hydrauliques ».

La recherche du fameux secret des Romains n'était toujours pas abandonnée, et, en 1807, Fleuret, professeur d'architecture à l'ancienne École militaire, reprend le procédé de de la Faye et le décrit d'une façon puérile. Il cherche à retenir le plus longtemps possible la vapeur d'eau qui s'échappe de la chaux au moment de l'extinction, parce que, écrit-il, «elle (cette vapeur) réveille et excite l'appétit des ouvriers, d'où je conclus qu'elle contient des principes propres au durcissement des matières». Malgré cela, son ouvrage n'est pas sans valeur, et l'auteur fait montre d'une certaine hardiesse en recommandant l'emploi de conduites d'eau en béton.

Une lettre qu'il écrit à M. Blachier Misery (1) à la même époque montre bien l'état des connaissances acquises à cette époque sur la nature des produits hydrauliques :

Pont-à-Mousson, le 5 novembre 1807.

Monsieur,

J'ai l'honneur de répondre à l'observation que vous me faites sur les deux espèces de chaux qui se trouvent dans votre département. Celle qui provient de la pierre noirâtre et qui se durcit

1. Marius Viallet, *De l'évolution dans le choix et la préparation des matières d'agrégation*. Grenoble, 1900.

dans l'eau sans être mêlée à d'autres matières est certainement meilleure que la blanche qui n'a point cette propriété : il y a néanmoins de la pierre blanche très dure qui fait de l'excellente chaux; mais, en général, celle qui a la couleur que vous désignez et qui est très compacte est d'une très bonne qualité; vous en trouverez la raison dans mon ouvrage, au chapitre qui a pour objet « La pierre à chaux ».

Raisons, dit M. Viallet, qui se limitent à quelques vagues considérations sur la compacité et la couleur de la pierre.

Paraissent ensuite différents mémoires de Daudin, ingénieur en chef des ponts et chaussées, et Sage qui n'apportent aucune lumière sur la question.

Il était important que l'assertion de Vitalis fût contrôlée. C'est ce que fit COLLET DESCOTILS, ingénieur en chef et professeur à l'École des mines, qui, ayant analysé la chaux de Senonches et une chaux grasse, remarque que cette dernière ne contient que de la chaux et de l'acide carbonique, alors que celle de Senonches donne de la silice extrêmement fine, avec de faibles proportions d'alumine, de fer et de magnésie.

« Cette silice, écrit-il en 1813, qui n'est point attaquée lorsqu'on dissout dans les acides la pierre calcaire de Senonches, se dissout presque en entier lorsque l'on soumet à leur action la chaux fabriquée avec cette même pierre. La silice doit se trouver par conséquent dans la chaux de Senonches à un état qui la rend propre à éprouver l'action des agents chimiques. Il paraît très vraisemblable que la condition essentielle pour qu'une pierre calcaire fournisse de bonne chaux maigre (hydraulique) est qu'elle contienne une grande quantité de matière siliceuse disséminée en particules très fines, car il semble peu probable que les très faibles proportions d'alumine, de magnésie et d'oxyde de fer qui peuvent s'y trouver aient une influence très notable sur ses propriétés. »

Malgré ces expériences, la théorie du manganèse était si parfaitement ancrée dans les esprits, qu'à nouveau, le savant Guyton de Morveau écrit la même année, en parlant du travail de Descotils, « que ce serait porter trop loin les conséquences de l'observation de Descotils que d'en conclure à l'inertie des oxydes métalliques, notamment ceux de fer et de manganèse ».

Tel était à l'époque l'état de la question singulièrement éclaircie pour un esprit sagace et indépendant, par les observations de Vitalis et la note de Collet Descotils. C'est alors que Vicat, le véritable fondateur de la chimie hydraulique, à cette époque ingénieur ordinaire des ponts et chaussées, ayant des ennuis dans l'établissement des fondations du pont de Souillac, s'attaqua à la solution du problème tant cherché qu'il devait résoudre en grande partie, et n'abandonner qu'à sa mort survenue le 10 avril 1861.

La question des matériaux hydrauliques fut toute sa vie scientifique, celle à laquelle il donna toute son intelligence et son activité, qu'il fit naître, grandir et prospérer et implanta partout où les matières premières ne faisaient pas défaut, parcourant la France entière, où, de 1824 à 1844, il étudie un nombre considérable de gisements calcaires. Polémiste ardent, il publia un nombre considérable de brochures, notes, mémoires retournant la question sous toutes ses faces et donnant un rare exemple de science, de travail et d'énergie.

Pour résoudre le problème, Vicat procéda par synthèse.

Dans un mémoire intitulé : *Recherches expérimentales sur les chaux de construction, les bétons et les mortiers ordinaires*, paru en 1818, approuvé par l'Académie des sciences à la suite du rapport de de Prony, Gay-Lussac et Girard, et inséré dans le Recueil des savants étrangers, Vicat s'exprime ainsi : « L'opération (fabrication de la chaux hydraulique) consiste à pétrir de la chaux éteinte avec une certaine quantité d'argile grise ou brune ou plus simplement de terre à briques, et à tirer de cette pâte des boules qu'on laisse sécher pour les faire cuire ensuite au degré convenable :

« On conçoit déjà qu'étant maître des proportions, on l'est également de donner à la chaux factice le degré d'énergie que l'on désire, et d'égaler ou de surpasser à volonté les meilleures chaux naturelles. »

Pour contrôler cette découverte qui devait avoir un retentissement énorme, l'Académie des sciences et le corps des ponts et chaussées nommèrent une commission devant laquelle le jeune ingénieur dut, avec de la chaux grasse et de l'argile, fabriquer de la chaux hydraulique. Les flacons contenant la pâte furent remplis d'eau et la commission écrit, M. Merceron-Vicat (1), s'ajourna à un an. L'expérience fut concluante.

En 1819 le chimiste J.-F. John, de Berlin, dans un mémoire couronné par la Société hollandaise des sciences de Harlem, écrit « que l'infériorité de la chaux de coquille tient à ce que celle-ci ne contient pas de matières argileuses ».

La première usine à chaux hydraulique artificielle par le procédé Vicat fut installée en 1818 à Nemours (Seine-et-Marne) par M. Giraut, architecte, mais, comme les suivantes, elle ne dura pas. Vicat, ayant étudié de nombreux gisements propres à la fabrication de la chaux hydraulique naturelle, les fabriques à chaux artificielle ayant des frais de fabrication plus élevés disparurent.

Actuellement, une seule fabrique à chaux hydrau-

(1) Merceron-Vicat, *Chaux hydrauliques et ciments*, p. 17. Grenoble, 1885.

lique existe encore. Située aux Moulineaux près de Paris, dans des conditions économiques toutes particulières, elle peut résister à la concurrence des chaux hydrauliques naturelles.

Cette usine fut créée en 1826 par M. de Saint-Léger qui avait répété les expériences de Vicat en Angleterre et pris une patente en France en 1818, sur les indications de Vicat (1). Tout récemment il vient de se créer une nouvelle usine à Haubourdin (Nord).

L'industrie des produits hydrauliques se perfectionnait également en Angleterre où Dobbs en 1810, Froost en 1822, prennent des patentes pour la fabrication du ciment. En 1824, Joseph Apsdin, briquetier du comté d'York, brevète un produit qu'il appelle *ciment Portland*, le ciment durci ayant l'aspect du calcaire qu'on tire de l'île de Portland. Comme ses devanciers y compris Vicat (tout au moins dans les premières années, car Vicat plus tard chercha à utiliser les chaux brûlées, c'est-à-dire très cuites) Apsdin rejetait les morceaux trop cuits. Pourtant, disent certains auteurs anglais (2), ce fut dans la famille d'Apsdin qu'on arriva à surcuire le ciment.

A peu près à la même époque, Pasley, officier du génie anglais, se préoccupait de la question et publiait en 1828 un ouvrage intitulé : *Artificial water-cement.*

En 1825, la première usine à ciment est fondée par Froost à Swansonhire dans le comté de Kent. A partir de cette époque cette industrie se développa de plus en plus dans ce pays et l'ingénieur Grant, lors des travaux de voirie entrepris à Londres vers 1860,

(1) Candlot, *Ciments et chaux hydrauliques,* 1898, p. 36.

(2) Bonnami, *Fabrication et contrôle des chaux et ciments.* Paris, 1898, p. 3.

fit faire de rapides progrès en soumettant les ciments à des essais de plus en plus sévères, obligeant ainsi les industriels à les améliorer constamment.

En France, cette industrie progressa également.

En 1830, l'usine du Teil (Ardèche), dont les produits sont universellement connus et dont on se servait depuis un temps immémorial dans le pays, est fondée.

Quelques années plus tard, 1842, le colonel, alors capitaine du génie, Breton, découvre le gisement qui fut l'origine des ciments de la Porte de France.

Par mesure de sécurité dans l'emploi des chaux hydrauliques, les ingénieurs exigeaient la livraison de chaux en morceaux, « en crottes » dont l'extinction était opérée sur les chantiers. Cette pratique amena de tels mécomptes que, dans les grands chantiers des ports de la Méditerranée, on livra le calcaire du Teil qu'on cuisait et éteignait sur place. Cette méthode augmentait tellement le prix de revient qu'elle ne put durer, et en 1841, M. DE VILLENEUVE commença à livrer de la chaux en poudre blutée à l'usine. Quelques années plus tard, une petite machine à bluter construite par les ateliers nationaux fut installée en 1848 à l'usine du Teil.

Un dernier progrès restait à réaliser dans cette industrie. On rejetait toujours, comme n'ayant aucune valeur, les parties non éteintes de la chaux hydraulique : les grappiers.

Après bien des tâtonnements, vers 1865, Jurron à Virieu-le-Grand et Pavin de Lafarge au Teil, arrivèrent à utiliser les grappiers et à les employer comme ciment.

Pour revenir au portland, « en 1846 (1), deux Bou-

(1) Feret, déjà cité.

lonnais, Charles DEMARLE et Émile DUPONT, se souvenant sans doute des expériences de Lesage sur le ciment de galets, établissent un four à chaux sous le nom de Dupont en 1848. Demarle, chercheur infatigable, travaille sans relâche à perfectionner le procédé pour arriver à établir la fabrication telle qu'elle existe encore actuellement dans ses grandes lignes, par l'invention des bassins doseurs ».

C'est l'époque d'où date la véritable création de l'industrie du portland artificiel.

L'industrie française fit de rapides progrès. Toutefois, ce ne fut qu'en 1885, grâce à MM. GUILLAIN, ingénieur en chef, et VÉTILLART, ingénieur ordinaire des ponts et chaussées, que les ciments français furent enfin admis dans les grands travaux de l'État à la place des ciments anglais, qui, depuis, ont été complètement éliminés. Depuis lors, l'industrie n'a fait que progresser.

Dans les autres pays l'industrie est plus récente et ne présente rien de particulier, sauf en Allemagne où elle a marché à pas de géant depuis la création en 1852 d'une station expérimentale à Zullchow, près Stettin, par le Dr Hermann Blubtren, de Born, qui se changea, en 1855, en fabrique de ciment, la première installée dans ce pays.

2. THÉORIES MODERNES SUR LA CONSTITUTION ET LA PRISE DES PRODUITS HYDRAULIQUES.

Nous venons de voir que, par leurs expériences, Smeaton en Angleterre, Vitalis, Collet Descotils, Vicat en France, John en Allemagne, prouvèrent que la cause de l'hydraulicité résidait dans la présence de la silice et de l'alumine (Vicat). Mais, comment agissent ces matières? Par suite de quelles transformations la silice, l'alumine et le fer de l'argile vont-ils, sous l'influence de la température intense de la cuisson, agir sur la chaux et très probablement la magnésie du calcaire ? Et ensuite, par quel enchaînement de phénomènes cette poudre acquerra-t-elle, par le simple contact de l'eau, la propriété de prendre une dureté extrême ?

Ces deux problèmes de constitution chimique et de prise, encore plus peut-être que celui de la nécessité de l'argile, devaient être la cause des théories les plus diverses, chimiques, physiques et physico-chimiques. Ces deux problèmes sont du reste tellement complexes qu'actuellement, quelle que soit la théorie admise, elle n'est pas à l'abri de sérieuses critiques.

A la fin du XVIIIe siècle ou au commencement de XIXe — nous ignorons la date exacte — Guyton de Morveau, par des expériences de double décomposition, avait montré qu'en versant de l'eau de chaux dans une dissolution de silice dans de la potasse ou de la soude, il se formait un produit particulier de silice et chaux. De cette expérience, on croyait pouvoir conclure que la chaux agissait de même sur la silice des mortiers. Il appartenait à John, le premier, de montrer que la chaux caustique n'agissait pas sur la silice à l'état de quartz. VICAT et BERTHIER, qui répétèrent ces expériences, montrèrent, de plus, qu'il n'en était pas de même de la silice précipitée des silicates, qui agissait sur la chaux hydratée en s'y combinant et en l'enlevant de l'eau de chaux, et qu'il en était de même de l'argile calcinée modérément.

Malgré ces expéreinces, Berthier, dans une note publiée, en 1822, dans les *Annales des Mines*, expose que la cause du durcissement est due à des phénomènes physiques provenant du contact des particules de matières mises en jeu, théorie à laquelle Vicat répond en écrivant que la cause du durcissement est due à des phénomènes chimiques. Il admettait qu'il se formait pendant la cuisson un silicate de chaux et un silicate d'alumine qui, en s'hydratant, provoquaient la solidification des matières.

Ainsi, dès le début, à la théorie purement chimique est opposée une théorie physique, qui toutes deux, tout au moins dans leurs grandes lignes, peuvent être encore actuellement les deux théories opposées.

Quelques années plus tard, en 1832, J.-N. Fuchs, dans un mémoire couronné par l'Académie des sciences de la Haye, devait compléter la théorie de Berthier, en prétendant que le seul rôle de la calcination est de replacer les corps dans leur état primitif, en amenant la dissociation de l'argile et du carbonate de chaux en silice et chaux qui, sous l'action de l'eau de gâchage, se combinent en formant un sel hydraté.

Malgré tous ces faits palpables, et les nombreuses analyses publiées, on trouve néanmoins encore une fois, en 1836, un mémoire d'un entrepreneur distingué, M. Deny de Curis, dont l'opinion est soutenue à l'Académie des sciences par Héricart de Thury. L'auteur croit, comme Loriot, de la Faye et Fleuret, que l'extinction l'emporte sur la composition chimique, et qu'on peut, avec toutes les chaux éteintes convenablement par son procédé d'extinction concentrée, qui, du reste, n'offre rien de particulier, faire des chaux hydrauliques avec toutes les espèces de chaux.

Plus tard également, en 1841, on trouve encore un esprit comme Poncelet se refusant à admettre, contrairement à Vicat qui finit par l'emporter, à propos de l'élévation des fortifications de Paris, que l'emploi du mortier de chaux hydraulique est préférable à celui de chaux grasse.

Nous ne parlerons que pour mémoire de la théorie de Kuhlmann (1847) qui faisait intervenir l'action des alcalis, de Pettenkoffer en Allemagne (1849), qui, comme Fuchs, pense que dans le ciment la chaux est à l'état libre, de Malaguti et Durocher, en 1854, qui attribuent une grande importance à l'oxyde de fer, pour arriver, en 1856, aux théories émises par Rivot et Chatoney dans leur beau travail intitulé : *Considérations générales sur les matériaux employés dans les constructions.*

D'après ces deux savants, et notamment selon Rivot qui s'occupa de la partie chimique, il se forme, suivant la température de la cuisson, SiO^2 2CaO et Al^2O^3 3 CaO, et, si on augmente davantage la cuisson, un troisième sel composé de silice, alumine et chaux.

Sous l'action de l'eau de gâchage, les deux premiers sels forment un hydrate avec 6 HO et le troisième se dédouble en silicate et aluminate de chaux qui agissent comme les deux premiers, et la prise est le résultat de la cristallisation du silicate de chaux.

Feichtinger, en Allemagne, croit comme J.-N. Fuchs et Pettenkoffer qu' « après la calcination on a un mélange de silice amorphe avec des silicates et beaucoup de chaux libre ; pour opérer le durcissement dans l'eau, une triple action chimique entre en jeu. D'abord, il y a fixation d'eau par tous les éléments, réaction préliminaire (et non simultanée avec les ciments comme le voulait Fuchs), ensuite a lieu la combinaison de la silice avec la chaux, c'est ce qui constitue le durcissement ; finalement, l'hydrate de chaux qui reste encore à l'état libre est transformé en carbonate par l'acide carbonique de l'air (1) ».

Cette théorie fut combattue par WINCKLER, qui en 1858 admet deux sortes de produits : chaux hydraulique et ciment romain, qui durcissent, comme l'a admis Fuchs, dans lesquels la chaux se combine pendant la prise, et le portland dans lequel la chaux est entièrement combinée à la silice, l'alumine et l'oxyde de fer, à l'état de sels plus ou moins basiques.

D'après Heldt, la cuisson a combiné la chaux à l'alumine et à la silice en formant un aluminate inerte, et un silicate qui, sous l'effet de l'eau, s'hydrate en formant du silicate hydraté 5 CaO 3 SiO^2, 5 H^2O.

Lieven admet le premier, croyons-nous, que la magnésie forme des silicates hydratés comme la chaux. (Dès 1836, Vicat avait reconnu que les chaux magnésiennes pouvaient être hydrauliques.)

En 1863, Zulkowski, dans une série de publications dont la dernière date de 1898 et les résume toutes, admet que les produits hydrauliques sont des mélanges de chaux et de silicates basiques pouzzolaniques (*hydraulites*) qui se combinent pendant le gâchage.

La question était donc bien controversée. FRÉMY résolut de lever les doutes sur toutes ces théories et, dans une première note (1865), dit que la prise est le résultat de deux actions chimiques différentes : 1° de l'hydratation des aluminates de chaux Al^2O^3CaO Al^2O^3 2 CaO et Al^2O^3, 3 CaO ; 2° de la réaction de l'hydrate de chaux sur les silicates d'alumine et chaux SiO^2 CaO et SiO^2 2 CaO qui existent dans tous les ciments et agissent dans ce cas comme pouzzolanes.

(1) Candlot, *Ciments et chaux hydrauliques*, p. 311. Paris, 1898.

Dans sa seconde note (1868), Frémy, abandonnant ses théories premières, conclut ainsi :

1° Tout ciment hydraulique est un mélange de pouzzolane et de chaux. Sa prise est due à l'action de la chaux hydratée sur la pouzzolane qu'il contient, et non à l'hydratation des silicates produits dans la calcination ;

2° Les pouzzolanes présentent les compositions chimiques les plus diverses ; elles peuvent être formées par de la silice et par de l'alumine sous certains états allotropiques, par de l'argile calcinée, par des silicates simples ou doubles, sans parler de composés magnésiens ;

3° Dans la calcination d'un calcaire argileux, différentes pouzzolanes binaires et ternaires peuvent prendre naissance ; les propriétés hydrauliques dépendent alors de la nature ou de la proportion de l'argile qui se trouvait dans le mélange et aussi de la température à laquelle la calcination a été portée.

Les expériences de Frémy laissaient bien des points obscurs.

Il y a lieu, remarque Knapp, en 1876, de voir dans la solidification deux phénomènes, l'un mécanique et l'autre chimique.

« Lorsque les particules de ciment acquièrent au contact de l'eau une cohésion pierreuse, il y a d'abord et avant tout, un fait purement mécanique. Pour que cette action mécanique s'accomplisse, une des conditions nécessaires consiste en certaines réactions chimiques, mais le phénomène ne s'accomplit pas nécessairement si ces réactions chimiques ont lieu. »

En 1882, 1883 et 1884, Landrin publie diverses notes sur les causes du durcissement. Après avoir étudié différentes sortes de silice, il conclut que les pouzzolanes doivent leur action à la silice qu'il appelle *silice hydraulique*, qu'on peut produire par précipitation, à l'aide d'un acide fort, d'un silicate alcalin, et calcination, et que le produit actif des ciments serait un produit particulier qu'il appelle *pouzzo-portland* et dont la formule correspond à $3\,SiO^2\,5\,CaO$.

A peu près à la même époque, en 1882, 1883, 1887, H. Le Chatelier, professeur à l'École des mines, qui a donné un élan tout nouveau à la chimie hydraulique, à la suite d'essais synthétiques et de l'application toute nouvelle de l'examen microscopique de plaques minces de ciment examinées à la lumière polarisée, arrive à des conclusions sur lesquelles nous reviendrons. D'après ce savant, l' « étude chimique des ciments Portland cuits montre donc qu'ils sont essentiellement formés d'un silicate de chaux différant peu de la formule $SiO^3\,3\,CaO$, qui est l'élément actif du durcissement, et que le composé s'est produit par précipitation chimique au sein d'un silicate multiple fondu qui a servi de véhicule à la silice et à la chaux pour permettre leur combinaison, mais qui reste sensiblement neutre pendant le durcissement ».

Au contact de l'eau le silicate tricalcique abandonne de l'hydrate de chaux en formant un silicate monocalcique suivant la formule

$$SiO^2.3CaO + Aq = SiO^2 2,5HO + 2CaO,HO.$$

L'aluminate tricalcique formé pendant la cuisson s'hydraterait suivant la formule $Al^2O^3\,CaO + Aq = Al^2O^3\,3\,CaO + 12\,HO$.

Les théories chimiques de M. Le Chatelier, confirmées par les expériences de Törnebohm en Suède, ont été combattues, en 1897, par M. MICHAELIS (1) en Allemagne, qui, comme dernière théorie, a représenté la vieille théorie de Berthier, reprise plus tard par Chevreul, basée sur l'attraction des surfaces comme les phénomènes de la teinture et du tannage.

D'après ce savant, la prise serait due uniquement à un phénomène d'absorption d'eau par la silice agissant sur les polyhydrates de chaux formés pendant le gâchage. Le durcissement serait produit : 1° par l'union de l'hydrate de chaux avec la silice, provoquée par attraction superficielle ; 2° par la cristallisation des composés que forme la chaux avec l'alumine et l'oxyde de fer respectivement.

La même année MM. Spencer Newberry (2), aux États-Unis, dans une étude très remarquable sur la constitution des ciments, arrivent, après avoir fait un grand nombre d'essais synthétiques, à peu près aux mêmes conclusions que M. Le Chatelier, avec cette différence qu'ils admettent pour formule de l'aluminate de chaux Al^2O^3 2 CaO au lieu de 3 CaO admis par M. Le Chatelier, et que, suivant eux, la magnésie ne se combinerait pas pendant la cuisson et ne jouerait aucun rôle.

M. Rebuffat (3), professeur de chimie à l'École royale des ingénieurs à Naples, a publié en 1898, en employant l'action dissolvante du sucre sur la chaux, une étude très complète sur les produits hydrauliques.

(1) Congrès de Stockholm, pour l'unification des méthodes d'essai, 1897.

(2) *Sur la constitution des ciments hydrauliques* (*Moniteur scientifique Quesneville*, juin 1898 ; d'après *The Journal of the Society chemical Industry*, p. 887, 1897).

(3) Les *matériaux de construction*, nos 11, 12, 13, 14, 15, 16, 17, 1899, d'après *Gazetta chimica italiana*, t. XXVIII, parte II, 1898.

D'après ce chimiste, le produit final de la réaction de la prise serait SiO^2 2 CaO au lieu de SiO^2 CaO admis par Le Chatelier.

Enfin, MM. Paul Rohland, Wormser, Hart, ont, en Allemagne, essayé de doser la chaux libre dans le ciment Portland en employant divers moyens basés sur l'action des sels ammoniacaux et de l'iode. Hart conclut que le ciment est un mélange intime de chaux et de scorie.

Enfin, nous-même, avons, en 1901, apporté notre contribution dans l'étude de cette question à propos de la constitution des chaux et des ciments de grappiers.

Telle est, dans ses grandes lignes, l'historique des théories émises sur la constitution et la prise des produits hydrauliques.

3. THÉORIES ACTUELLES PARAISSANT LES PLUS PROBABLES.

Si, depuis quelques années, les vues se sont élargies sur la constitution des produits hydrauliques, bien des lacunes existent encore, et les faits positifs concernant cette question résultant d'essais synthétiques ou analytiques sont assez peu nombreux.

Réactions des corps. — ***Silice.*** — Si l'on place de la silice provenant de la décomposition d'un silicate par un acide, dans de l'eau de chaux, cette silice gonfle et s'empare d'une partie de la chaux.

Si l'on gâche cette même silice avec de la pâte de chaux et qu'on place la masse sous l'eau, elle durcit. Cette silice gélatineuse, obtenue par précipitation, est de la silice hydraulique, silice qui se rencontre dans les pouzzolanes et donne à ces corps la propriété de durcir sous l'eau lorsqu'on les mélange avec de la chaux grasse.

On sait également, comme l'a montré, le premier, John, qu'un morceau de quartz placé dans de la chaux vive ne subit aucune altération ; il en est de même si le quartz est pulvérisé ; un mélange de chaux grasse en pâte et de sable pulvérisé en poudre extrêmement fine, placé à l'abri de l'acide carbonique de l'air, ne durcit pas, ni ne forme aucune combinaison ; mais, si l'on fait intervenir la chaleur, le produit de la cuisson pulvérisé et gâché avec de l'eau peut, si les proportions de silice et de chaux ont été convenablement dosées, prendre et durcir sous l'eau.

Sous l'action de la chaleur, qui active les combinaisons chimiques, la chaux s'est combinée à la silice en formant des silicates. En variant les poids de silice et de chaux, on peut obtenir à l'aide d'une température convenable (avec un four de Séger par exemple) des silicates plus ou moins basiques. Il est absolument nécessaire d'opérer sur des mélanges d'une extrême finesse, et d'une homogénéité parfaite.

SiO^2 CaO. — Le silicate monocalcique existe à l'état naturel sous le nom de *wollastonite* et est assez facile à obtenir. La masse obtenue est extrêmement dure. Taillée en lame mince et examinée au microscope polarisant, cette matière se présente sous l'aspect de cristaux à lamelles larges et minces, ne présentant qu'une double réfraction très faible ; examinées par leur tranche, ces lamelles présentent une double réfraction très énergique (1).

(1) H. Le Chatelier, *Recherches expérimentales sur la constitution des mortiers.*

Ce corps, complètement inerte sous l'action de l'eau, ne présente par conséquent aucun intérêt au point de vue de l'hydraulicité des ciments. On le rencontre fréquemment sur les parois intérieures des fours à ciment.

SiO^2 2 CaO.— Le silicate bicalcique, moins facile à obtenir que le précédent, exige une température très élevée. Ce corps, préparé au laboratoire, présente la particularité de se pulvériser en se refroidissant ; si au contraire on le refroidit brusquement en le plongeant dans l'eau, il reste cohérent. Pulvérisé et gâché avec de l'eau, il prend et durcit, ce qu'il ne présente pas dans le premier cas (1).

« L'examen de cette poussière au microscope polarisant montre des fragments prismatiques à double réfraction faible, s'éteignant suivant leur plus grande longueur, et présentant parfois de fines stries suivant cette direction (2). »

Souvent, dans la fabrication du portland artificiel on observe la production de poussières, « poussières bleues », production qu'on a attribuée à la formation de silicate dicalcique se pulvérisant spontanément. Il semble bien difficile que la formation de ces poussières soit due à la présence de ce corps, car on remarque que la même pâte à portland, ayant par conséquent la même composition chimique, tombe ou ne tombe pas en poussières. Il est bien probable que le mode de cuisson a plus d'influence sur ce phénomène que la composition chimique.

Nous avons vu plus haut que ce corps ne jouissait

(1) Newberry, *The Journal of the Society of chemical Industry.* — Erdmenger, cité par Rebuffat, *Études sur la constitution des ciments hydrauliques.*

(2) Le Chatelier, déjà cité.

d'aucune propriété hydraulique; il est probable que le mode de préparation a une influence sur cette propriété, car si en effet on calcine du ciment Portland et qu'on traite le produit obtenu par de l'eau sucrée, on constate que le produit résiduel qui correspond à la formule $\frac{CaO}{SiO^2 + Al^2O^3} = 2$ (avec une très faible proportion d'alumine) est hydraulique.

$SiO^2 3 CaO$. — Le silicate tricalcique n'a pu encore être obtenu au laboratoire à l'état pur, même en chauffant le mélange au chalumeau oxhydrique, alors que la capsule en platine fond en partie. Il est vrai que la réaction, comme nous l'avons montré, est limitée par la réaction inverse de dissociation du silicate tricalcique, en chaux et silicate bicalcique.

On ne peut le préparer qu'en l'associant à un fondant comme l'alumine, qui, comme l'a signalé Berthier dans son *Traité des essais par la voie sèche*, a la propriété de faciliter la réaction de la silice sur la chaux. L'action de ce fondant est purement physique, et joue le même rôle que l'alcool dans la saponification des matières grasses, en facilitant le contact des molécules.

On rencontre ce corps dans les bons grappiers de chaux; l'examen de lame mince au microscope polarisant montre ce silicate sous la forme de « cristaux incolores à double réfraction faible dont les sections carrées ou hexagonales, à contours très nets, ressemblent beaucoup à celles du cube (1) ».

Pulvérisé et soumis à l'action de l'eau, il acquiert rapidement une grande dureté en abandonnant sa

(1) Le Chatelier, *Id.*

troisième molécule de chaux; on peut admettre que c'est le corps hydraulique le plus actif des ciments fortement basiques comme le portland artificiel.

Alumine. — Comme la silice, l'alumine précipitée, gâchée avec de l'hydrate de chaux, se coagule et durcit.

L'alumine joue comme la silice le rôle d'acide vis-à-vis de la chaux, en formant des combinaisons plus ou moins basiques, et plus fusibles que les silicates.

$Al^2O^3 CaO$. — Cet aluminate, assez difficile à obtenir, cristallise dans le système cubique. Pulvérisé et gâché avec de l'eau, il fait prise.

$2 Al^2O^3 3 CaO$ ou $Al^2O^3 2 CaO$. — Cet aluminate, obtenu par M. Le Chatelier, lui a laissé quelque incertitude sur sa formule.

Examiné au microscope polarisant, il montre des cristaux à double réfraction très énergique, appartenant au système orthorhombique. Comme le précédent, il fait prise avec de l'eau.

$Al^2 O^3 3 CaO$. — Examiné au microscope polarisant, il laisse tout juste apercevoir que la masse est uniformément cristallisée; il n'agit plus sur la lumière polarisée.

Comme les précédents, il est doué de propriétés hydrauliques. En augmentant la proportion de chaux, on obtient des produits mal définis, mélanges de chaux non combinée et d'aluminates, qui, traités par l'eau, gonflent et s'éteignent comme de la chaux.

C'est à la présence des aluminates que les ciments à prise rapide doivent leur prise immédiate.

Sexquioxyde de fer. — L'hydrate ferrique mélangé à l'hydrate de chaux durcit comme la silice et l'alumine, mais à un plus faible degré.

Comme la silice et l'alumine, le sexquioxyde de fer joue avec la chaux le rôle d'acide. C'est un fondant encore plus énergique que l'alumine, facilitant les réactions de la cuisson. C'est à cette propriété qu'est dû l'emploi industriel de l'oxyde de fer dans certaines usines dont les matières premières sont trop peu ferrugineuses; une addition d'ocre dans les pâtes à ciment Portland n'a d'autre but que de faciliter la cuisson des produits. Le Dr Schott a préparé des ciments, en substituant l'oxyde de fer à l'alumine.

Ferrites de chaux. — S'il est possible et même avantageux dans certains cas de substituer l'oxyde de fer à l'alumine (1), les ferrites, contrairement aux aluminates, ne jouissent par eux-mêmes d'aucune propriété hydraulique; traités par l'eau, ils s'éteignent en gonflant comme une chaux.

Néanmoins, d'après MM. Newberry, le ferrite $Fe^2O^3 2 CaO$ aurait la propriété de durcir dans l'eau bouillante.

Les ferrites, à cause de leur coloration, ne peuvent être examinés à la lumière polarisée.

Chaux. — La chaux ne jouit par elle-même d'aucune propriété hydraulique. Elle se combine, comme nous venons de le voir, à la silice, l'alumine et le sexquioxyde de fer.

Magnésie. — La magnésie anhydre, soumise à une haute température, broyée et gâchée, durcit sous l'eau; la chaux ne présente pas cette propriété.

L'état dans lequel se trouve la magnésie dans les produits hydrauliques, qui en général en renferment peu, n'est pas encore établi.

(1) Le Chatelier, *Sur la décomposition des ciments à la mer* (Congrès de Paris, 1900).

Les silicates et aluminates de magnésie se rencontrent à l'état naturel : l'eustatite SiO^2MgO, la forstérite $SiO^2 2MgO$, le spinel Al^2O^3MgO, corps qui ne jouissent d'aucune propriété hydraulique. On peut donc conclure que les corps homologues calciques et magnésiens se comportent différemment vis-à-vis de l'eau. On sait que la magnésie est une base moins énergique que la chaux, et les constatations calorimétriques montrent qu'elle est d'activité chimique moins grande.

Toutes ces constatations font ressortir nettement les rôles différents de la magnésie et de la chaux. Néanmoins, on sait, comme l'a montré Berthier, par de nombreux exemples, dans son *Traité par la voie sèche*, que la magnésie est susceptible de former des aluminates et des silicates. Descotils avait même constaté qu'alors que les silicates de chaux et de magnésie sont extrêmement difficiles à obtenir, les mélanges de ces silicates fondent beaucoup plus facilement ; il en est de même des aluminates.

Doit-on conclure de ce que la magnésie peut former des silicates et des aluminates, que comme la chaux, elle se combinera aux éléments de l'argile sous l'influence de la chaleur ? MM. Newberry frères ont constaté que la cuisson à haute température d'un mélange de magnésie et d'argile ne donnait qu'un produit inerte. Cette constatation mériterait d'être confirmée.

Quoi qu'il en soit, ce problème est loin d'être élucidé. Si pendant si longtemps on a chargé la magnésie de tous les méfaits dus à une fabrication empirique, c'est que malheureusement il est beaucoup plus facile d'observer un fait que d'en déduire la cause.

Il est très possible que les accidents survenus par

l'emploi des ciments magnésiens soient dus à la fabrication défectueuse de ces produits et non à leur teneur en magnésie. Cette fabrication défectueuse a tout au moins été absolument constatée pour celui (ciment de Campbon) qui a donné lieu en France aux accidents les plus sérieux ; ce ciment était un produit trop basique, et si la proportion de magnésie avait été remplacée par une proportion équivalente de chaux, les inconvénients dus à ce ciment auraient peut-être été encore plus considérables.

Autres éléments. — Les produits hydrauliques contiennent généralement un peu d'acide sulfurique à l'état de sulfate de chaux, des alcalis, un peu d'eau et d'acide carbonique, tous corps qui n'ont aucune action sur l'hydraulicité (Voy. *Influence du plâtre*).

CONSTITUTION DES PRODUITS HYDRAULIQUES

Chaux. — Si le calcaire générateur est pur, la chaux produite sera après extinction de la chaux grasse; s'il contient quelques centièmes de sable, elle sera maigre, et hydraulique si elle contient de l'argile ou de la silice extrêmement divisée comme dans la chaux du Teil. Les chaux non hydrauliques ne pouvant durcir qu'à l'air par dessiccation et carbonatation sont dénommées *aériennes* par opposition aux chaux hydrauliques. Le tableau ci-après dû à H. Mangon, donne la composition de quelques calcaires et la nature des chaux produites.

	COMPOSITION DU CALCAIRE.					COMPOSITION DE LA CHAUX PRODUITE.					
	Carbonate de chaux.	Carbonate de magnésie.	Sesquioxyde de fer.	Argile.	Sable.	Chaux.	Magnésie.	Sesquioxyde de fer.	Argile.	Sable.	
Marbre de Carrare........	100	»	»	»	»	100	»	»	»	»	Très grasse.
Pierre à chaux de Vaugirard, près Paris.........	98,5	»	»	1,5	»	97,2	»	»	2,80	»	—
Pierre à chaux de Lagneux (Ain)..................	96	1,6	3,9	0,5	»	91,6	1,5	6,9	»	»	Grasse.
Pierre à chaux de Vichy (Allier)................	87,2	10,0	2,8	»	»	86,0	9,0	5,0	»	»	Médiocrement grasse.
Pierre à chaux de Calviac (Dordogne)............	77,8	»	»	2,6	19,64	70	»	»	3,25	25,75	Très maigre.
Pierre à chaux de Villefranche (Aveyron)......	60,9	30,3	8,8	»	»	60,0	26,2	13,8	»	»	—

INDICE D'HYDRAULICITÉ. — Vicat reconnut que, suivant la plus ou moins grande proportion d'argile d'un calcaire, la chaux produite était plus ou moins hydraulique, et d'autant meilleure que la proportion d'argile était plus élevée. Toutefois, il remarqua qu'au delà de 20 p. 100 d'argile le produit de la cuisson ne s'éteignait plus. Ce produit, qu'il appela *chaux limite*, donne par l'action d'une cuisson plus énergique, du portland.

Vicat chercha à classer les calcaires suivant leur teneur en argile, ou plutôt suivant le rapport de l'argile au carbonate de chaux, qu'il appela *indice d'hydraulicité*, puis finalement de l'argile à la chaux, remplacé maintenant par celui de $\frac{\text{Silice} + \text{Alumine}}{\text{Chaux}}$ ou $\frac{\text{Silice} + \text{Alumine}}{\text{Chaux} + \text{Magnésie}}$.

Cette classification, que Vicat a fait varier plusieurs fois, a été reconstituée par Durand-Claye :

NATURE DU CALCAIRE.	ARGILE 0/0		INDICE D'HYDRAULICITÉ				PRISE.
			Argile 0/0 / Cte de chaux.		Argile 0/0 / Chaux.		Jour.
Faiblement hydraulique	5,3 à	8,2	0,05 à	0,09	0,10 à	0,16	16e au 30e
Moyennement hydraulique	8,2	14,8	0,09	0,17	0,16	0,31	10e au 15e
Simplement hydraulique	14,8	19,1	0,17	0,22	0,31	0,42	5 au 9e
Éminemment hydraulique	19,1	21,8	0,22	0,28	0,42	0,50	2 au 4e
Chaux limite ou ciment à prise lente.	21,8	26,7	0,28	0,36	0,50	0,65	le 1er

Indice apparent et indice réel. — L'indice que nous appelons *apparent* est celui dans lequel on fait entrer comme silice combinée la proportion totale de matières insolubles après attaque par un acide et évaporation, matières qui en plus de la silice combinée contiennent des produits divers : sable, débris de four, charbon, etc. Ces matières, qui peuvent entrer en proportion relativement élevée, enlèvent par conséquent toute précision à l'indice d'une chaux tel qu'on l'indique généralement.

Si, en effet, nous décarbonatons simplement un calcaire, on trouve à l'analyse à peu près le même indice apparent que si, sous l'influence d'une surélévation de température, nous combinons les éléments de l'argile à la chaux, et pourtant, la valeur hydraulique du premier produit sera à peu près nulle. Au contraire, si nous prenons l'indice que nous appelons *réel*, dans lequel nous ne faisons entrer que la silice combinée, nous voyons que le premier produit donne un indice réel insignifiant, alors que le second, dans lequel toutes les matières sont combinées, a deux indices de même valeur si le calcaire ne contient pas de sable.

Nous avons constaté ainsi, sur des chaux mal fabriquées, des différences allant jusque 0,20 pour un indice réel de 0,37.

Cette classification est commode pour fixer les idées sur la valeur approximative d'un calcaire. Appliquée aux chaux, l'indice même réel ne suffit pas pour donner une idée de leur valeur; aussi est-ce bien à tort qu'on se contente souvent de ce simple renseignement, dont la connaissance seule est illusoire.

L'indice réel ne donne en quelque sorte que la valeur intrinsèque approchée du produit, sans indiquer les qualités ou défauts apportés par la fabrication.

Rapport des bases aux acides. — L'argile étant, comme nous l'avons vu, composée essentiellement de silice et d'alumine, considérés comme éléments acides, il doit par conséquent y avoir une certaine corrélation entre l'hydraulicité d'une chaux et le rapport $\frac{\text{Bases (chaux + magnésie)}}{\text{Acides (silice + alumine)}}$.

Nous savons que les combinaisons les plus basiques de silice et d'alumine ne peuvent contenir plus de 3 molécules de chaux pour 1 de silice ou d'alumine ; mais comme les chaux hydrauliques doivent contenir assez de chaux (CaO) pour se pulvériser spontanément par leur hydratation (on sait que la chaux libre (CaO) développe une force considérable en s'hydratant), il s'ensuit qu'une chaux doit contenir plus de 3 équivalents de cette base. Les meilleures chaux étudiées montrent que le rapport $\frac{\text{Bases}}{\text{Acides}}$ ne dépasse pas 3,50. Ce rapport montre nettement la basicité de certaines chaux. Plus la chaux descend en qualité, plus le rapport s'élève.

Composition du produit actif. — Ce rapport donne déjà une indication sur la composition des chaux, mieux que ne le fait l'analyse élémentaire. Nous avons cherché à nous rapprocher encore davantage de la constitution en nous servant de l'eau sucrée pour dissoudre la chaux grasse (hydrate de chaux) et séparer le ciment contenu, en faisant digérer 1/2 heure 5 grammes de chaux dans 250 centimètres cubes d'eau sucrée à 10 p. 100.

La méthode est loin d'être parfaite, mais permet de se rapprocher beaucoup de la réalité.

On peut voir par cet essai que la proportion de chaux (CaO) est parfois considérable, donnant 46 p. 100, pour certaines chaux, et atteignant 52 p. 100, en y ajoutant la chaux combinée à l'état de carbonate; tandis que les meilleures chaux n'abandonnent qu'environ 20 p. 100 de CaO, en y ajoutant celle combinée à l'état de carbonate.

Les chaux qui proviennent de calcaires se rapprochant de ceux à ciments naturels, calcaires peu cuits, n'abandonnent que 11 à 12 p. 100 de chaux, proportion insuffisante pour produire entièrement leur pulvérisation spontanée ; on est obligé d'achever la pulvérisation de ces chaux mécaniquement.

Il est facile de déduire la quantité de chaux combinée aux éléments acides, *chaux hydraulisante*, en soustrayant de la chaux totale, la chaux soluble dans l'eau sucrée, plus celle combinée aux acides carbonique et sulfurique.

Dans toutes les chaux que nous avons étudiées, le rapport de la chaux hydraulisante à la silice reste compris entre 2 et 3 comme dans les ciments.

Si les différences dans la composition chimique sont extrêmes, celle du ciment contenu est de composition bien moins variée que celle des chaux pourrait le faire croire.

Si l'on traite de la même manière des chaux hydrauliques et des ciments de grappiers provenant de la même usine, par de l'eau sucrée, ou mieux de la glycérine, et qu'on analyse les produits résiduels, on constate qu'ils ont sensiblement la même composition, ce qui montre que les chaux hydrauliques sont des mélanges de chaux grasse et de ciment de grappiers (1).

	Chaux après traitement par la glycérine.	Ciment de grappiers après traitement par la glycérine.
Insoluble	1,73	6,06
Silice combinée	23,87	23,14
Alumine	2,01	3,07
Sesquioxyde de fer	1,05	1,63
Chaux	59,10	55,80
Acide carbonique	2,67	1,30
Chaux combinée à CO^2	3,38	1,65
Chaux hydraulisante	55,72	54,15
$\frac{\text{Chaux hydraulisante}}{\text{Silice + Alumine}}$	2,42	2,35

En considérant les produits de composition extrême, et en prenant la chaux grasse pour base inférieure et le ciment de grappier pour sommet, les produits intermédiaires : chaux hydrauliques, se classeront suivant leur richesse en principes hydraulisants, d'autant meilleures ou plus mauvaises qu'elles se rapprocheront du ciment ou de la chaux grasse.

La proportion d'eau contenue est d'autant plus élevée que celle d'hydrate de chaux est plus forte, c'est ainsi qu'une chaux étudiée, en contenait 16,90 p. 100.

L'acide carbonique provient d'une trop faible cuisson, ou plus généralement, de la carbonatation de la chaux grasse au contact de l'air, pendant les diverses manipulations de la fabrication.

Les chaux hydrauliques sont dites *à texture compacte* ainsi que les ciments à prise rapide, par opposition aux ciments de grappier et portland qui sont *à texture cristalline.*

(1) E. Leduc, *Les matériaux de construction*, n° 23, 1901.

CIMENTS.

CIMENTS DE GRAPPIERS.

Les grappiers sont les résidus de l extinction de la chaux hydraulique. On a cru pendant longtemps qu'ils provenaient de l'action des cendres du combustible sur la surface des pierres. Cette explication n'est certainement pas exacte, certains grappiers étant très peu alumineux et les cendres des combustibles employés l'étant toujours. Il semble plus logique d'admettre, comme nous l'avons montré plus haut, que le ciment de grappiers n'est autre que le produit hydraulisant des chaux hydrauliques, se trouvant dans certaines parties du calcaire en proportion plus élevée.

D'après M. H. Le Chatelier, les grappiers de chaux peu alumineux montrent à l'examen en plaque mince au microscope polarisant, des cristaux incolores à double réfraction faible, dont les sections carrées ou hexagonales, à contours très nets, ressemblent beaucoup à celle du cube. Ces produits sont donc à texture cristalline.

Le ciment de grappiers ne contient pas d'hydrate de chaux comme les chaux hydrauliques ; dans le cas contraire, c'est l'indice d'une fabrication défectueuse. D'après Rebuffat, les grappiers genre Teil contiendraient, avec le silicate tricalcique, une quantité prépondérante de silicate bicalcique.

A prise rapide. — Dans ces ciments peu cuits,

une partie de la chaux se trouve combinée aux éléments acides, et une autre reste libre (1), ce qui est très facile à constater en traitant certains ciments par de l'eau sucrée qui dissout en quelques minutes la chaux libre existante. Si ce même ciment est cuit plus énergiquement, le ciment final dans lequel, par suite de l'augmentation de cuisson, toute la chaux s'est combinée aux éléments acides, sera un portland.

Cette rapidité de prise est due à la formation d'une grande quantité d'aluminate de chaux.

PORTLAND. — CIMENTS NATURELS ET ARTIFICIELS A PRISE LENTE. — Que le produit initial, devant donner après cuisson du ciment portland, soit un calcaire naturel, ou une pâte argilo-calcaire obtenue artificiellement par le mélange d'argile et de carbonate de chaux, le produit obtenu est chimiquement le même, et le poids spécifique des deux produits est aussi élevé.

Si l'on examine un morceau de pâte à ciment, on voit qu'elle est composée de silice, d'alumine, de sexquioxyde de fer, sous forme d'argile, de chaux, d'un peu de magnésie et d'acide carbonique ; les autres éléments : acide sulfurique et alcalis, ne formant pas généralement plus de 0,50 p. 100.

Sous l'influence de la cuisson, l'argile, vers 600°, va se décomposer parallèlement à sa déshydratation. En effet, si l'on traite de l'argile calcinée par de l'acide sulfurique, l'alumine et l'oxyde de fer se dissolvent ; traitée par une solution de potasse, la silice se dissout. L'argile est complètement décomposée, ce qui va permettre à la chaux de se combiner à ses éléments.

(1) Tous les ciments à prise rapide ne présentent pas toujours cette formation.

La température augmentant, le calcaire se dissocie vers 800°-900°, et en pratique, même peut-être avant, car on sait que la dissociation est activée par un courant gazeux et la vapeur d'eau. Déjà, à cette température, il se forme des combinaisons calciques entre la chaux, l'alumine et la silice; si l'on examine les incuits jaunes de ciment, on voit que ces incuits contiennent parfois une proportion notable d'acide carbonique, tout en étant déjà hydrauliques, preuve qu'il y a un commencement de combinaison.

En examinant un incuit jaune, nous avons obtenu à l'analyse : silice: 18,70 ; alumine: 5,80; sesquioxyde de fer : 1,90 ; chaux : 59,90 ; acide carbonique : 10,35; chaux soluble dans l'eau sucrée : 8,46; perte au feu: 10,65.

Si l'on calcule le rapport $\frac{CaO}{SiO^2 + Al^2O^3}$ en tenant compte des équivalents, et en déduisant de la chaux totale, la chaux soluble dans l'eau sucrée, plus la chaux combinée à l'acide carbonique, on voit que le rapport est égal à 1,85. Comme la proportion de chaux libre dosée par l'eau sucrée est un peu plus élevée que la proportion réelle, puisque le ciment bien cuit est attaqué par ce réactif, on peut en conclure que déjà, à la température de formation de cet incuit, il s'est formé du silicate dicalcique.

Ce produit est à prise rapide. La température augmentant, il se forme un silicate multiple d'alumine, de fer et de chaux très fusible, qui permet au silicate tricalcique de se former et de se précipiter dans la masse.

La formation du produit hydraulisant dans les chaux hydrauliques genre Teil, qui ne renferment que très peu d'alumine et d'oxyde de fer, s'opère différemment ; dans ces calcaires, la silice se trouve dans un état de ténuité extrême, en grains, ayant un peu moins de $\frac{1}{1000}$ de millimètre, ce qui permet à la chaux de s'y combiner.

En examinant une lame mince taillée dans une roche de portland, on voit qu'elle est formée en majorité de cristaux pseudo-cubiques de silicate tricalcique, enchâssés dans un fondant très coloré qui est le silicate multiple cité plus haut, d'alumine, de fer et de chaux.

Si la quantité de chaux augmente de manière qu'il y en ait un grand excès, on aura une chaux hydraulique ; dans le cas contraire, les éléments acides augmentant, on arrive aux verres fusibles, aux laitiers de haut-fourneau.

Conséquemment, le portland le plus basique qu'il soit possible d'obtenir ne peut contenir plus de chaux et de magnésie qu'il n'en faut pour former des silicates et aluminates à trois équivalents de chaux ou de magnésie, loi que M. Le Chatelier a formulée en posant l'équation

$$\frac{CaO + MgO}{SiO^2 + M^2O^3} \leqq 3,$$

en représentant ces corps en fonctions de leurs poids moléculaires.

Cette formule, qui indique la dose limite de chaux qu'on ne peut dépasser sous peine de laisser de la chaux non combinée, est un peu supérieure à celle à laquelle on se tient généralement.

D'après le même savant, la limite inférieure de teneur en chaux serait

$$\frac{CaO + MgO}{SiO^2 - (Al^2O^3 + Fe^2)} \geqq 3.$$

Il ne se trouve donc pas de chaux libre dans un portland. Pourtant, dans ces dernières années, certains expérimentateurs, supposant que le portland contenait de la chaux libre, ont cherché à la doser en employant des produits tels que le chlorure d'aluminium (Tomeï) en solution, ou anhydre (Wormser), — dans ce dernier cas, en opérant par fusion, — d'acétate d'ammoniaque, d'iode en solution alcoolique (Hart), etc.

Quel que soit le procédé employé, on dissout toujours une proportion élevée de chaux ; mais il ne faut pas oublier que le silicate tricalcique est un corps très instable, dans lequel la troisième molécule de chaux est facilement dissociable ; aussi, toutes ces méthodes qui agissent également sur le carbonate de chaux en le décomposant, agissent de même sur le silicate tricalcique en séparant la troisième molécule.

Dissociation du silicate tricalcique. — Si, comme nous l'avons montré (1), on calcine du portland provenant d'une bonne cuisson, dans un four de laboratoire (fourneau à gaz donnant la température maxima de 1000° évaluée avec les montres Séger) on remarque que ce ciment soumis à l'action de l'eau sucrée abandonne à celle-ci une proportion de chaux élevée.

(1) Leduc, *Sur la dissociation des produits hydrauliques.* Congrès de Budapest, 1901.

En opérant sur un portland artificiel, nous avons obtenu :

	CaO dissoute pour 100 gr. de ciment.
Avant calcination....................	3,08
Après 3 heures de calcination..........	7,20
6 — —	9,36
9 — —	9,92
12 — —	12,72
24 — —	15,16
48 — —	16,47
103 — —	16,47
116 — —	16,29

Cette calcination change complètement les propriétés du ciment. Le ciment sur lequel nous avons opéré, qui avant calcination demandait 25 p. 100 d'eau de gâchage, en exige 38 après calcination; l'expansion est devenue considérable, même dans l'eau froide, dans laquelle il commençait à se désagréger après quelque temps.

Cette dissociation se produit industriellement dans les roches rousses, dont certaines traitées par l'eau sucrée nous ont donné jusque près de 28 p. 100 de chaux dissoute, alors que les roches normales en abandonnent 3 à 4 p. 100.

J'ai soumis (1) une série de roches représentant le mieux possible la gamme de cuisson, depuis l'incuit jaune jusqu'au surcuit, à l'analyse, avant et après traitement par de l'eau sucrée à 10 p. 100.

Ces essais ont montré que seuls les produits cuits normalement perdent une proportion élevée de chaux. Il semble donc y avoir, comme nous l'avons déjà dit, à une température peu élevée, formation de produits

(1) Leduc, *Sur la dissociation des produits hydrauliques*. Congrès de Budapest, 1901.

à deux équivalents de chaux, qui, sous l'influence de la surélévation de température, se gorgent de chaux pour produire des sels à trois équivalents de chaux, sels peu stables, se décomposant par excès de cuisson — de même que sous l'influence de réactifs faibles — pour revenir au point de départ : le silicate dicalcique.

C'est ainsi qu'un produit de cuisson normale ayant comme composition 24,40 de silice, 7,95 d'alumine, 2,65 de sesquioxyde de fer, 65,20 de chaux, dont 4,60 p. 100, soluble dans l'eau sucrée à 10 p. 100, après une demi-heure de digestion, et en opérant sur un gramme de ciment, donne, après avoir été calciné, puis traité par l'eau sucrée : silice, 28,60, alumine, 6,00, sesquioxyde de fer 2,10 p. 100, chaux 61,85. Primitivement le rapport $\frac{CaO}{SiO^2 + AlO^3}$ était égal à 2,49; dans le second cas il n'est plus que de 2,06, diminution due à la perte de chaux provenant de la dissociation du silicate tricalcique.

En traitant de la même manière divers produits hydrauliques, nous avons remarqué que tous les ciments naturels ou artificiels contenant d'après le rapport $\frac{CaO}{SiO^2 + Al^2O^3}$, des produits tricalciques, se dissociaient, ce qui montre une fois de plus qu'on ne peut établir chimiquement aucune différence entre les portlands naturels et artificiels.

Produits scoriacés. — Les produits hydrauliques renferment une proportion variable de 1 p. 100 à quelques centièmes de produits insolubles dans les conditions habituelles de l'attaque d'un ciment par l'acide chlorhydrique pour l'analyse; ces produits extrêmement siliceux sont de composition variable.

	SiO^2.	Al^2O^3.	Fe^2O^3.	CaO.
(a)	39,18	22,31	7,11	1,18
(b)	57,14	15,86	2,89	—
(c)	48,31	12,60	2,44	5,07
(d)	65,99	18,38	6,54	6,73

a = Chaux éminemment hydraulique. b = Ciment à prise rapide. c = Ciment Lafarge gris. d = Ciment Lafarge blanc.

Ces analyses sont dues à M. Rebuffat.

Étude microchimique des ciments anhydres. — D'après M. H. Le Chatelier, l'examen au microscope d'une lame mince taillée dans une roche de ciment portland montre immédiatement deux éléments qui se retrouvent sans exception dans tous les échantillons :

« 1° Des cristaux incolores à double réfraction faible dont les sections carrées ou hexagonales, à contours très nets, ressemblent beaucoup à celle du cube. C'est de beaucoup l'élément le plus abondant.

« 2° Dans l'intervalle de ces cristaux, un remplissage dont la couleur, toujours foncée, varie du jaune rouge au brun verdâtre, dont la double réfraction est plus forte que celle de la matière précédente, mais qui ne possède aucun contour cristallin propre.

« 3° Outre ces deux éléments essentiels, on rencontre souvent des éléments accessoires, variant d'un échantillon à l'autre :

« *a*. Des sections cristallines de formes et de dimensions analogues aux premières citées, mais qui s'en distinguent par leur couleur légèrement jaunâtre, une absence complète de transparence, et des stries très fines inclinées l'une sur l'autre d'environ 60°. Cet élément, quoique peu abondant, se trouve pourtant dans presque tous les échantillons de ciments de bonne qualité.

« *b*. Des cristaux très petits, à double réfraction assez énergique pour donner les couleurs de polarisation.

Cet élément, toujours peu abondant, manque souvent complètement. Il se trouve surtout dans les ciments insuffisamment cuits.

« *c.* Des zones sans action sur la lumière polarisée, caractère négatif, qui ne donne aucune indication probante.

« Cette étude microchimique, insuffisante à elle seule pour faire connaître la nature des composés cristallisés observés, révèle pourtant, quand on la rapproche de l'absence de fusion des ciments pendant leur cuisson, ce fait très important :

« Les cristaux pseudo-cubiques, éléments de première consolidation, n'ont pas fondu, mais se sont formés par précipitation chimique au milieu de la matière brune fusible, élément de seconde consolidation, qui, après avoir servi de fondant et rendu possibles les réactions chimiques, s'est solidifiée par refroidissement en remplissant tous les intervalles restés libres.

. . . .

« Les cristaux pseudocubiques, éléments essentiels les ciments, sont formés de silice et de chaux ainsi que les cellules opaques striées et peut-être aussi les cristaux à double réfraction énergique. Le fondant coloré qui remplit les vides laissés par tous ces cristaux est un silicate double d'alumine de fer et de chaux.

« De ces composés, le premier seul paraît assez altérable pour pouvoir jouer un rôle important pendant le durcissement. »

CIMENTS DE LAITIER.

Les ciments de laitier sont des mélanges de chaux grasse ou hydraulique et de laitier de haut-fourneau, silicate multiple résultant de la fabrication du fer.

Pour que le laitier soit susceptible de former un produit hydraulique avec la chaux, il est nécessaire de le précipiter en fusion dans de l'eau froide, où il se granule. L'influence de la granulation a été signalée pour la première fois par M. E. Langen, directeur des fonderies Friedrich-Wilhelm à Troisdorf, en Allemagne, en 1861. M. Fritz-W. Lürmann est le premier qui appliqua ce procédé pour la fabrication du ciment aux fonderies Georges Marien à Osnabrück.

On ne sait exactement à quelles causes attribuer l'effet de la granulation sur la propriété pouzzolaniques des laitiers.

M. Tetmajer, qui a étudié particulièrement ce produit, pense que la granulation a pour effets de dissocier les divers silicates et de mettre de la silice hydraulique en liberté (1).

D'après M. H. Le Chatelier, l'action pouzzolanique proviendrait d'une action purement physique par suite de développement d'énergie, dû à ce que la chaleur latente de cristallisation ne s'est pas dégagée, hypothèse confirmée par M. Prost qui a observé qu'attaquée par l'acide chlorhydrique, la scorie granulée dégageait 420 calories contre 301 dégagées par la même scorie non granulée (2).

D'après M. Camerman (3), le rôle est purement chimique. « Pour faire prise avec la chaux, le laitier doit être basique, c'est-à-dire que l'équivalent de la silice

(1) *Stahl und Eisen*, 1890, p. 625; 1897, p. 991; d'après le *Moniteur Quesneville*, avril 1899.

(2) *Annales des Mines*, t. XVI, 1889.

(3) E. Camerman, *Les ciments Portland et les ciments de laitier*. Gand, 1892.

considérée comme acide doit être inférieur aux équivalents de l'alumine et de la chaux, considérées comme bases, ou, ce qui est la même chose, il faut que la quantité d'oxygène combiné à la silice soit inférieur à la quantité d'oxygène combiné à l'alumine et à la chaux. »

POUZZOLANES.

La propriété des pouzzolanes de former un produit hydraulique avec la chaux grasse est due à la présence de silice dans un état particulier. Traitées par des solutions d'alcalis ou de carbonates alcalins, elles abandonnent une proportion de silice, en général d'autant plus élevée que la solution est plus concentrée, la température plus élevée et la durée plus prolongée. Les carbonates alcalins dissolvent moins de silice que les alcalis.

THÉORIE DE LA PRISE DES PRODUITS HYDRAULIQUES

Quelle que soit la théorie admise pour expliquer le phénomène de la prise, il est un fait constaté par tous ceux qui se sont occupés de l'étude des ciments, c'est que sous l'influence de l'eau de gâchage, le ciment abandonne une certaine proportion de chaux qui vient cristalliser dans les pores du mortier, ou sur la face interne d'une galette, en cristaux très visibles à l'œil nu.

M. N. Ljamin a essayé de doser la chaux mise en liberté en séparant l'hydrate de chaux plus léger à l'aide d'une solution lourde d'iodure de méthylène et aurait trouvé jusque 33,6 p. 100 d'hydrate de chaux après cent quatre-vingt jours de durcissement.

Nous avons cherché à répéter ces expériences sans arriver à des résultats bien nets. La partie surnageante était toujours souillée de particules de ciment, et la partie plus dense soumise à un nouvel essai de décantation laissait à chaque lavage surnager une nouvelle quantité de matières.

D'après M. Rebuffat, qui s'est servi de l'eau sucrée pour dissoudre la chaux mise en liberté, le portland hydraté abandonnerait par l'effet de la prise 17 p. 100 de chaux anhydre (CaO).

D'après M. Michaelis (1) la proportion de chaux serait de 25 p. 100.

Silicates. — D'après M. H. Le Chatelier le silicate tricalcique sous l'influence de l'eau se transforme en silicate monocalcique d'après l'équation

$$SiO^2 3CaO + Aq = SiO^2CaO, 2{,}5HO + 2\,CaO, HO.$$

D'après M. Rebuffat la réaction serait

$$(2SiO^2\ 3CaO) + 3H^2O = 2(SiO^2\ 2CaO)H^2O + 2\,CaO\,(OH)^2.$$

Aluminates. — D'après M. H. Le Chatelier l'hydratation des aluminates a lieu ainsi.

$$Al^2O^3, 3CaO + Aq = Al^2O^3\ 3CaO, 12HO.$$

M. Candlot a également apporté quelque lumière dans cette question, en montrant le rôle prépondérant que jouent les aluminates pour le début de la prise. Si l'on agite du ciment frais avec une solution concentrée de chlorure de calcium, on peut s'assurer que le filtrat contient beaucoup d'alumine.

Si l'on opère sur le même ciment éventé, dont l'aluminate, sel peu stable, s'est hydraté, la dissolution de

(1) Michaelis, *Résistance des matériaux hydrauliques à la mer.* Bruxelles, 1896.

l'alumine ne se présente plus. Dans le premier cas, la prise était rapide, dans le second, elle est lente ; de même, si l'on mélange un ciment à prise rapide avec du sable humide contenant 4 à 5 p. 100 d'eau, et que, deux heures après, on opère la séparation par tamisage, la prise du ciment est devenue très lente par suite de l'hydratation de l'aluminate de chaux, comme dans le premier cas.

D'après M. Candlot la présence d'une petite quantité de chaux libre suffit pour retarder la prise. C'est ainsi qu'on peut expliquer la rétrogradation de la prise qu'on observe parfois : un ciment Portland frais prend en quelques heures (prise normale); après deux ou trois mois de silo, on est tout étonné de voir ce même ciment prendre en quelques minutes. L'explication en est simple : dans le premier cas la petite quantité de chaux libre que contient toujours le ciment frais, entrant en dissolution dans l'eau de gâchage, empêche l'aluminate de se dissoudre, et la prise est ralentie; dans le second cas cette petite quantité de chaux s'est carbonatée, l'aluminate a pu se dissoudre dans l'eau de gâchage, et la chaux libre n'entravant plus la dissolution de l'aluminate, le ciment prend rapidement. Si à ce ciment on ajoute une petite quantité d'hydrate de chaux sec, la prise est redevenue normale, la chaux dissoute par l'eau empêchant l'aluminate de se dissoudre, comme dans le premier cas.

Le sulfate de chaux ralentit également la prise en se combinant avec l'aluminate de chaux pour former du sulfo-aluminate.

M. Rebuffat a mis en évidence un phénomène qui peut avoir une influence sur la prise de certains ciments très siliceux et contenant du silicate monocalcique : la combinaison de ce silicate avec les aluminates mono, bi et tricalciques, avec élimination de chaux.

D'après Le Chatelier, la prise et le durcissement proviennent de phénomènes chimiques et de la cristallisation des sels cités plus haut par précipitation d'une solution sursaturée.

« La cristallisation qui accompagne le durcissement des mortiers résulte de la différence de solubilité des corps qui font prise, le premier se trouvant à l'état d'équilibre instable en présence de l'eau, et ne pouvant y subsister que momentanément.

« La production de dissolutions sursaturées joue encore un autre rôle dans les phénomènes de durcissement en influant sur la forme des cristaux qui se précipitent. Ceux-ci prennent très fréquemment, dans ces conditions, un développement anormal suivant une direction et se présentent alors sous la forme de longs prismes extrêmement déliés, de véritables fils dont la longueur peut dépasser cent fois l'épaisseur. »

Telles sont les théories probables de la constitution et de la prise des ciments; toutefois la théorie de la prise, telle que nous venons de l'indiquer, laisse dans l'ombre la prise des matières pouzzolaniques, du ciment de laitier, de l'action de la silice précipitée sur la chaux, etc., phénomènes dont les causes ne sont pas très claires, et pour lesquels on a remis à jour, comme nous l'avons dit, la vieille théorie de Berthier et de Chevreul, sur l'affinité capillaire.

II. — DÉVELOPPEMENT ÉCONOMIQUE

La nature a si prodigalement distribué les matières premières nécessaires à la fabrication des produits hydrauliques, qu'on en fabrique à peu près dans toutes les contrées du monde.

FRANCE

Dans le tableau ci-après nous avons réuni les lieux de fabrication que nous avons pu connaître à l'aide de renseignements particuliers, ne connaissant pas de stastistique officielle. La production est empruntée à la statistique de l'industrie minérale, pour l'année 1899, dressée par les soins du ministère des travaux publics.

La France est très probablement le pays qui fabrique le plus de ciments naturels renommés et de chaux hydrauliques. C'est une des raisons pour lesquelles la fabrication du ciment portland artificiel est moins développée qu'en Angleterre et en Allemagne.

DÉPARTEMENTS.	LIEUX DE PRODUCTION (1).	PRODUCTION EN TONNES.	
		Chaux hydraulique.	Ciment.
Ain	*Virieu-le-Grand, Béon, Bons, Ruséal,* Tenay.	116.000	8.000
Aisne..........	*Fontaine-les-Clercs, St-Quentin, Berry-au-Bac.*	»	»
Allier	»	3.200	»
Alpes (Basses-).	»	2.700	50
Alpes (Hautes-)	*Pont-la-Dame,* Pont-la-Dame.	4.800	4.200
Alp.-Maritimes	*Conte-les-Pins, Roquette-sur-Var,* **Conte-les-Pins** Roquette-sur-Var.	60.293	»
Ardèche.......	*Le Teil, Cruas, Viviers, Ruoms.*	344.374	94.625
Ardennes......	»	15.000	»
Ariège.........	»	1.591	»
Aube..........	*Ville-sous-la-Ferté, Meussy-sur-Seine, Seilley, Clairvaux.*	37.000	3.350
Aude..........	»	60	»
Aveyron.......	*Montrozier,* Geges.	4.250	»
B.-du-Rhône..	*La Bédoule, Roquefort, Roquevaire,* Roquefort, La Bédoule, **La Bédoule, La Valdonne.**	48.120	178.350
Calvados	»	19.000	»
Cantal.........	»	2.200	»
Charente	*Echoisy, Touvre, Saint-Hourmeau, Pontouvre, Luxé, Mansle.*	31.920	1.510
Charente-Infér.	*Maravans, Angoulins,* **Marans, Angoulins.**	16.875	5.300
Cher	*Beffes, Jouet-sur-l'Aubois, Guerche-sur-l'Aubois, Marseilles-les-Aubigny.*	52.000	»
Corrèze........	»	»	»
Corse..........	»	»	»

(1) Les lieux de production de la chaux hydraulique sont en *italiques*; ceux du portland artificiel en caractères gras; ceux relatifs aux autres ciments en caractères ordinaires.

DÉPARTEMENTS.	LIEUX DE PRODUCTION.	PRODUCTION EN TONNES.	
		Chaux hydraulique.	Ciment.
Côte-d'Or......	*Malain, Montigny, Bouix,* Venarey-les-Laumes, Marigny-le-Cahouët, Venarey	10.000	28.600
Côtes-du-Nord.	»	10	»
Creuse........	»	»	»
Dordogne.....	*St-Astier, La Massouline, Puyonem,* Allas-de-Berbiguières.	45.600	22.000
Doubs.........	»	3.500	»
Drôme.........	*Lavasse, Lachamp, Condillac.*	82.360	2.950
Eure..........	»	»	»
Eure-et-Loir...	*Senonches, Digny.*	50.277	»
Finistère......	»	30.080	»
Gard..........	»	»	800
Garonne (Hte-).	»	3.200	»
Gers..........	»	»	»
Gironde.......	Bordeaux.	»	»
Hérault.......	*Saint-Victor-la-Coste, St-Banzille.*	24.000	1.200
Ille-et-Vilaine.	*Saint-Aubin-d'Aubigné.*	12.195	»
Indre..........	»	2.500	»
Indre-et-Loire.	*Paviers, Trognes, Ports.*	48.750	»
Isère..........	*Montalien, Bouvesse, Sassenage,* Genevray, Grenoble, Gua, Champagnier (rocher de Comboise), Claix, Crolles, Seyssins, Sieroz, St-Laurent-du-Pont, Saint-Isnier, Valbonnais, Voreppe, *Vif,* Uriage, Vizille.	142.035	166.105
Jura...........	Champagnole.	12.200	620
Landes........	»	8.300	»
Loir-et-Cher...	»	»	»
Loire.........	»	»	»
Loire (Haute-).	»	16.000	»
Loire-Infér....	»	»	»
Loiret........	»	»	»
Lot...........	*Cahors,* Cahors.	3.625	500
Lot-et-Garonne	*Sauveterre, Libos, Castelfranc,* Castelfranc, Li-	16.448	8.182

DÉPARTEMENTS.	LIEUX DE PRODUCTION.	PRODUCTION EN TONNES.	
		Chaux hydraulique.	Ciment.
	bos, Sauveterre-la-Lémance.		
Lozère	»	»	»
Maine-et-Loire	*Doué.*	1.500	»
Manche	*Emondeville.*	9.000	»
Marne	*Vitry-le-François*, Louvières.	52.165	39.950
Marne (Haute-)	*Côtes-d'Alum*, *Euffigneux.*	15.261	»
Mayenne	»	25.000	»
Meurthe-et-M.	*Xeilley.*	73.000	»
Meuse	*Bar-le-Duc*, **Pagny-sur-Meuse.**	11.800	»
Morbihan	»	»	»
Nièvre	*Guérigny.*	»	»
Nord	*Anor*, *Bettrechies.* **Jeumont.**	15.000	»
Oise	»	»	»
Orne	*Laigle.*	13.000	»
Pas-de-Calais	**Samer, Boulogne-s.-Mer, Dannes, Desvre, Lottinghem, Lumbres, Neufchatel, Pernes-en-Artois, Pont-à-Vendin, Samer.**	485	385.400
Puy-de-Dôme	»	33.000	3.600
Pyrénées (Bses-)	*Gélos*, *Louvigny*, *Montaret.*	15.500	1.500
Pyrénées (Htes-)	*Lourdes.*	300	»
Pyrén.-Orient.	»	»	»
Rhin (Haut-)	»	4.300	»
Rhône	»	»	»
Saône (Haute-)	»	4.200	»
Saône-et-Loire	**Palinges.**	6.850	24.800
Sarthe	»	»	»
Savoie	*St-Michel-de-Maurienne.*	29.300	13.300
Savoie (Haute-)	»	2.700	»
Seine	*Les Moulineaux* (chaux artificielle).	17.239	3.800
Seine-Infér.	*Dieppe*, *Le Havre.*	1.980	»
Seine-et-Marne	*Mortcerf.*	2.700	»
Seine-et-Oise	*Argenteuil*, **Dennemont, Guerville.**	»	47.579

DÉPARTEMENTS.	LIEUX DE PRODUCTION.	PRODUCTION EN TONNES.	
		Chaux hydraulique.	Ciment.
Sèvres (Deux-).	*Thouars.*	800	»
Somme........	»	»	»
Tarn	*Renteils, Lavazières, Artez.*	5.500	3.000
Tarn-et-Gar...	*Saint-Antonin.*	4.400	»
Var	»	7.000	»
Vaucluse	»	15.600	»
Vendée........	»	200	»
Vienne........	*Poitiers.*	1.820	»
Vienne (Haute-)	»	»	»
Vosges	»	15.320	»
Yonne.........	*Ancy-le-Franc*, Massy, Provency, Sainte-Colombe (usines produisant le ciment de Vassy), **Frangey, Moutot.**	16.000	95.000
	Totaux en tonnes ..	1.722.713	1.144.271
	Valeur	22.878.063	28.667.021

L'Algérie produit 13.000 tonnes de chaux (département de Constantine) valant 390.000 francs.

Nota. — Toutes les usines à chaux hydraulique pouvant plus ou moins produire du ciment de grappiers, il n'en est pas fait mention dans les lieux de production. C'est ainsi que la statistique officielle indique 70.181 tonnes de ciment pour le département de l'Ardèche. Ce ciment provient du traitement des grappiers des grandes usines à chaux hydraulique du département.

Les principaux centres de production sont donc :

1° Le Pas-de-Calais pour le portland artificiel. C'est à Boulogne-sur Mer que se trouve l'une des plus importantes usines du monde, l'usine mère du portland artificiel produisant 100 000 tonnes actuellement. Créée en 1845, elle produisit 50 tonnes de ciment en 1846.

2° L'Isère pour les ciments naturels que la Société des ciments de la Porte de France a fait connaître un peu partout.

3° L'Ardèche, pour la chaux hydraulique, où se trouve au Teil la plus importante usine de chaux hydraulique. De 3 000 tonnes de chaux qu'elle fabriquait en 1839, cette usine est arrivée à en produire 302 048 en 1899 avec 71 025 tonnes de ciment de grappiers.

Grâce aux grands travaux entrepris dans ces dernières années, la production des produits hydrauliques a cru continuellement.

La production, de la chaux hydraulique, qui en 1895 était de 1 359 804 tonnes, est maintenant (1899) de 1 722 713. Aux mêmes époques, la production du ciment était de 838 709 tonnes et 1 144 271 tonnes dont environ 550 000 de portland artificiel.

NOMENCLATURE DES USINES A PORTLAND ARTIFICIEL.

Bouches-du-Rhône (Production : 35 000 tonnes).

Romain Boyer, à la Bédoule	Voie sèche.
Vicat et Armand, à la Valdone (1)	—
Société marseillaise à la Bédoule	—

Isère (20.000).

Vicat et Cie, à Genevrey-de-Vif, près Grenoble.	—

(1) Appartient à la Société Pavin de Lafarge.

Gironde.

Société des ciments français (en construction)... Voie sèche.

Meurthe-et-Moselle (10.000 tonnes).

Société des portlands de l'Est, à Pagny-sur-Meuse. —

Pas-de-Calais (386.000 tonnes en 1899).

Société des ciments français, à Boulogne-sur-Mer. Voie humide.
Société des ciments de Dannes, à Dannes........ —
Compagnie continentale, à Dannes.............. —
Société des ciments français à Desvres.......... —
Compagnie nouvelle des ciments du Boulonnais, à Desvres.................................. —
Delbende et Cie à Desvres.... .... —
Fourmaintraux Courquin, à Desvres............ —
Goindin et Cie, à Lumbres...................... —
Darsy Lefèvre, Stenne et Lavocat, à Neufchâtel.. —
Sollier et Cie, à Neufchâtel.................... —
H. Basquin, à Neufchâtel....................... —
Cambier et Cie, à Pont-à-Vendin............... —
Douez frères, à Samer.......................... —
Société des ciments de Pernes, à Pernes-en-Artois. Voie sèche.

Saône-et-Loire (15.000 tonnes).

Société des ciments du Charollais, à Palinges..... —

Seine-et-Oise (55.000 tonnes).

Société parisienne Candlot et Cie, à Dennemont, près Mantes................................ Voie humide.
Société des ciments français, à Guerville, près Mantes...................................... —

Yonne (40.000 tonnes).

Société des ciments Portland de Frangey à Frangey.. Voie sèche.
Société des ciments Portland de Moutot, à Moutot. —

Nord (5.000 tonnes).

Mouton et Brunel, Portland Nord, à Cysoing..... Voie humide.
Société des ciments et chaux hydrauliques, à Haubourdin .... —
Société des ciments et chaux hydrauliques à Jeumont .... —

Charente-Inférieure.

H. Basquin, à Angoulins........................ —

Production totale : environ 580.000 tonnes.

NOMENCLATURE DES USINES A CIMENTS NATURELS (1)

Aveyron	Geges.
Isère	Société générale et unique des ciments de la Porte-de-France, près Grenoble; Société de ciments supérieurs Thorrand et Cie, Allard, Nicolet et Cie, à Voreppe, près Grenoble; Vicat et Cie, à Uriage et à Saint-Laurent-du-Pont; Guimgat et Cie, à Grenoble; Berthelot, à Vif; Pelloux et Cie, à Valbonnais; Société anonyme des ciments de Saint-Ismier-Grenoble, Champagnier, Claix, Crolles, Generay, Gua, Seyssins, Sieroz.
Ain	Jurron et Cie, à Virieu-le-Grand, près Tenay.
Hautes-Alpes	J. Février et Cie, usines du Pont-la-Dame, à Aspres-sur-Buech.
Alpes-Maritimes	Thorrand Durandy et Cie, à Bans-Roux, près Nice, et à Roquette-sur-Var.
Bouches-du-Rh.	Romain, Boyer et Cie, à la Bédoule; Société marseillaise; — Ciment de Roquefort; — Ciment de la Valentise; — Rastoin frères. —
Yonne	M. Dumarcet, à Provency; MM. Millot, à Marsy et à Sainte-Colombe; Joudrier et Cie, à Thouard-Angely; Prévost; Bougault.
Côte-d'Or	M. Landry, à Vénarey-les-Laumes; M. Journault, à Marigny-le-Cahouët; M. Tripier, à Venarey; M. Detang, à Pouilly.
Lot-et-Garonne	Libos; Castelfranc; Sauveterre;

(1) Nous ne faisons pas entrer dans cette nomenclature les usines ne produisant que des ciments de grappiers, les trois quarts des usines à chaux pouvant en fabriquer.

Lot............	Cahors;
Dordogne.......	Allas-de-Berbiguières.

Production totale : environ 600.000 tonnes y compris les ciments de grappiers.

COLONIES

En dehors des usines en construction au Tonkin, nous ne connaissons que l'usine de Bordj Cédria en Tunisie appartenant à M. Paul Potin. Créée en 1888 pour les besoins de l'exploitation du domaine, elle s'est agrandie peu à peu et produit maintenant 12 000 tonnes de chaux et 4 000 tonnes de ciment naturel.

USINES A CIMENT DE LAITIER (1)

Cher. — Société anonyme des ciments de laitier de Donjeux, à Bourges.

Meurthe-et-Moselle. — Gustave Raty et Cie, à Saulnes.

Haute-Marne. — Société anonyme des ciments de laitier de Donjeux, à Donjeux.

Meurthe-et-Moselle. — Compagnie des forges de Châtillon-Commentry et Neuves-Maisons, à Neuves-Maisons.

Marne. — Société J. et A. P. de Lafarge, à Vitry-le-François.

Meurthe-et-Moselle. — MM. D'Huart frères, à Senelle, près Longwy,

Loire-Inférieure. — MM. Célier Duval et Cie, à Chantenay, près Nantes.

Basses-Pyrénées. — M. Bartissol, au Boucan.

Meurthe-et-Moselle. — Usine de Pompey.

— Société anonymes des hauts-fourneaux de la Chiers.

Production totale environ 100.000 tonnes (?)

(1) Les renseignements concernant les usines à ciment de laitier, pour les différents pays, sont empruntés à la communication que MM. Henry et Brüll ont faite au Congrès de Paris de 1900.

IMPORTATIONS ET EXPORTATIONS

La France exporte une assez grande quantité de chaux hydraulique (147 502 tonnes en 1899) provenant principalement de l'Ardèche et des départements du Midi qui exportent dans nos colonies d'Algérie et de Tunisie, dans tout le bassin de la Méditerranée (sauf l'Italie) et jusque dans l'Amérique du Sud.

Par contre, les régions du Nord jusque Rouen, et de l'Est consomment une quantité assez élevée de chaux importée de Belgique (68 005 tonnes en 1899). Cette chaux fabriquée à très bon compte et pouvant arriver par canaux fait une concurrence sérieuse aux chaux françaises.

Ciments. — Nos exportations ont pris une grande importance et augmentent graduellement depuis quelques années.

Nous avons pour nous tout le marché d'Orient habitué depuis longtemps à certaines qualités de ciments naturels français, et nos colonies d'Algérie et de Tunisie.

Peut-être n'avons-nous pas su profiter de l'immense champ de consommation ouvert dans l'Amérique du Nord, où en 1898 nous n'avons exporté que 17 294 barils, alors que les exportations allemandes se sont élevées à 1 032 429 barils, les exportations belges à 651 204 barils, et les exportations anglaises à 241 198 barils; aussi, maintenant et dans l'avenir, en plus de l'avance considérable prise par nos rivaux, nous nous trouverons peu à peu, par suite des grands progrès réalisés dans l'industrie américaine, en face d'un marché qui nous sera complètement fermé, malgré la qualité reconnue supérieure de nos produits.

Notre faiblesse comparée d'exportation tient à ce que la main-d'œuvre et le charbon sont un peu plus chers qu'en Allemagne, en Angleterre et en Belgique; mais la cause principale est sans contredit celle des transports par terre et par eau, de l'outillage des ports d'embarquement et du fret, qui revient plus cher en France qu'en Allemagne et en Angleterre et qu'on trouve moins abondamment, ce qui oblige parfois nos marchandises à prendre la voie d'Anvers.

D'après ces renseignements statistiques, on peut établir que la France emploie environ 1 800 000 tonnes de chaux et 900 000 de ciments divers, nombres probablement inférieurs à la consommation réelle, car il existe certainement nombre de fours isolés produisant de la chaux plus ou moins hydraulique dont la production n'a pu entrer dans la statistique officielle.

MOUVEMENT SCIENTIFIQUE

Le seul journal spécial est *le Ciment* organe de la chambre syndicale des fabricants de ciment.

Les principaux laboratoires s'occupant spécialement de cette question sont ceux de l'École des ponts et chaussées à Paris, placé sous la direction de M. Mesnager; de la ville de Paris, dirigé par M. le conducteur des ponts et chaussées Ansett; celui des ponts et chaussées de Boulogne-sur-Mer, placé sous la haute direction de l'ingénieur en chef et dirigé par M. Feret, et enfin celui du service du génie militaire également à Boulogne-sur-Mer placé sous la haute direction du chef du génie et sous celle immédiate de l'auteur de cet ouvrage, de 1898 à 1902.

Tous les laboratoires officiels servant à éclairer les administrations qui les ont établis sont inaccessibles au public ; aussi, était-il à désirer que, comme en Allemagne, l'industrie des ciments possédât un laboratoire pouvant l'éclairer sur les questions particulières qui l'intéressent.

Ce laboratoire vient d'être créé au Conservatoire national des arts et métiers, où il est particulièrement bien placé pour renseigner les industriels sur les problèmes qui les intéressent.

Ce laboratoire, placé sous la direction générale de M. Pérot, est divisé en plusieurs sections. La direction de celle concernant les matériaux de construction nous a été confiée.

Depuis la rédaction du cahier des charges actuel, par MM. Guillam et Vétillart en 1886, et sous l'impulsion de MM. Alexandre, Candlot, Feret, Le Chatelier, etc., les études scientifiques et industrielles se sont considérablement accrues, et M. Debray a contribué pour une large part, avec ses rapports sur les différentes conférences tenues à l'étranger, à diffuser ces questions si complexes.

La Commission des méthodes d'essai des matériaux de construction fondée par le ministre des travaux publics, en 1891, a soulevé un nombre considérable de problèmes et donné lieu à un non moins grand nombre d'études.

Enfin, dans les derniers congrès internationaux des méthodes d'essai des matériaux de construction ont montré que la science française était largement représentée dans cette question.

DÉVELOPPEMENT A L'ÉTRANGER

ALLEMAGNE

L'industrie du ciment a marché en Allemagne à pas de géant. La progression considérable de cette industrie est due à la science qu'ont déployée les chimistes et ingénieurs pour plier cette industrie, qui employa d'abord le procédé anglais (voie humide), à la nature parfois spéciale des matières premières allemandes, qui obligea les industriels à employer la voie sèche, à modifier ensuite constamment les procédés et appareils primitifs, pour arriver à produire, au prix le plus bas, le produit le meilleur.

Au point de vue économique, les facilités offertes à l'exportation aussi bien pour le transport que pour la facilité du fret, l'outillage perfectionné des grands ports comme Hambourg, Stettin, Brême, ont facilité l'écoulement d'un produit que tout le monde reconnut peu à peu comme au moins égal au ciment anglais.

La cause peut-être la plus active du développement de cette industrie a été la création du syndicat des fabricants de ciment allemands, lesquels se réunissent en conférence, traitent les questions commerciales, techniques et même scientifiques se rapportant à l'industrie. Cette association entretint si bien l'émulation entre les fabricants, que créée en 1876 et ne comptant en 1878 que 31 membres produisant 433 500 tonnes, elle en compte maintenant 88 produisant le nombre très probablement exagéré de 3 717 000 tonnes.

Toutes les usines adhérentes s'engagent à ne livrer que des produits exempts de toute autre matière étrangère que 2 p. 100 de plâtre au maximum.

La production de chaque usine est limitée à un certain nombre de parts. Une part équivaut à 50 000 barils de 180 kilogrammes, c'est-à-dire 9 000 tonnes.

Malgré les avantages que les adhérents rencontrent dans cette association, qui, en plus des usines allemandes, compte sept usines autrichiennes et sept de nationalités diverses, certains industriels ne sont pas syndiqués, ce qui porte le nombre total à environ une centaine d'usines produisant au moins 3 000 000 tonnes.

Le syndicat possède maintenant un laboratoire spécial à Karlshorst, près de Berlin.

Parmi les plus grandes usines, on peut citer celle de MM. Dyckerhoff à Amöneburg près de Biebrich, sur le Rhin, produisant environ 130 000 tonnes.

En 1897, les exportations se sont élevées à 524 557 tonnes dont 189 111 pour les États-Unis.

La progression des exportations allemandes aux États-Unis est intéressante à examiner. En quelques années, elles ont augmenté dans des proportions considérables. De 1 207 tonnes en 1880, elles ont monté à 189 111 en 1897, s'emparant peu à peu des faveurs du marché, à tel point qu'elles entrent actuellement pour plus de la moitié dans les importations des États-Unis.

En dehors des laboratoires officiels, plusieurs usines possèdent des laboratoires particuliers qui ne le cèdent en rien aux premiers. Les techniciens s'occupant particulièrement de cette question sont nombreux, et, à leur tête, on peut placer MM. Michaelis, Schumann, Gary, etc.

Outre la *Revue internationale des matériaux de construction* éditée à Stuttgard, il se publie également un journal spécial, le *Thonindustrie Zeitung*.

LISTE DES FABRICANTS ALLEMANDS FAISANT PARTIE DE L'ASSOCIATION

		tonnes.
1.	Amöneburg, près Biebrich am Rhein, Dyckerhoff et fils, Portlandcementfabrick	162.000
2.	Bad Kösen, Sachsisch-Thüringische Aktien-Gesellschaft für Kalksteinverwertung	36.000
3.	Beckum. Beckumer Portlandcementwerk Illigens Rhur et Klasberg	36.000
4.	Beckum. Aktien-Gesellschaft für Rheinisch-Westfälische Cement-Industrie	54.000
5.	Beckum. « Westphalia » Aktien-Gesellschaft für Fabrikation von Portland Cement und Wasserkalk	54.600
6.	Berlin « Adler » Deutsche Portlandcementfabrik SO. Köpenickerstr. 10 a	36.000
7.	Berlin. Portlandcementfabrik « Rüdersdorf » R. Gutmann et Jeserich, N. W. 7	117.000
8.	Berlin, Stettin-Gristomer Portlandcementfabrik Aktien-Gesellschaft	54.000
9.	Bernburg. Bernburger Portlandcementfabrik Aktien Gesellschaft	36.000
10.	Brackwed. C. Stockmeyer Portlandcementfabrik	9.000
11.	Breslau. Gogolin-Gorasdzer Kalk- und Cementwerke	18.000
12.	Brügge (Westfalen). Lüdenscheider Portlandcementfabrik	9.000
13.	Budenheim am Rhein. Portlandcementfabrik, Fr. Sieger et Co	9.000
14.	Buxtehude. Brunckhorst et Krogmann. Portlandcementfabrik	9.000
15.	Cassel S. Lauckhardt Trubenhäuser Cement- und Gips-fabrik	9.000
16.	Cementfabrik bei Obercassel, bei Bonn. Bonner Bergwerks- und Hütten-Verein	54.000
17.	Ennigerloh bei Beckum i W. Poststation Neu Beckum i W. Portlandcementwerke « Rhenania » Aktien-Gesellschaft	45.000
18.	Fohrde, bei Brandenburg am H.A. Neumann Portlandcementfabrik Ikurmark	
19.	Geislingen-Steig Portlandcementwerk Geislingen Steig	9.000
20.	Gescke (Westfalen) « Meteor » Aktien-Gesellschaft Geseker Kalk und Portlandcementwerke	27.000

21. Glöthe bei Forderstedt. Portlandcementwerk « Saxonia » Aktien-Gesellschaft, vorm als Heinrich Laas Söhne	45.000
22. Göschwitz. Sachsisch-Thuringische Portlandfabrik Prüssing u. C°	36.000
23. Gössnitz, in Sachsen Portlandcementfabrik Gössnitz Aktien-Gesellschaft	18.000
24. Groschowitz, bei Oppeln, Schlesische Aktien-Gesellschaft für Portlandcementfabrikation	108.000
25. Gross-Strehlitz Oberschlesische Portlandcement und Kalkwerke Aktien-Gesellschaft	9.000
26. Haiger (Nassau) Portlandcementfabrik Werterwald.	27.000
27. Halle am S. Portlandcementfabrik, Halle am S...	36.000
28. Hamburg. Alsen'sche Portlandcementfabriken	225.000
29. Hamburg. Breitenburger Portlandcementfabrik	63.000
30. Hamburg. Lägerdorfer Portlandcementfabrik Aktien-Gesellschaft	45.000
31. Hamburg. Portlandcementfabrik « Saturn » Nobelshof (Fabrik in Brursbüttelkoog. Holstein)	54.000
32. Hannover. Hannoversche Portlandcementfabrik Aktien-Gesellschaft	108.000
33. Hannover. « Teutonia » Misburger Portlandcementwerk	36.000
34. Hannover. Vorwohler Portlandementfabrik Planck et C°	63.000
35. Heidelberg Portlandcementwerk. Heidelberg, vormals Schifferdecker u. Söhne	135.000
36. Hamburg. Portlandcementfabrik Hemmoor	135.060
37. Höxter. Aktien-Gesellschaft Höxter'sche Portlandcementfabrik, vormals J. H. Eichwald Söhne	36.000
38. Höxter Portlandcementwerke Höxter-Godelheim Aktien-gesellschaft	36.000
39. Karlstadt am Main. Portlandcementfabrik Karlstadt am Main, vormals Ludwig Roth	63.000
40. Kupferdreh am Rhur, Narjes et Bender Portlandcementfabrik	27.000
41. Kuppenheim Kuppenheimercementfabrik Aktien-Geselschaft	9.000
42. Laufen am Neckar. (Würtemberg) Portlandcement werk	54.000
43. Lehrte H. Manske et C° Portlandcementfabrik « Germania »	162.000
44. Linz (Autriche) Portlandcementwerk Kirchdorf Hofmann et C°	27.000

45. Lüneburg. Portlandcementfabrik, vormals Heyn Gebrüder Aktien-Gesellsschaft	63.000
46. Malstatt, bei Saarbrücken. C. H. Böcking u. Dietzsch, Portlandcementfabrik	36.000
47. Mannheim. Mannheimer Portlandcementfabrik	135.000
48. München. Bayerisches Portlandcementwerk Marienstein. Aktien-Gesellschaft	27.000
49. Metz. Lothringer Portlandcementwerke in Metz.	63.000
50. Misburg, bei Hannover. Portlandcementfabrik Kronsberg	27.000
51. Misburg bei Hannover Norddeutsche Portlandcementfabrik	54.000
52. Münster i W. Lengericher Portlandcement und Kalkwerke	36.000
53. Münsingen. Süddeutsches Portlandcementwerk	18.000
54. Neustadt W. Pr. Preussische Portlandcementfabrik	18.000
55. Nürtingen. Nürtinger Portlandcementwerke (filiale de Portlandcementwerke. Heidelberg	18.000
56. Nieder-Ingelheim am Rhein. Portlandcementfabrik Ingelheim am Rh. Aktien Gesellschaft, vormals C. Kebs	45.000
57. Offenbach am Main. Offenbacher Portlandcementfabrik Aktien-Gesellschaft	36.000
58. Oppeln. Oberschlesische Portlandcementfabrik	72.000
59. Oppeln. Oppelner Portlandcementfabriken vorm. F. W. Grundmamn	72.000
60. Oppeln. Portlandcementfabrik vorm. A. Giesel	45.000
61. Porta Bremer. Portlandcementfabrik « Porta »	45.000
62. Ravensbürg Gebrüder Spohn Portlandcementfabrik.	45.000
63. Recklinghausen. Wicking'sche Portlandcement und Wasserkalkwerke	72.000
64. Regensburg. Portlandcementfabrik und Kalkwerk « Walhalla » D. Funk	18.000
65. Salder. Braunschweiger Portlandcementwerke zu Salder	18.000
66. Schimischow (Haute-Silésie). Schimischower Portlandcement, Kalk- und Ziegelwerke	27.000
67. Stettin. « Mercur ». Stettiner Portlandcement und Thonwarenfabrik Aktien-Gesellschaft	9.000
68. Stettin. Pommerscher Industrie Verein auf Aktien.	90.000
69. Stettin. Portlandcementfabrik « Stern » Tœpffer, Grawitz et C°	54.000
70. Stettin. Stettiner Portlandcementfabrik	54.000
71. Stettin. Stettin- Bredower Portlandcementfabrik	36.000

72. Stuttgart, Blaubeuren. Stuttgarter Cementfabrik Blaubeuren, Filiale des Stuttgarter Immobilien und Bau Geschäfts.................................... 81.000
73. Ulm am D. E. Schwenk Portlandcementfabrik..... 27.000
74. Wickendorf, bei Schwerin, i Madgebourg Schweriner Portlandcement und Kalkwerke, Stehmann u. Heitmann.................................... 9.000
75. Wunstorf-Bahnhof Portlandcementfabrik, Schmidt Brosang u. C°.................................... 27.000

USINES A CIMENT DE LAITIER

Fabrique de ciment de Neuenkircken (Cercle de Trèves).
C.-H. Böcking u. Dietzsch, à Malstatt.
Carl Otto, à Adenlenhütte, près Porz-sur-le-Rhin.
L. Raab aîné, à Wetzlar (province du Rhin).
Albert Stein u. Cie, à Wetzlar (province du Rhin).
Usines à fer Buderus, à Wetzlar (province du Rhin).
Usine à ciment de Ruhrort, à Ruhrort (province du Rhin).
Narjes u. Bender, à Kupferdreh.
Fabrique de ciment « Victoria », à Thale, dans le Harz.
Fabrique de Duisburg-Hochfeld.
W. Seifer, à Muhleim-sur-la-Ruhr.
Hauts-fourneaux Kraft, près Stettin.

Un certain nombre de ces usines font aussi du ciment portland par la cuisson du laitier. La production totale peut être évaluée à 150 000 tonnes par an.

ANGLETERRE

La fabrication anglaise, donnée pendant si longtemps comme exemple aux industriels continentaux, n'a pas suivi la voie du progrès. Par suite des facilités de fabrication provenant de la régularité de composition des matières premières, du monopole longtemps exercé pour les grandes fournitures, l'industrie anglaise du portland est restée à peu près telle qu'elle existait il y a vingt ou trente ans.

Les usines des bords de la Tamise et de la Medway

emploient la méthode humide, d'autres usines emploient la voie sèche.

On peut répartir comme suit la production anglaise.

Usines de la Tamise et de la Medway	1895	1.370.250	tonnes.
	1899	1.725.500	—
Sur la Tyne et pour le reste de l'Angleterre.		700.000	—

Les exportations s'élèvent à environ 3 500 000 barils, plus élevées que les exportations allemandes.

La plus grande usine est celle de MM. White frères produisant 100 000 tonnes.

D'après le *Cement and Engineering News* de juillet 1900, les usines sont groupées comme il suit : sur la Tamise, on compte :

John Bazley White and Brother's Works, at Swanscombe and Greenhithe.
Helton, Anderson and Brooks' Works, at Grays.
V. Baight, Bevan and Sturges' Works, at Northfleet.
J. C. Johnson and C° s'Works, at Greenhithe.
Gebbs and C° s'Works, at West Thurrock, Grays.
Francis et C° s'Works, at Cliffe.
London Portland Cement C° s'Works, Northfleet.
Robins and C° s'Works, at Norfleet.
Imperial Portland Cement C° s'Works, at Northfleet.
Wilders and Cary's Works, at Greenhithe.
Weston and C° s'Works, at Northfleet.
Macevoy et Holt's Works, at Northfleet.
Hollick and C° s'Works, at Greenwich.
New Rainham Portland Cement Works, at Rainham
Tower Portland Cement Works, at Northfleet.
Wouldham Cement C° limited, at West Thurrock.

Sur la Medway :

Hilton Anderson and Brooks Works, at Upnor, Halling and Faversham.
J. Bazley White and Brother s'Works, at Gillingham and Bridge, Globe and Quarry Works, Frindsbury.

Burham Brick Lime and Cement C° s'Works, at Burham.
Tingey and Son's Works, at Frindsbury, and Chalk Quarries, at Wouldham.
Martin Earlé and C° limited, Weckham.
Queenborough Portland Cement C°, at Queenborough; Booth and C° s'Works, at Borstal and Cuxton.
Me Sean, Lewett and C° s'Works, Frindsbury and Elinley.
Trechmann, Weekes and C° s'Works, at Halling.
West Kent Portland Cement Works, at Aglesford and Burham.
Fœnix Portland Cement Works, at Frindsbury.
Borstal Manor Portland Cement Works, at Borstal.
Wouldham (Medway) Cement Works, at Wouldham.

De l'autre côté de la Tamise et de la Medway :

J. C. Johnson and C° s'Works, at Gateshead-on-Tyne.
Chas Francis Son and C° Works, at Newport (Isle of Wight).
The Arlesey Lime and Portland Cement C° s'Works, at Arlesey near Hitchin.

Ces usines font partie de l'Association des fabricants de ciment. Nous n'avons pu nous procurer de renseignements sur les autres usines, peu nombreuses, et dont la fabrication n'entre que pour une faible partie dans la production totale.

USINES A CIMENT DE LAITIER

Skinningrove Iron C°, Skinningrove (Yorkshire).
Jones Annealed concrete, C° de Middlesbrough, Cleveland slag Works.

Journaux techniques

The Architect, 6 to 11, Imperial Buildings, Ludgate Circus, London.
The Architectural Review, Arundel Street, Strand, London.
The British Architect, 33, King Street, Covent Garden, W. C. London.
The Builder, 46, Catherine Street, W. C. London.
The Builders Journal and Architectural Record, 1, Arundel Street, W.C. London.

The Builders Reporter, 6 to 11, Imperial Buildings, London, E.C.
The Building News and Engineering Journal, Clements House, Clements Inn Passage, London.
The Building Society Gazette, 37, Cursitor Street, E. C. London.
The Contractor, 139 and 140, Salisbury Court, Fleet Street, E. C. London.

ÉTATS-UNIS

Par son activité à développer l'industrie du portland, ce pays occupe une place à part. Produisant à peine, d'après une étude de M. Spencer Newberry (*Cement and Engineering News*, novembre 1899), 60 000 tonnes en 1890, on peut compter pour l'année 1900 sur une production de 1 260 000 tonnes, production sans cesse ascendante, qui, peu à peu, arrivera à éliminer complètement les importations européennes.

Profitant de l'expérience acquise, devant compter sur la cherté de la main-d'œuvre, et le bon marché du combustible, les industriels américains ont dû se consacrer à perfectionner leur outillage et à employer le moins de main-d'œuvre possible, d'où l'emploi de certains appareils comme les fours tournants.

En 1890	on comptait	16	usines produisant....	60.390 tonnes.
1894	—	24	—	143.776 —
1897	—	29	—	482.000 —
1898	—	31	—	664.610 —
1900 (estimation)		37	—	1.260.000 —

La production la plus considérable est donnée par l'État de Pensylvanie, qui a fourni environ 377 125 tonnes en 1898.

Depuis 1890, la progression croissante de la production par rapport à la consommation totale est considérable.

C'est ainsi que la production n'était que de 13,2 p. 100 sur la consommation en 1891 ; de 34,7 p. 100 en 1896;

56,8 p. 100 en 1897 et 65,1 p. 100 en 1898, progression qui montre que dans un temps peu éloigné, les ciments américains viendront concurrencer les produits européens dans les pays d'exportation.

Les usines que nous connaissons sont :

Birmingham Ensley (Alabama).
Pembina (North Dakota).
Western Yankton (South Dakota).
Utica (Illinois).
Speed's (Indiana).
Belknap's (Indiana).
Kentucky and Indiana (Indiana).
United States (Indiana).
Clark County. —
Banner. —
Standard. —
Hamsdale. —
Indiana. —
Globe. —
Hoosier. —
Ohio Valley. —
Golden Rule. —
The Yola à Yola (Kansas).
Buck Horn Rowelsberg, près Oakland (Maryland).
Bronson (Michigan).
Perless Union City (Michigan).
Great Northern (Michigan).
The Glens Falls (New-York).
The Diamond Middlebranche (Ohio).
The Sandusky (Ohio).
The Alma Wellston (Ohio).
The Bonneville Siegfried (Pensylvania).
Atlas à Northampton (Pensylvania).
Evansville (Pensylvania).
The Lawrence Siegfried (Pensylvania).
Lehigh Valley Ormerod (Pensylvania).
Saylor's Coplay, à Allentowon (Pensylvania).
Nazareth (Pensylvania).
William Kranse of Martin's Creck (Pensylvania).
The Whitehall of Cementon (Pensylvania).
Utah Salt Lake City (Utah).
Etc., etc.

Il y aurait actuellement (1900) plus de soixante-dix usines en activité ou en projet. Malgré les nombreux désastres financiers, cette industrie est maintenant mieux assise ; elle tient la tête du progrès et le temps n'est plus où, d'après M. Green, certains inspecteurs des ciments préféraient les « goûter » plutôt que de les soumettre à des essais.

Parmi les techniciens s'occupant particulièrement

de la question des ciments, on peut nommer MM. Newberry frères.

Les États-Unis possèdent entre autres le laboratoire d'essais de Philadelphie et, parmi les organes spéciaux :

Cement and Engineering News, publié à Chicago.
Engineering Record, publié à New-York.
Engineering News, —

USINES A CIMENT DE LAITIER

Knickerbocker Cement C°.
Illinois Steel C° de Chicago.
Standard Silica Cement C°.
Maryland Cement C°, de Sparrow's Point, près Baltimore (Maryland).

BELGIQUE

La Belgique fabrique principalement des ciments naturels dont la production est concentrée dans les environs de Tournai. Les usines des environs de cette ville se sont groupées sous le nom de Société des Carrières de Tournai. Elle comprend deux établissements situés dans un rayon de 4 à 5 kilomètres autour de Tournai, comportant une superficie de 284 hectares, exploitant soixante-douze fours à chaux et cent soixante-sept à ciment naturel, mis en œuvre par près de 6 000 ouvriers. On peut considérer la production totale de ce seul centre en chaux et ciment comme approchant 1 000 000 tonnes.

Parmi les principales usines, on peut citer celle de MM. Dutoit frères qui exploitent des carrières magnifiques.

USINES A PORTLAND ARTIFICIEL

Société anonyme North's Portland Cement and Bricks Works à Beerse (province d'Anvers).
Société anonyme des ciments de Portland et briquettes de Ræ-vels, à Ravels (province d'Anvers).

Société anonyme de Niel-on-Ruppel, à Niel, près Boom (province d'Anvers).
Société anonyme des ciments Portland de Burght, à Burght (Flandre Orientale).
MM. Dufossez et Henry, à Confestu (province du Hainaut).
MM. Loose et Lévie, à Confestu (province du Hainaut).
Société anonyme des ciments Portland artificiels de Confestu (province du Hainaut).
Société anonyme des ciments Portland d'Harmignies, à Harmignies (province du Hainaut).
Société des ciments de Visé, à Visé (province de Liége).
Société anonyme des ciments Portland Liégeois, à Haccourt-Visé (province de Liége).
Société anonyme des ciments de la Meuse, à Rivière-Rustin (province de Namur).

formant une production totale d'environ 250 000 tonnes.

USINES A CIMENT DE LAITIER

Société John Cockerill, à Seraing.
Société d'Ongrée, à Ongrée.
Société des ciments de Couillet, à Couillet.
M. Stassin, à Namur.
Société anonyme des ciments de Haren, à Haren, près Bruxelles, l'usine la plus importante de la Belgique, et qui produit annuellement 16 500 tonnes. Une autre usine, appartenant à la même Société, est en construction (production prévue : 75 000 tonnes).

A Malines se trouve un laboratoire officiel d'essais, dirigé par M. E. Roussel.

RUSSIE

La première usine fut établie à Poleñ en 1857. D'après M. Bélélubski, il y aurait actuellement trente-six fabriques à ciment, dont seize produisent 595 000 tonnes. On ignore la production des autres.

Il existe plusieurs laboratoires officiels, dont le laboratoire mécanique à l'Institut impérial des ingénieurs de Saint-Pétersbourg dirigé par l'ingénieur bien connu que nous venons de nommer.

Liste des usines à portland artificiel (1).

DÉSIGNATION DE L'USINE.	DÉSIGNATION DE LA LOCALITÉ.	Date de la création.	NATURE DES PRODUITS.
Grodiec	Grodiec.	1856	Portland.
K. Ch. Schmidt...	Riga.	1866	Id. et c^t Romain.
Port Kunda........	Port Kunda.	1870	Portland.
—	—	1898	—
—	—	1895	Ciment amaigri.
Liphardt and C°....	Schtschurowo.	1870	Chaux, plâtre, portland et ciment romain.
A.-G. Moscowische.	Podolsk.	1875	Portland et cim^t romain.
A.-G. Noworosski..	Noworossiski.	1882	Cim^t portland.
Wysoka...........	Lazy.	1884	—
Glucho Oserski	bei Petersburg.	1887	—
Bogoslowski-Berg..	Bogoslowski.	1890	—
Sdolbunowo.......	Sdolbunowo.	—	—
Savio...............	bei Helsingfors.	—	—
Firley..............	Lublin.	1894	—
Franco-Russ. C°...	Gelendzik.	1895	Portland natur.
Doner-Gesellschaft.	Amwrosiewka.	—	Cim^t portland.
A. N. Kowalerva. Rossia.............	Mankina, Berg.	1897	Id. et c^t romain.
Wolsk. Abt. v. Glucho Oserski.	Wolsk.	—	Cim^t portland.
Union.............	Gwilowskab. Rostow a. Don.	—	Portland natur.
Lazy...............	Lazy.	1898	Cim^t portland.
Kielce.............	Kielce.	—	—
Zep................	Noworossisk.	—	—
Bielanski..........	Bielaja.	—	—
Klucze.............	Klucze b. Olkuscz.	—	—
Rudnicki	Rudnicki b. Czenstochau.	1894	—
Kamschet..........	Kamschet, (Sibérie.)	—	—
Brianski...........	Brianskoe, (Sibérie.)	—	—
Amurski...........	Sretensk, (Sibérie.)	—	—
A.-G. v. Weissman.	Odessa.		—
W. J. Fandjeewa...	Roslow a Don.	—	—
For................	Kiew.	1897	—
Wroschowo	Czenstochau.	1899	—
Tschudowo........	Tschudowo.	—	—
Opotschno, Okcko.	Opotschno.	—	—
Wolga-Ges.	Nowinki.	—	—
W. F. Flinina......	Wolsk.	1900	—
Lisitschansk	Lisitschansk.	—	—
Asserin	B. Wesenberg.	—	—
Franko-Russische Gessell..	Tschudowo.	1899	—

(1) *Thonindustrie Zeitung*, du 20 octobre 1901.

De plus, il se trouve une usine à ciment de laitier à Ekaterinoslav.

AUTRICHE

D'après M. Green, il y aurait environ onze usines en Autriche et douze en Hongrie, dont les usines ci-dessous :

Gartenau Salzburg Gebr. Leube	27.000 tonnes.
Kufstein (Tyrol) Eger u. Lüthi Fabrik. Kirchbichl.	36.000 —
Labathan	18.000 —
Ledecz bei Illava	9.000 —
Mariaschein in Böhmen	9.000 —
Szezakowa Oesterr	45.000 —
Smichow, bei Prag	»

USINES A CIMENT DE LAITIER

Swess frères. à Wittkovicz (Moravie).
Kœnigshof (Bohême).

La ville de Vienne possède un laboratoire d'essais, dirigé depuis peu par M. Tetmajer, et il se publie deux journaux techniques : *Zeitschrift für Oesterreichische Ingenieur* et *Architekt Vereins*.

SUÈDE

La première usine à portland artificiel fut installée en 1892 à Lomma dans le Schonen. Actuellement on peut compter cinq usines, dans la Gothie, l'Œland, la Gothie occidentale, et le Schonen.

La production totale est d'environ 500 000 barils. Toutes les usines travaillent par voie sèche, sauf l'usine de Lomma.

Il existe plusieurs laboratoires d'essais, à Gothenburg et à l'école technique supérieure royale.

AUTRES PAYS

La Suisse possède environ une quinzaine d'usines ayant produit, d'après M. Candlot, 113 025 tonnes en 1896. Il existe une usine à ciment de laitier à Choindez près Délémont (Berne). A Zurich se trouve le laboratoire fédéral dirigé par M. Schül.

Le Danemark possède cinq ou six usines dont la plus importante est celle d'Aalborg. Nous ne pensons pas que l'Italie fabrique actuellement du portland artificiel. Les usines de Bergame et de Cazale fabriquent des ciments naturels.

En dehors de ces contrées, des usines à portland artificiel se montent un peu dans tous les pays : au Japon, aux Indes, dans la Nouvelle-Zélande, etc.

Le Luxembourg possède deux usines à ciment de laitier :

Société des ciments de Luxembourg, usine de Rumelange, produisant 40 tonnes de ciment par jour.
Metz et Cie, à Eich (procédé Stein).

Il existe une usine à ciment de laitier à Bilbao en Espagne.

CLASSIFICATION

- Chaux
  - Non hydrauliques (aériennes)
    - Grasses.
    - Maigres.
  - Hydrauliques.
- Ciments
  - Grappiers.
  - Rapides
    - Romains (naturels).
    - Prompts (artificiels).
  - Portlands
    - Naturels.
    - Artificiels.
  - Mixtes (mélanges de divers produits hydrauliques
  - Pouzzolaniques (ciments de laitier).
- Pouzzolanes.
  - Naturelles (gaize, trass, etc.).
  - Artificielles (tuileau, laitier granulé, etc.).

Il ne serait peut-être pas impossible de ne faire que deux classes de ciments : 1° les ciments à prise rapide ; 2° les ciments à prise lente, comprenant le portland artificiel, le portland grappiers, pour le ciment de grappiers, le portland double pour le ciment mixte, mélange de portland naturel et de ciment de grappiers, le portland naturel, pour le ciment naturel à prise lente, et enfin le portland laitier, pour le ciment de laitier. Cette classification, qui est à peu près adoptée par l'usage, aurait l'avantage d'aplanir bien des difficultés et de concilier les intérêts commerciaux des différentes maisons.

III. — CHAUX ET CIMENTS DE GRAPPIERS

CHAUX AÉRIENNES

Fabrication. — La fabrication de la chaux vive consiste à calciner la pierre à chaux dans un four que nous décrirons en parlant de la cuisson.

Rendement. — Le carbonate de chaux $\underset{22}{CO^2}+\underset{28}{CaO}=50$ contenant 56 parties de chaux p. 100, 100 kilogrammes de calcaire devraient donner 56 kilogrammes de chaux vive (CaO). Il n'en est pas tout à fait ainsi en pratique. Le rendement dépend de l'eau et des matières étrangères contenues. Un bon calcaire à chaux grasse donne en moyenne 54 kilogrammes de chaux vive.

Le rendement en volume diminue de 10 à 20 p. 100, la pierre subissant un retrait par la cuisson.

Au laboratoire, il est facile d'obtenir de la chaux grasse pure en calcinant du marbre.

Extinction. — Pour la fabrication des mortiers, la chaux n'est pas employée vive. Elle est au préalable éteinte soit sur place, au moment de l'emploi, soit avant (voir *Extinction*), de manière à former une poudre ou une pâte suivant la proportion d'eau ajoutée.

Conservation. — Dans les chantiers on conserve la pâte de chaux dans des fosses étanches, en la recouvrant de terre ou de gazon. Privée du contact de l'air, la chaux en pâte peut se conserver pendant plusieurs siècles. En poudre elle se conserve moins longtemps, l'air pouvant pénétrer plus facilement dans la masse et la carbonater peu à peu.

Emploi. — La chaux grasse est employée pour la fabrication des mortiers, en agriculture et dans diverses industries.

CHAUX HYDRAULIQUES

Chaux hydraulique artificielle. — Vicat ayant reconnu que la présence de l'argile était nécessaire pour la production de la chaux hydraulique, réalisa synthétiquement cette fabrication en grand.

Fabrication. — 1° *Par double cuisson.* Cette méthode consiste à mélanger l'argile avec de la chaux éteinte, à mouler en briquettes et à cuire. Ce procédé, selon Vicat le plus parfait, mais le plus dispendieux, n'est plus guère utilisé qu'aux usines Vicat pour la fabrication du portland artificiel.

2° *Procédé par simple cuisson.* Consiste à mélanger de l'argile avec du carbonate de chaux, à mouler en briquettes et à cuire.

De toutes les usines élevées pour cette fabrication, il ne reste plus que celles des Moulineaux.

Toutefois, une nouvelle usine vient de s'établir à Haubourdin (Nord).

CHAUX HYDRAULIQUES NATURELLES

Toutes les régions, celles granitiques mises à part, contiennent du calcaire à chaux hydraulique. Ces calcaires se trouvent dans les étages Jurassique et Crétacé, et principalement dans le Crétacé inférieur, le Néocomien et l'Aptien.

Extraction du calcaire. — Selon la position du gisement, l'extraction a lieu à ciel ouvert ou en galerie, et l'abatage à la pioche ou à la mine, comme il sera expliqué à propos du portland artificiel.

Suivant la nature de la pierre, les morceaux devront être plus ou moins gros, et, pour la facilité de la descente dans le four, de forme aussi régulière que possible. Un calcaire compact cuisant moins facilement qu'un calcaire tendre, devra être en morceaux plus petits ; toutefois, il faut éviter d'employer des morceaux trop menus et de la poussière qui, en bouchant les intervalles laissés entre les autres morceaux, empêcheraient le tirage du four. Il faut de même éviter de mettre des morceaux trop mouillés qui, sous la brusque dilatation de l'eau, se briseraient en menus morceaux. Une légère humidité facilite le tirage du four.

Cuisson. — Quelle que soit la méthode de cuisson, il est de beaucoup préférable de cuire un calcaire de même composition.

Nous avons vu, à propos de la constitution des ciments, que suivant les corps en présence les combinaisons étaient plus ou moins difficiles. Alors qu'un calcaire peu siliceux doit être très cuit afin de transformer la totalité de la silice en silicate tricalcique, un calcaire plus siliceux doit être moins cuit de façon à laisser assez de chaux non combinée pour permettre à la masse de se pulvériser par l'extinction.

Prenons les deux calcaires suivants :

	A.	B.
Silice	8,00	13,00
Alumine	1,00	2,00
Sesquioxyde de fer	0,50	1,00
Chaux	49,50	46,50
et divers	41,00	37,50
	100,00	100,00

Pour transformer la silice et l'alumine en sels tricalciques, il faut :

	CaO	CaO
Silice	22,40	36,40
Alumine	1,60	3,20
Chaux totale	24,00	39,60
Chaux contenue dans le calcaire	49,50	46,50
Chaux disponible pour l'extinction	25,50	6,90

Le calcaire A devra nécessairement être cuit plus énergiquement que le calcaire B. Si l'on cuit un mélange de ces deux calcaires, l'un des deux sera évidemment défectueux ; aussi doit-on apporter tous ses soins à ne prendre que les bancs ayant la même composition.

Influence de la cuisson sur les propriétés physiques des roches. — *Couleur.* — Si la roche est du carbonate de chaux pur, la chaux produite sera blanche ; si au contraire le carbonate contient des oxydes métalliques, la matière sera de composition différente, suivant la nature des produits formés par cuisson.

Densité. — Un calcaire pur diminue de poids par la cuisson, par suite du départ de l'acide carbonique. Avec un calcaire argileux, il en est autrement. Si nous examinons une pâte à ciment, nous voyons que son poids spécifique est de 2,50 au début, puis de 2,60 après décarbonatation, augmente peu à peu par suite de combinaisons chimiques dues à la cuisson, et atteint 3,15.

Il en est de même de la densité apparente ; on se rend facilement compte de l'augmentation de poids, après cuisson, en soupesant une roche de ciment.

Dureté. — La dureté diminue par la décarbonatation, pour augmenter ensuite et devenir extrême dans le cas d'une pâte ou d'un calcaire à ciment.

Température de décomposition. — D'après Debray, la décomposition du spath d'Islande est nulle à 350° ; sensible à 440° ; notable à 860°.

D'après M. H. Le Chatelier, la température de décomposition est de 925° ; mais, si par un moyen quelconque on empêche l'acide carbonique de s'échapper, la dissociation s'arrête ou se ralentit ; c'est ce qui explique le besoin de tirage des fours. Pour le prouver, le chimiste Hall chauffa à haute température de la craie dans un canon de fusil bouché. Après refroidissement, il constata que la décomposition ne s'était pas produite, mais que la craie s'était transformée en marbre.

Influence d'un courant d'air. — D'après G. Birnham et Mahon, le carbonate de chaux précipité et sec, chauffé dans un courant d'air à une température inférieure à celle de sa décomposition, a perdu, après dix heures, 1,4 p. 100 de son poids.

Considérons un morceau de carbonate de chaux:

sous l'influence de la chaleur, les couches superficielles vont se décomposer, et l'acide carbonique enveloppera le morceau de calcaire ; si, pour une raison quelconque, le gaz produit ne peut se dégager, si en un mot sa tension arrive à être égale à celle de la dissociation du carbonate de chaux, la décomposition s'arrêtera, tandis que si l'entraînement du gaz a lieu au fur et à mesure qu'il se forme, la décomposition du calcaire a lieu sans arrêt.

Action de la vapeur d'eau. — Gay-Lussac a montré, par une expérience très simple, que le carbonate de chaux pouvait se décomposer à une température inférieure à celle de sa décomposition, si on le chauffe dans un tube dans lequel on fait passer un courant de vapeur d'eau ; le dégagement d'acide carbonique a lieu par entraînement, pour s'arrêter lorsque le courant d'air cesse.

Différents modes de cuisson. — Lorsque le calcaire et le combustible sont mélangés, la cuisson est dite *à courte flamme*, car on emploie généralement des charbons maigres. Si, au contraire, on cuit le calcaire à l'aide de la chaleur dégagée par le combustible sans contact avec lui, pour laquelle il faut un charbon gras, la cuisson est appelée *à longue flamme*. On construit alors, dans l'intérieur du four, une voûte en moellons sous laquelle on dispose le foyer et qui au-dessus reçoit la charge de pierres. Chaque mode de cuisson comporte deux sortes de fours : les fours intermittents qui nécessitent le refroidissement complet de la charge pour défourner, et les fours continus avec lesquels on charge et décharge sans interrompre la cuisson.

Les fours Fahnehjelm et Paar sont à gazogène. Dans

le four de Rüdersdorf (fig. 1), le gazogène est remplacé par des grilles, sur lesquelles on brûle du charbon à longue flamme.

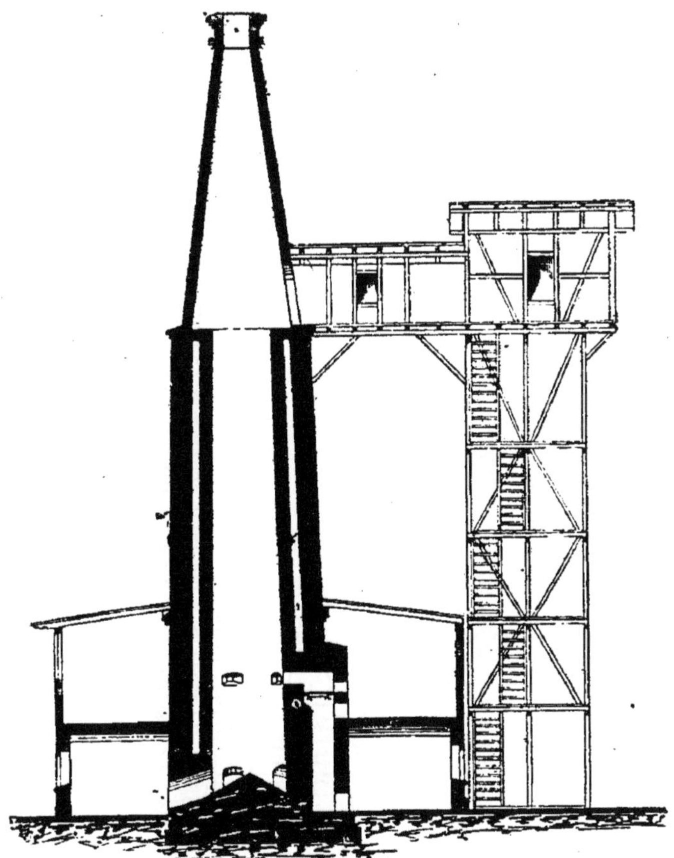

Fig. 1. — Four de Rüdersdorf.

Pour la cuisson de la chaux hydraulique, nous ne décrirons que le procédé de cuisson continue à courte flamme, qui est le procédé le plus employé.

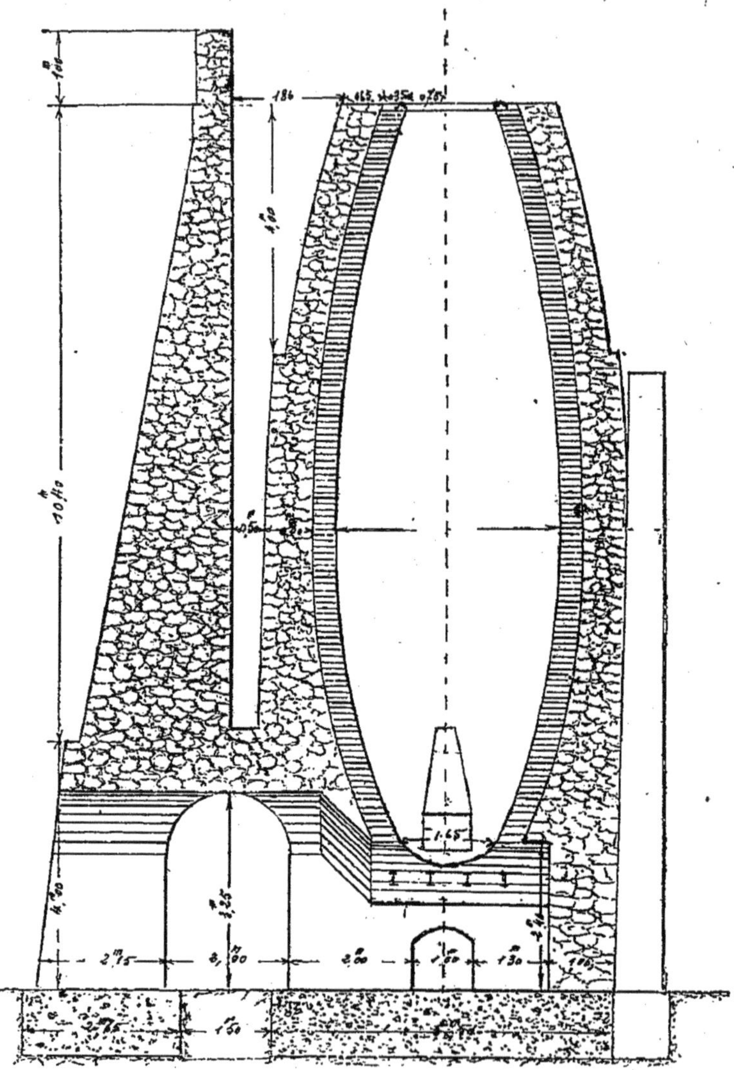

Fig. 2. — Four du Teil.

Cuisson continue à courte flamme. — Pour la cuisson, on emploie, suivant les régions et la situation de l'usine, de la houille maigre, de l'anthracite ou du fraisil de coke, seuls ou mélangés. On peut compter de 80 à 100 kilogrammes de combustible par tonne de calcaire.

Fours ordinaires. — Les fours ont généralement la forme ovoïde. Il n'est pas prouvé que cette forme soit aussi heureuse qu'on le croit généralement, et nous ne voyons pas l'avantage qu'il y a à augmenter les difficultés de la descente des pierres, en le resserrant outre mesure; (four du Teil (fig. 2), four des Louvières). Il est probable, au contraire, que des fours comme ceux utilisés à Malain et à Marans, beaucoup moins resserrés à la base, doivent donner de meilleurs résultats. En sucrerie, où l'on se sert beaucoup de chaux grasse pour l'épuration des jus, on a employé et on emploie encore les fours ovoïdes avec une sortie très rétrécie; depuis quelques années, on a reconnu que cette forme de four était absolument illogique, et certaines usines ont adopté la forme cylindrique qui donne des résultats excellents (fig. 3). Il doit en être évidemment de même pour la cuisson du calcaire à chaux hydraulique.

L'acide carbonique devant, comme nous le disons plus haut, être entraîné par l'air, on a remarqué qu'on n'avait pas intérêt à donner plus de 10 mètres de hauteur utile de la grille au gueulard, l'air ayant trop de peine à circuler à travers la masse de moellons ; il est vrai que cet inconvénient peut être facilement tourné, si le tirage est convenable, en employant un ventilateur ou une soufflerie, ce qui, en plus, aurait l'avantage de permettre à l'industriel d'être maître de son tirage, malgré les intempéries de l'atmosphère, moyen encore préférable à l'addition d'une cheminée.

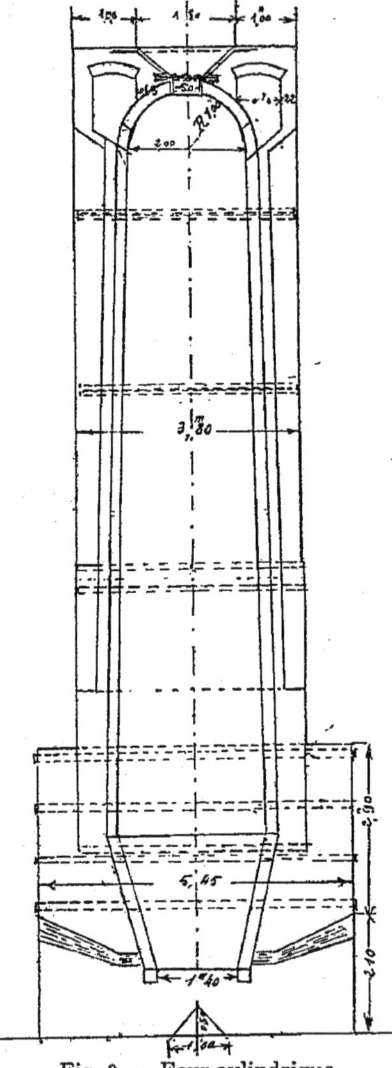

Fig. 3. — Four cylindrique.

Les fours hauts ont l'avantage de mieux utiliser la chaleur des gaz perdus et de donner une chaux plus froide; par contre, en plus de la difficulté d'évacuation des gaz, il peut se faire que la chaux cuite restant plus longtemps dans la base froide du four, subisse, par l'air qui la pénètre, un commencement d'extinction.

Le four doit être disposé de telle façon que la grille soit au moins à $1^m,50$ de la plate-forme de roulage des wagonnets. Cette grille, composée de barreaux en fer, supporte souvent un cône également en barreaux de fer appelé *cône de distribution*, et chargé de répartir uniformément la descente de la masse. Le gueulard, aussi étroit que possible, est surmonté d'un couvercle métallique. La chemise doit être entièrement en briques réfractaires d'excellente qualité. Les fours sont de dimensions différentes suivant les usines. A l'usine du Teil ils ont une hauteur utile de $12^{m},50$, avec une capacité de 75 mètres cubes, produisant 18 tonnes de chaux en crottes par vingt-quatre heures, dont seulement 2 la nuit, pendant laquelle on modère le feu. Il y a un chaufournier pour 4 fours; 25 tireurs font le service de 45 fours et sont chargés de retirer les incuits. Chez MM. Vallette-Viallard à Cruas (Ardèche) les fours ont 14 mètres de hauteur, soit 82 mètres cubes de capacité, tandis que dans d'autres usines ils n'ont que 9 mètres, et même peut-être moins.

Généralement, pour ne pas dire toujours, les fours sont accouplés et ne forment qu'un seul massif de maçonnerie. Le dessus du massif est formé par la plate-forme des fours, comme le montre la figure 4 qui représente la plate-forme de l'usine Vallette-Viallard à Cruas. On voit nettement les gueulards des fours, et les wagonnets pleins de calcaire à cuire qu'un ouvrier bascule dans le four, tandis qu'un autre apporte du combustible dans une manne.

Avant de se servir couramment d'un four neuf, il faut avoir soin de le dessécher en allumant des feux de bois et de paille à plusieurs reprises, sans quoi on s'exposerait à fendre le four. Lorsqu'il est suffisamment sec, on le remplit à moitié de sa hauteur avec de la paille et des fagots, puis on répand une couche de 10 à 20 centimètres de combustible, sur laquelle on ajoute une couche de calcaire, puis une couche de houille de façon à introduire 30 ou 40 kilogrammes de combustible en plus par mètre cube de calcaire, qu'en marche normale. Cette quantité est nécessaire pour le séchage complet du massif de maçonnerie. Lorsque le four est à peu près plein on allume par la grille; les fagots en brûlant amènent un tassement de la matière; on continue alors à charger normalement, en employant pendant quelques jours une plus forte proportion de combustible.

Le four étant allumé, on commence à tirer uniformément toutes les deux ou trois heures. Tout l'art du chaufournier consiste à trouver la marche normale du four, qui se résume à produire le plus de chaux hydraulique toujours identique et bien cuite, avec le moins de combustible possible. Cette marche dépend du four, de la grosseur et de l'humidité du calcaire, du combustible, du tirage, etc. Pour conserver la marche normale, il est absolument nécessaire de tirer et charger à intervalles réguliers; on tire en écartant les barreaux de la grille du four pour faire tomber la chaux dans les wagonnets.

A l'usine de Malain, la chaux cuite s'écoule dans des recettes placées de chaque côté du four; la recette est fermée par une trappe qu'on soulève pour l'écoulement de la pierre. Cette disposition supprime l'emploi des grilles.

Tirer trop vite, c'est s'exposer à tirer d'abord des pierres chaudes, puis rouges, puis insuffisamment cuites ; tirer trop lentement a l'inconvénient de faire remonter le feu trop haut, les gaz sortent trop chauds, occasionnant une augmentation de combustible, et la pierre n'a plus le temps de cuire. Dans ces deux cas, l'axe de la cuisson est déplacé.

En dehors de la chaux défectueuse produite, une mauvaise marche peut amener le collage partiel ou entier du four.

Suivant la marche et la hauteur des fours la pierre séjourne de trois à cinq jours.

Lorsque le four doit subir un arrêt, il importe d'en diminuer le tirage en fermant toutes les issues et de répandre à la surface une couche de 10 à 15 centimètres de sable, de poussier, d'argile, etc.; le refroidissement du four est nuisible à la bonne qualité de la chaux produite, et à la maçonnerie.

Un four qui marcherait de façon absolument méthodique devrait donner des gaz ayant toujours la même température et la même composition. Théoriquement les gaz des fours ne devraient pas contenir d'oxyde de carbone; ils ne devraient être composés que d'air et d'acide carbonique. Plus le gaz sera froid, et moins il contiendra d'oxyde de carbone et d'air, meilleure sera la marche du four.

Tous ces fours présentent l'inconvénient de produire de l'oxyde de carbone et de donner par conséquent une mauvaise utilisation du combustible.

Si l'on examine la marche du gaz, on voit que l'air traverse d'abord la couche inférieure dont il récupère la chaleur, puis arrive au contact de la première couche de charbon qu'il transforme complètement en acide carbonique, en utilisant entièrement son pouvoir calorifique $O + CO = CO^2$ en dégageant 7 000 calories; puis, dans son ascension le gaz carbonique arrive au contact des couches de coke rouge où il se réduit et

Fig. 4. — Plate-forme des fours à l'usine Vallette-Viallard à Cruas (Ardèche). (Voy. p. 91.)

se transforme en oxyde de carbone suivant la formule

$$Co^2 + C = 2Co$$

en *absorbant* 4500 calories par kilogramme de combustible ; ce qui revient à n'utiliser qu'environ 2500 calories au lieu de 7 000, d'où une perte considérable de combustible.

Four Gobbe. — Pour supprimer cet inconvénient, M. Gobbe (1) a construit un four dit *à étages* dans lequel le combustible n'est mis en contact qu'avec une partie seulement de la pierre.

On introduit les pierres (fig. 5) par l'ouverture *b*. La *pierre* se répand dans le premier four. Ce premier four est séparé du second par une voûte en excellents produits réfractaires. On introduit le combustible par l'ouverture *g* ; les gaz, en brûlant à l'état d'acide carbonique, s'échappent par les ouvertures par lesquelles la pierre descend du premier four dans le second. Les gaz traversent ensuite toute la masse de pierre froide, dont ils récupèrent la chaleur.

Ces fours produiraient 25 tonnes de chaux par vingt-quatre heures, avec seulement 100 kilogrammes de houille par tonne de chaux cuite. Ce four peut également être utilisé pour la cuisson du ciment.

En dehors de ce four on peut utiliser les divers fours que nous décrirons à la cuisson du ciment. Le *four Schöfer* (fig. 6) utilisé pour la cuisson de la chaux a été un peu modifié; on a diminué la hauteur et augmenté le diamètre.

On peut compter sur une moyenne de 4 francs

(1) Ingénieur à Jumet, Belgique.

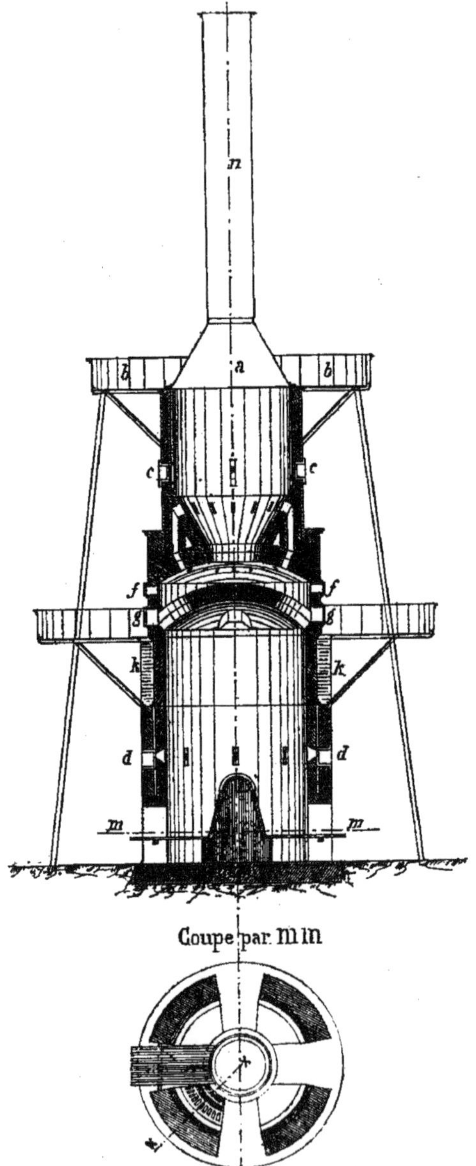

Fig. 5. — Four Gobbe.

comme prix de la cuisson d'une tonne de chaux, en comptant le combustible et la manutention du four.

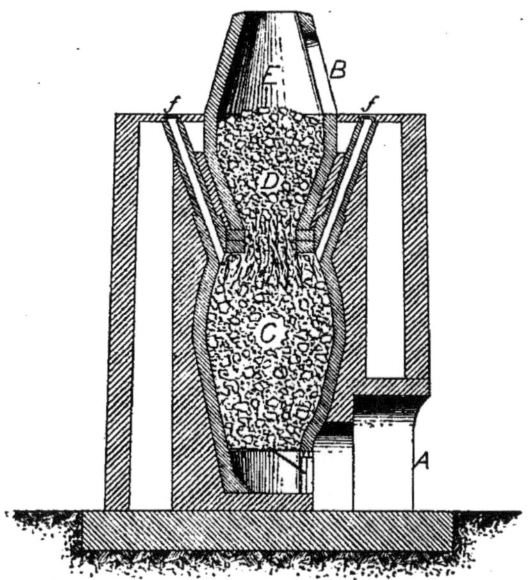

Fig. 6. — Four Schöfer.

Triage. — Pour obtenir une bonne fabrication, la chaux cuite doit être scrupuleusement triée, les incuits repassés au four et les surcuits rejetés ou mis à part. Les ouvriers chargés de trier la chaux, les « crottes », jettent les morceaux dans une brouette et un wagonnet la transporte dans la salle d'extinction. La figure 7 montre le dessous des fours à l'usine Vallette-Viallard et le transport de la chaux en crottes aux salles d'extinction.

Extinction et silotage. — Avant d'être employée à la confection des mortiers, la chaux doit être éteinte.

Si l'on verse de l'eau sur un morceau de chaux vive, l'eau est absorbée immédiatement. Après quelques instants la masse s'échauffant, par suite de la combinaison de l'eau avec la chaux (CaO), une partie de l'eau s'évapore sous forme de vapeur, la masse se fendille, crépite, se pulvérise, « fuse » avec une grande augmentation de volume.

Théoriquement, la proportion d'eau absorbée est de un équivalent d'eau (HO), pour un de chaux (CaO), pour former l'hydrate de chaux (CaO,HO). Pour les chaux hydrauliques la proportion est moindre. Suivant la proportion d'eau ajoutée on aura de la chaux en poudre, en pâte ou en lait.

On peut éteindre la chaux soit : 1° en la laissant à l'air libre, « extinction spontanée », ce qui donne un mélange d'hydrate et de carbonate de chaux; 2° par immersion en plongeant la masse de chaux quelques secondes dans l'eau et en la retirant aussitôt; 3° par aspersion en arrosant les roches, et en en faisant des tas, ce qui est le seul procédé employé pour l'extinction des chaux hydraliques.

La chaux provenant des fours est renversée sur le sol en tas de 15 à 20 centimètres de hauteur et arrosée à l'aide d'une pomme d'arrosoir avec une quantité d'eau variant de 10 à 15 p. 100 du poids de la chaux. En mettant trop d'eau on s'expose à noyer la chaux et à refroidir les tas par suite de la grande quantité d'eau à évaporer. La chaux est aussitôt relevée à la pelle et mise de côté en un tas sur lequel viendront s'ajouter les opérations successives. La chaux retient 6 à 8 p. 100 d'eau ou plus si elle est peu hydraulique.

On peut recevoir la chaux directement des fours dans des wagonnets plats à bascule contenant 1 000 kilogrammes ou plus et installer auprès de ces wagonnets un réservoir jaugé, se remplissant automatiquement. Lorsque le wagonnet est plein, on ouvre un robinet, et l'eau se trouve chassée directement sur la chaux, laquelle est conduite dans la salle d'extinction. Cette façon de procéder a l'inconvénient, si elle est mal exécutée, de noyer les morceaux placés au-dessus des wagonnets.

Lorsque l'usine est à étages, c'est-à-dire si la nature du sol a permis d'étager les différents ateliers de la fabrication, les salles d'extinction peuvent être des fosses, au-dessus desquelles roulent et basculent les wagonnets. Cette disposition qui peut être économique a l'inconvénient de produire une grande quantité de poussière et de rendre la manutention de la chaux éteinte très pénible ; on doit alors installer des ventilateurs qui ne remédient pas toujours à ce très sérieux inconvénient. Dans le cas d'une installation semblable il peut y avoir une série de fosses, ou les fosses peuvent être divisées en compartiments contenant le travail d'une journée ; il y a alors autant de compartiments que de jours exigés par l'extinction.

On ne saurait donner trop d'attention à l'extinction. Comme il importe que pendant le début de cette opération la chaux ne se refroidisse pas par les parties latérales, le tas doit avoir au moins 2 à 3 mètres de largeur. Il faut se garder d'étaler la chaux. Les morceaux mouillés doivent être recouverts de nouvelles crottes mouillées qui empêcheront, par leur volume, la vapeur d'eau dégagée par les morceaux qui viennent d'être recouverts de s'échapper, et ceux-ci de se refroidir. Sous l'influence de la chaleur dégagée par l'opération, les silicates et aluminates de chaux qui ont fixé une certaine quantité d'eau vont la céder à la chaux non éteinte qui reste emprisonnée dans la masse de ce corps et qui n'a pu s'hydrater par le mouillage plus ou moins complet, comme l'a montré M. H. Le Chatelier (1).

« L'extinction de la chaux vive se produit dans ces conditions exclusivement aux dépens de l'eau fixée par les silicates et aluminates de chaux, qui abandonnent peu à peu leur eau pour la céder à un corps qui en est plus avide qu'eux. Le mécanisne de cette opération est alors très simple. On sait que la formation et la décomposition des hydrates est à chaque température limitée par une certaine tension déterminée de vapeur d'eau. Pour l'hydrate de chaux cette tension limite de dissociation d'efflorescence est de une atmosphère à 450°. Elle décroît d'ailleurs avec la température suivant une loi identique à celle que serait la tension de vapeur de l'eau pure.

« Il en résulte que, pour l'hydrate de chaux, à la température ordinaire, cette tension doit être égale à une fraction inappréciable d'un millimètre de mercure, tandis que pour le silicate de chaux, elle atteint plusieurs millimètres de mercure. A 100° elle n'est pas moins d'un millimètre pour le premier de ces corps ; elle est de plusieurs centimètres pour le second. Il en résulte que, dans une masse pulvérulente renfermant du silicate de chaux hydraté, l'atmosphère confinée dans le vide renfermera de la vapeur d'eau à une tension égale à celle de dissociation de cet hydrate. Cette vapeur hydratera progressivement la chaux vive restante, et, au fur à mesure de son

(1) Extinction et silotage des chaux et ciments (*Bulletin de la Société d'encouragement*, janvier 1895).

Fig. 7. — Partie des sables d'extinction devant la sortieles fours aux usines Vallette-Viallard à Cruas (Ardèche).

absorption sera remplacée par une nouvelle quantité abandonnée par le silicate, dont la décomposition ne s'arrête qu'après le rétablissement de sa tension propre d'efflorescence. Cet échange progressif de l'eau entre le silicate et la chaux vive se fait d'ailleurs d'autant plus rapidement que la température est plus élevée, d'une part parce que la vitesse de toutes les réactions chimiques croît rapidement avec la température, d'autre part parce que la tension d'efflorescence du silicate croît rapidement avec la température. »

Il importe d'empêcher le tas de se refroidir, sous peine de produire des chaux ayant déjà un commencement de prise; il peut y avoir avantage à éteindre la chaux avec de l'eau chaude de condensation de machine.

L'extinction doit durer une quinzaine de jours s'il est possible. Plus la chaux hydraulique est bien cuite, plus l'extinction doit être prolongée ; si elle est terminée après trois jours, c'est que la chaux est peu hydraulique ou trop cuite. Dans ces deux cas la plus grande partie de la chaux étant à l'état de chaux vive, soit par la composition même du calcaire, soit parce que la cuisson ayant été insignifiante, la chaux n'a pu se combiner à la silice et à l'alumine, l'extinction s'opérera en peu de temps.

Malgré la grande simplicité de l'extinction, il n'est pas rare de rencontrer des chaux qui, gâchées de suite, se désagrègent dans l'eau, alors que, reprises un mois après, l'extinction s'étant achevée dans le sac, les éprouvettes se conservent parfaitement bien comme le montre la photographie (111). (Voir action de la chaux expansive à l'article *Désagrégation des mortiers*.)

D'après MM. Frémy et H. Le Chatelier, les aluminates et ferrites de chaux seraient complètement détruits pendant l'extinction sous l'influence de l'hydratation. Pourtant, on a remarqué que les chaux contenant une certaine proportion d'alumine ont une prise plus rapide que les chaux de même rang exclusivement siliceuses.

Chaux légère, chaux lourde et grappiers. — Si l'on examine un tas de chaux en extinction on voit qu'avec la poudre de chaux se trouvent mélangés des grains plus ou moins petits, plus foncés, durs, compacts, appelés *grappiers;* des incuits, surcuits, etc.

On se débarrasse de ces matières par le blutage. Des silos d'extinction, la chaux est reprise par brouettes ou par wagonnets, et élevée par une monteuse à godets qui la déverse sur une grille dont les barreaux ont de 2 à 6 centimètres d'écartement, chargée de retenir les gros morceaux non éteints, incuits et surcuits qui ont échappé au triage.

Blutage. — De la grille la chaux tombe dans un blutoir (fig. 8) muni d'une toile métallique en fer, numéro 40-50 (220 à 324 mailles par cm^2).

Le blutoir se compose d'un cylindre à section polygonale, en contenant un second en tôle perforée, appelé *épierreur*, tournant autour d'un axe légèrement incliné. La chaux arrive par la petite trémie placée à gauche de la figure et tombe dans le premier cylindre. Ce cylindre est destiné à protéger la toile métallique contre les gros morceaux qui sont évacués à l'extrémité. Les parties ayant traversé les ouvertures du premier cylindre sont blutées par la toile métallique et tombent dans la trémie. Les grains restant sur la toile, les « grappiers », tombent à l'extrémité du cylindre.

La poudre qui traverse la toile constitue la fleur de chaux ou chaux légère. On peut également se servir d'appareils à ventilation que nous décrirons à propos du portland artificiel.

Le blutage des chaux, souvent négligé, demande

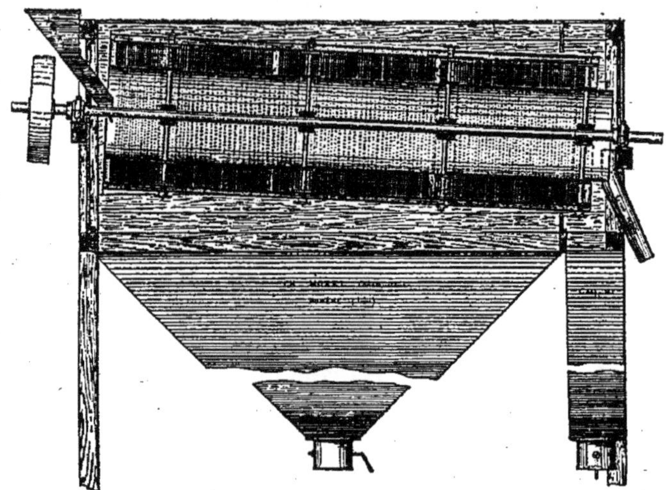

Fig. 8. — Blutoir à chaux Morel (avec cylindre épierreur à l'intérieur).

autant de soin que celui des ciments. C'est par un blutage soigné que les parties grossières, incuits, surcuits, débris quelconques, sont éliminées. Ces matières, laissées dans le produit marchand, ayant par leur grosseur même résisté à l'extinction, constituent autant de « sautins » qui se feront redouter des maçons. *Une chaux hydraulique ne doit laisser aucun résidu sur le tamis de 324 mailles.*

Chaux légère. — Il est très facile, d'après ce que nous avons dit sur la constitution des chaux, de se rendre compte de la technique de cette partie de la fabrication. Nous avons montré que les chaux étaient des mélanges de chaux grasse et de ciment ; on aura par conséquent une chaux d'autant plus hydraulique qu'elle contiendra plus de ciment. On peut donc produire avec le même calcaire toute une série de chaux de plus en plus hydrauliques en ajoutant de plus en plus de grappiers moulus, chaux dont la base inférieure est constituée par la chaux légère, et le sommet, par le ciment de grappiers, avec un produit intermédiaire, *chaux lourde.*

A l'usine de Cruas (Ardèche), appartenant à MM. Vallette-Viallard, le traitement est ainsi pratique (fig. 9) : La chaux est amenée du tas C sur la grille G, et tombe dans le blutoir B. Le rejet de ce blutoir est broyé légèrement entre deux meules *écartées* M et tombe dans un second blutoir B' dont le rejet repasse encore une fois entre une paire de meules écartées M', puis dans un troisième blutoir B".

La chaux provenant des trois blutoirs — lesquels sont dans un compartiment pour éviter les poussières — tombe dans la trémie, et est ensachée. Pour que l'ensachement puisse avoir lieu immédiatement, cette opération doit être soumise à une surveillance très active, pour éviter que les meules ne broient les grappiers et entraînent de la chaux expansive.

Chaux lourde. — Le rejet du troisième blutoir, constitué par les grappiers, tombe dans une fosse, d'où un élévateur K les monte dans la chambre d'extinction Cc des grappiers.

Après un silotage qui peut demander plusieurs mois, les grappiers sont conduits dans le premier blutoir Bc qui sépare la chaux lourde formée pendant ce silotage prolongé, par le mécanisme de l'hydratation comme nous l'avons expliqué. Cette chaux lourde est conduite dans la chambre E pour être mélangée à la chaux légère et la rendre plus hydraulique, ou bien elle est recueillie séparément et livrée sous le nom de *chaux lourde*.

Ciment de grappiers. — Le rejet du blutoir Bc passe entre deux paires de meules *serrées* Mc, puis dans le blutoir B'c. Le rejet de ce blutoir est conduit aux meules serrées M'c, puis au blutoir B"c. Le ciment provenant des deux blutoirs est conduit aux silos de repos du ciment de grappiers, où il parfait son extinction pendant plusieurs mois. Lorsque ce ciment est suffisamment siloté, la vis V le conduit dans un dernier blutoir placé uniquement par mesure de sécurité.

Le rejet des blutoirs B"c est reporté à la meule Nc où il suit une seconde fois la filière des opérations.

Aux usines du Teil, la fabrication, menée un peu différemment, est conduite comme suit :

Après avoir traversé une grille dont les barreaux ont 6 centimètres d'écartement, la chaux arrive dans un blutoir armé d'une toile numéro 40 donnant la fleur de chaux Le résidu — les grappiers — passent ensuite entre une paire de meules écartées de 14 millimètres, puis entre une seconde un peu plus serrée. Le tout est bluté à la toile 50, et la farine obtenue est ajoutée à la fleur de chaux pour former la chaux marchande. Le rejet constitue le sable à ciment. Après un mois à un mois et demi de silotage ce sable est bluté à la toile 50, et rend environ 8 p. 100 de chaux lourde. Le rejet de la toile est alors broyé dans un broyeur Lubac, et la poudre obtenue est blutée à la toile 100 ; le résidu dénommé la *sablette*, environ 10 p. 100 du sable, est soumis à un nouveau silotage, broyé à nouveau et bluté à la toile 120 ; silotée encore une fois cette poudre mélangée à la première constitue le ciment de grappiers.

La proportion de grappiers, variable suivant les usines, est d'environ 14 p. 100 de la quantité de chaux pour celle du Teil : avec des calcaires plus argileux, la proportion peut atteindre 30 et 35 p. 100.

La fabrication du ciment de grappiers, qui ne date que de 1865, époque à laquelle MM. Jurron, à Virieu-le-Grand, et Pavin de Lafarge, au Teil, arrivèrent à des résultats satisfaisants, ne peut avoir lieu que dans des usines importantes, dans lesquelles la production de chaux permet de fabriquer une quantité notable de ciment.

Réincorporation des grappiers. — Dans les usines moins importantes, on se contente de réincorporer la farine de grappiers à la chaux, ce qui est tout à fait logique. Contestée par les uns, préconisée par les autres, la réincorporation des grappiers a été pendant longtemps regardée comme d'utilité suspecte ; il en est du reste souvent ainsi quand on ne connaît pas la cause des phénomènes que l'on constate.

Si la cuisson a été mal conduite, donnant beaucoup d'incuits, et si le triage des roches est défectueux, ou même, ce qui se présente le plus souvent, n'a pas lieu du tout, ou si l'extinction a été défectueuse, il est évident que le résidu du premier blutage, composé d'incuits, de roches noyées ou mal éteintes, de produits expansifs, formera un tout de fort mauvaise qualité ; aussi, il n'est pas douteux que dans ces conditions la réincorporation de ces soi-disant grappiers est dangereuse.

	USINE A.		USINE B.		USINE C.		CIMENTS de provenances diverses.							
	CHAUX.	CIMENT de grappiers.	CHAUX.	CIMENT de grappiers.	CHAUX.	CIMENT de grappiers.	2465	2466	2471	2472	2462	2463	2468	2469
	Moyennes de plusieurs analyses.													
	1	2	3	4	5	6	7	8	9	10	11	12	13	14
Matières insolubles...	1,58	5,10	1,82	5,66	0,87	1,76	17,10	9,40	20,90	18,90	20,50	20,90	9,80	10,80
Silice.......	20,52	24,23	20,03	26,70	16,58	17,82	21,10	26,50	23,30	24,40	14,80	14,90	20,40	20,40
Alumine....	1,48	2,72	2,07	4,50	2,40	5,23	6,80	7,00	4,30	4,80	4,70	4,60	5,60	4,85
Sesquioxyde de fer.....	0,60	1,22	1,04	2,47	0,90	2,28	2,20	2,00	1,40	1,90	1,80	2,10	1,40	1,05
Chaux.......	64,90	58,10	63,20	55,20	64,45	63,13	45,00	48,20	42,40	43,70	43,60	42,90	50,80	51,90
Magnésie...	1,42	1,98	0,83	0,94	1,08	1,19	1,11	1,26	0,58	1,04	1,11	1,11	0,58	0,75
Acide sulfurique......	0,60	0,62	0,93	0,81	0,34	0,86	0,54	0,85	0,47	0,41	0,69	0,64	0,58	0,46
Acide carbonique...... } Eau........ }	8,10	5,85	9,55	3,18	13,12	8,78	5,10	4,00	7,25	5,70	8,00	9,15	11,50	10,10
											5,00	4,20		
Pertes et non dosé......	0,40	0,18	0,53	0,54	0,26	»	»	»	»	»	»	»	»	»
Totaux..	100,00	100,00	100,00	100,00	100,00	100,00	»	»	»	»	»	»	»	»
Chaux soluble dans l'eau sucrée	19,93	4,10	18,69	3,55	23,05	12,23	3,57	5,07	4,88	4,82	7,28	6,39	4,51	6,20

En examinant les produits analysés formant le tableau précédent, on voit que les usines A et B purifient suffisamment bien leurs grappiers, qui ne contiennent pas de chaux soluble dans l'eau sucrée (on sait qu'un portland traité par l'eau sucrée abandonne de 3 à 4 p. 100 de chaux), et de plus la perte au feu peu élevée montre qu'ils ne contiennent pas de carbonate de chaux et par conséquent d'incuits. La proportion des matières insolubles est normale.

Il en est autrement de l'usine C. L'essai à l'eau sucrée montre que les grappiers retenaient encore une proportion élevée de chaux hydraulique. Toutefois, les résistances données par le ciment de cette dernière usine sont élevées, ce qui indique une fois de plus que les résistances ne sont pas le critérium de la qualité d'un ciment. Après deux ans d'immersion dans l'eau de mer les éprouvettes en mortiers confectionnées avec ce produit commencent à se désagréger.

Les ciments numéros 7, 8, 9 et 10 montrent, par la proportion de matières insolubles, une teneur anormale de sable, débris des parois des fours, etc. Les ciments numéros 11 et 12 contiennent une proportion élevée d'acide carbonique. Cette proportion anormale indique la présence de carbonate de chaux et par conséquent d'incuits ; de plus, ils contiennent également une proportion trop élevée de chaux soluble dans l'eau sucrée.

De cet examen, il résulte clairement que les ciments numéros 6, 7, 8, 9, 10, 11, 12, 13 et 14 ont été produits avec des grappiers très impurs, et que la réincorporation à la chaux de tels produits — à part le numéro 6 qui ne contient que de la chaux hydraulique et qui par conséquent, ne pouvant être présenté comme un

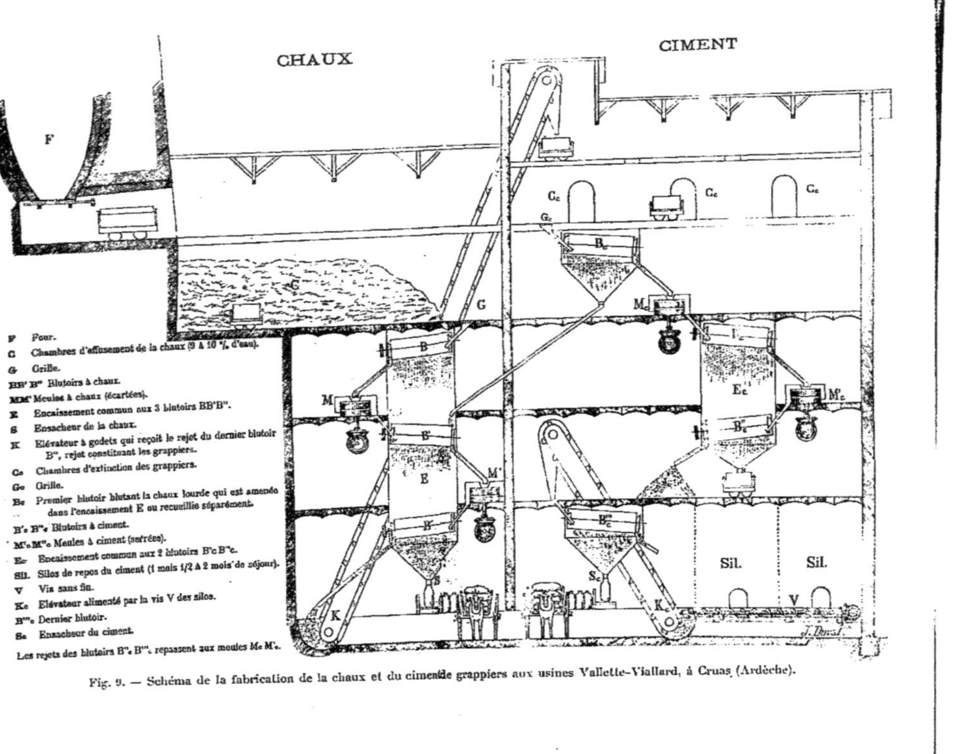

F Four.
C Chambres d'affusement de la chaux (9 à 10 % d'eau).
G Grille.
BB' B'' Blutoirs à chaux.
MM' Meules à chaux (écartées).
E Encaissement commun aux 3 blutoirs BB'B''.
S Ensacheur de la chaux.
K Elévateur à godets qui reçoit le rejet du dernier blutoir B'', rejet constituant les grappiers.
C_c Chambres d'extinction des grappiers.
G_c Grille.
B_c Premier blutoir blutant la chaux lourde qui est amenée dans l'encaissement E ou recueillie séparément.
B'_c B''_c Blutoirs à ciment.
M'_c M''_c Meules à ciment (serrées).
E_c Encaissement commun aux 2 blutoirs B'_c B''_c.
Sil. Silos de repos du ciment (1 mois 1/2 à 2 mois de séjour).
V Vis sans fin.
K_c Elévateur alimenté par la vis V des silos.
B'''_c Dernier blutoir.
S_c Ensacheur du ciment.
Les rejets des blutoirs B''_c B'''_c repassent aux meules M_c M'_c.

Fig. 9. — Schéma de la fabrication de la chaux et du ciment de grappiers aux usines Vallette-Viallard, à Cruas (Ardèche).

ciment, aurait pu être réincorporé sans inconvénients — est une opération tout à fait défectueuse.

Pour que la réincorporation des grappiers en totalité ou en partie soit efficace, il faut :

1° Que le dernier résidu des bluteries soit bien des grappiers et non les produits que nous venons d'examiner ;

2° Que la poudre réincorporée ne contienne *aucune trace d'expansifs*, ce dont il est facile de s'assurer. Dans le cas contraire, la poudre doit être soumise à un silotage particulier et n'être réincorporée que parfaitement saine.

Nous ne pensons pas que le triage mécanique des grappiers soit une impossibilité, les incuits et les véritables grappiers ayant une densité bien différente. Peut-être pourrait-on utiliser pour cet usage les trieurs à minerais, à graines, etc., qui donnent de bons résultats dans différentes industries.

Expansion du ciment de grappiers frais. — Le ciment de grappiers frais est toujours expansif (gonflement à l'eau bouillante) par suite de la petite quantité de chaux non éteinte qu'il retient.

Le gonflement à l'eau chaude d'un ciment de grappiers frais n'est pas, comme pour un portland, l'indice d'une fabrication défectueuse. Le gonflement du ciment de grappiers frais retenant toujours une petite quantité de chaux éteinte est normal ; ce gonflement disparaît complètement par le silotage, et tout ciment de grappiers livré à l'emploi doit être absolument exempt d'expansifs.

En général, un ciment donnant 25 millimètres d'écartement à l'appareil Le Chatelier n'en donnera plus que 6 après un mois de silotage.

Ciment blanc. — Pour la fabrication des carreaux susceptibles de recevoir une coloration quelconque, on se sert d'un ciment spécial produit dans certaines usines du Midi. Ce ciment est de la chaux lourde blanche à laquelle on ajoute environ 10 p. 100 d'un ciment naturel ou artificiel de couleur claire ; dans ce cas le mélange doit être absolument intime, et on doit alors repasser le mélange dans des meules serrées ou mieux dans un mélangeur à boulets, comme on le fait dans la fabrication du ciment de laitier, ou à l'aide d'un tube finisseur Dana ou de tout autre appareil.

Si l'on ne tient pas à ajouter de ciment à la chaux lourde, ce qui demande une manipulation supplémentaire, on obtient un excellent ciment blanc, en ne prenant que la chaux lourde obtenue par les deux derniers ou le dernier broyage des meules.

Tous ces produits doivent être blutés avec extrêmement de soin, ne donner aucun résidu sur le tamis de 324 mailles et être absolument exempts d'expansifs.

Dans les environs de Tournai (Belgique) on obtient une chaux hydraulique en cuisant modérément un calcaire assez riche en argile. Par suite de cette richesse même, la chaux produite ne s'éteint qu'en partie. Après extinction, on passe le tout dans des broyeurs à boulets, et on blute.

Silotage accéléré. — On a cru, et on croit encore à tort, que l'extinction des produits soumis, comme le ciment de grappiers, à un silotage prolongé provenait de l'influence de l'humidité contenue dans l'air ambiant. Aussi, pour faciliter le contact de l'humidité de l'air, s'ingénie-t-on à remuer le contenu des silos, ce qui demande un supplément de main-d'œuvre considérable. Cette manutention est absolument inutile, car, comme nous l'avons montré en parlant de l'extinction, cette opération est produite par l'eau fixée sur les aluminates et silicates. Il est du reste facile de se rendre compte que cette opération peut très bien avoir lieu sans contact avec l'atmosphère.

Nous avons enfermé dans des flacons bouchés à l'émeri différents produits expansifs. Après plus ou moins de temps de ce silotage en petit, les produits étaient devenus absolument sains, ne donnant plus d'expansion, sans avoir évidemment reçu aucune trace d'humidité de l'atmosphère.

En opérant sur différents ciments donnant, le 1er, 48^{mm} d'écartement à l'essai Le Chatelier, le 2e, 37, le 3e, 38, le 4e, 43, le 5e, 40, le 6e, 26, ces mêmes ciments enfermés soigneusement dans des bocaux ne donnaient plus aucun écartement : le 1er et le 5e après 20 jours, les 2e, 3e et 4e après 120 jours.

Pour le 1er, la progression a été la suivante :

Après	1 jour	47^{mm}
—	2 jours	42^{mm}
—	3 —	43^{mm}
—	4 —	41^{mm}
—	5 —	40^{mm}
—	12 —	34^{mm}
—	30 —	26^{mm}
—	60 —	10^{mm}
—	90 —	3^{mm}

Si les grains sont trop gros, l'extinction complète peut demander des années ; un portland ayant un résidu total de 55 p. 100 au tamis de 4900 mailles, dont 7 p. 100 à celui de 324 mailles, et donnant 70^{mm} d'expansion à l'appareil Le Chatelier, accusait encore 40^{mm} d'expansion après 7 mois de silotage industriel.

Si le ciment ne contient pas ou trop peu d'humidité,

il restera toujours expansif ; un portland expansif et n'ayant que 0,76 p. 100 de perte au feu donnait la même expansion après 6 mois, alors qu'additionné de 2 p. 100 de ciment hydraté pulvérisé il ne donnait plus rien après 3 semaines. Il y a donc intérêt à ajouter de l'humidité sous cette forme si le ciment n'en contient pas assez, au lieu de s'ingénier à retourner les tas et silos à l'aide d'une main-d'œuvre dispendieuse. Par contre, si le ciment contient par lui-même assez d'humidité, il est inutile d'après nos essais de lui en ajouter artificiellement, cette addition ne faisant alors que gagner fort peu de temps à l'opération, à moins d'en ajouter une proportion relativement élevée (5 ou 10 p. 100 par exemple). Le ciment de grappiers sur lequel nous avons opéré contenait près de 4 p. 100 d'eau.

Malgré l'addition d'eau sous forme de ciment pris, cette opération exige toujours un certain temps qui serait de beaucoup diminué en opérant à température plus élevée, par suite, comme nous l'avons vu, de la haute tension de dissociation des hydrates d'aluminates et de silicates de chaux.

Il est facile de constater, par l'expérience, qu'un ciment très expansif ne donne plus rien après un chauffage de très peu de temps en vase clos (bocal placé dans une étuve par exemple).

Un ciment qui donnait 32^{mm} d'écartement à l'essai Le Chatelier, et encore 29^{mm} après quatre jours, ne donnait plus que 8^{mm} après trente-sept heures de chauffage à 100°.

L'extinction du ciment est également plus rapide si l'on ajoute une faible quantité de ciment pris pulvérisé ; c'est ainsi qu'un ciment donnant 48^{mm} à l'essai Le Chatelier, additionné de 5 p. 100 de ciment pris, ne donnait plus que 10^{mm} d'écartement après 24 heures de chauffage à 50° en vase clos.

Cette méthode préconisée par M. Le Chatelier ne mérite certainement pas le peu de faveur avec lequel on l'a accueillie ; elle ne semble pas en effet aussi impraticable qu'on a cru devoir le dire.

Ensachage et embarillage. — On expédie peu de chaux en vrac et avec raison, la chaux s'éventant avec une très grande facilité. Elle est généralement placée dans des sacs de 50 kgs. Si l'expédition est faite au loin, on la place dans des barils garnis à l'intérieur de papier ou même de toile pour empêcher la chaux de filer à travers les joints.

Dans les usines bien organisées, l'ensachage et l'embarillage ont lieu automatiquement à l'aide d'appareils spéciaux.

La figure 10 représente l'usine à chaux hydraulique Vallette-Viallard, à Cruas (Ardèche).

A droite de la figure, on voit le plan incliné qui amène le calcaire de la carrière sur la plate-forme des fours. Un wagon de calcaire descendant remonte un wagon de charbon.

A gauche du plan se trouvent la plate-forme des fours et les salles d'extinction.

Propriétés. — La composition des chaux est très différente suivant leur qualité. La densité apparente est très variable, elle dépend de la composition chimique et de la quantité d'impalpable du produit, ce que ne peut indiquer aucun essai de tamisage. Tout en ayant très sensiblement le même résidu total au tamis de 324 mailles, deux chaux peuvent avoir une densité apparente très différente.

Le poids spécifique varie suivant la composition

chimique. Il est d'autant plus élevé que le produit contient plus de ciment. Le poids spécifique de la chaux grasse étant de 2,20 environ et celui du ciment de grappiers pouvant atteindre 2,98, les chaux, suivant leur richesse en ciment, auront un poids spécifique intermédiaire.

La proportion d'eau de gâchage est extrêmement variable suivant la finesse des produits. Sur un certain nombre d'échantillons essayés nous avons eu 38 p. 100 comme minimum et 60 p. 100 comme maximum. Ces différences, très sensibles pour la pâte de chaux pure, le sont bien moins pour les mortiers ; aussi, le rendement en mortier, principalement en mortier maigre, n'est-il pas aussi influencé qu'on pourrait le croire. L'explication de ce fait est très simple. Pour un même poids ou un même volume de sable, le poids ou le volume de chaux étant le même, l'excès d'eau que peut prendre une chaux en pâte pure comparée à une autre se trouve réparti dans toute la masse, ce qui fait que les deux chaux citées plus haut ne demandent en mortier plastique 1 : 5 que 12,6 et 10,2 p. 100, proportions peu différentes comparées à celle demandée par la chaux non additionnée de sable.

La prise d'une chaux est en relation directe avec la proportion de ciment qu'elle contient. L'essai de prise d'une chaux hydraulique est très délicat, notamment lorsque la prise est très lente.

Ce qui montre bien que les grappiers ne sont pas un résidu de fabrication, c'est que lorsque la fabrication est bien conduite, la composition chimique du ciment varie dans des limites extrêmement étroites.

Bien fabriqué, ce ciment est susceptible des mêmes emplois que le ciment portland, et est admis mainte-

Fig. 10. — Vue de l'usine Valette-Viallard, à Cruas (Ardèche).

nant aux adjudications de l'État au même titre que ce dernier.

IV. — CIMENTS NATURELS, DE LAITIER ET POUZZOLANES

Le calcaire à ciment naturel est plus riche en argile que le calcaire à chaux hydraulique. Son extraction n'offre rien de particulier, si ce n'est qu'elle a lieu souvent en galerie et que les bancs ont parfois une épaisseur peu considérable, ce qui exige un triage très sérieux des morceaux de calcaire.

Ciments romains. — Leur fabrication, moins l'extinction, ne diffère de celle de la chaux que sous le rapport de la cuisson qui est un peu plus énergique. La cuisson étant plus lente, on peut donner une plus grande hauteur aux fours, la quantité d'acide carbonique à évacuer étant la même dans un temps à peu près double.

On emploie généralement des combustibles de qualité inférieure dans la proportion d'environ 170 kilogs par tonne de calcaire. Les roches défournées, peu cuites, ont encore leur forme; on rejette les mâchefers formés; les roches plus cuites, scorifiées; les « frittes », mises de côté, serviront à fabriquer le ciment à prise lente.

Ces ciments, qui, en raison de leur faible cuisson, contiennent de la chaux libre, sont broyés, blutés à la toile 50 et soumis à un silotage prolongé. Leur caractéristique est d'acquérir en peu de temps une résistance de plusieurs kilogrammes par centimètre carré, quelques minutes après le gâchage.

Ciments lents. — En dehors de la méthode de fabrication que nous venons de décrire, qui donne peu de frittes, on fabrique le ciment lent en cuisant plus énergiquement le même calcaire, mais en employant environ 25 à 50 p. 100 de combustible en plus que pour la cuisson du ciment à prise rapide. Le tableau ci-après donne quelques analyses du calcaire de la Porte de France (1) :

	I	II	III	IV	V	VI
Résidu insoluble dans les acides étendus	23,35	21,00	21,10	23,05	22,25	22,04
Al^2O^3 et Fe^2O^3	1,95	1,60	1,95	1,80	1,55	1,85
Chaux	36,85	35,35	37,25	36,10	36,65	36,80
Magnésie	2,50	2,50	2,50	2,50	2,45	2,45
Soufre	0,90	0,85	1,00	1,10	1,25	1,15
Perte au feu	35,45	36,50	36,20	35,45	35,85	35,30
Total	100,00	100,00	10,00	100,00	100,00	100,00
Argile p. 100	24,30	22,60	23,05	24,85	23,80	23,89

Les ciments à prise rapide et à prise lente qui proviennent du même calcaire contiennent les mêmes proportions d'éléments, mais combinés différemment. Sur deux roches prélevées au pied d'un four, l'une peu cuite, ciment rapide, l'autre frittée, ciment lent, nous avons eu à l'analyse :

COMPOSITION CHIMIQUE.	CIMENT RAPIDE.	CIMENT LENT.
Silice	19,60	21,60
Alumine	12,20	11,80
Sesquioxyde de fer	3,50	3,70
Chaux totale	56,60	56,60
Chaux soluble dans l'eau sucrée	9,40	2,29
Perte au feu	7,20	0,00

(1) Gobin, *Étude sur la fabrication des ciments de l'Isère.*

Le portland naturel à prise lente ne se distingue pas, comme nous l'avons déjà dit, du ciment artificiel ; il peut être de composition chimique identique, et son poids spécifique est aussi élevé.

Bien cuit, il n'a pas plus besoin d'un silotage prolongé — à moins que le calcaire ne soit pas homogène — que le portland artificiel. Ce qui fait qu'en pratique le portland naturel a besoin d'un silotage plus ou moins long, c'est que parfois la cuisson et le triage laissent à désirer. En opérant sur des roches bien cuites de ciment naturel, prises au pied d'un four, nous avons obtenu une expansion absolument nulle, quoique l'essai ait été exécuté immédiatement, sans aucun silotage. C'est une affaire de cuisson et de triage des roches.

On peut aussi obtenir du ciment naturel à prise lente, comme on le pratique dans une usine, en broyant les grosses frittes qui ont résisté à l'extinction de la chaux. Ces frittes proviennent d'un banc plus argileux disséminé dans le banc de calcaire à chaux hydraulique.

Ciments mixtes. — Ce ciment est un mélange de grappiers et de frittes à ciment lent. Il est généralement dénommé, à tort, *portland artificiel.*

Nous avons prélevé dans une usine, fabriquant des ciments mixtes, des frittes en roches bien cuites et des grappiers tels qu'ils sont ajoutés, dans la proportion de 65 kilogs de grappiers séparés par un premier blutage de la chaux lourde, pour 100 kilogs de frittes.

Les résultats donnés ont été les suivants :

	COMPOSITION CHIMIQUE.								POIDS spécifique.	EXPANSION (cylindres LeChatelier).	ESSAI DE PRISE. GACHAGE. EAU DE MER. AIR SATURÉ.	
	Matières insolubles.	Silice.	Alumine.	Sesquioxyde de fer.	Chaux totale.	Magnésie.	Acide sulfurique.	Perte au feu.			Début.	Fin.
Frittes....	0,00	20,30	13,20	3,50	55,40	1,26	3,33	3,60	3,20	2mm	45 min.	3 heur.
Grappiers.	8,60	25,40	2,10	1,60	53,60	0,58	0,52	7,60	2,86	Désagrégation complète.	Plus d'une journée.	

Résistance à la traction.

Gachage. — Eau de mer. — Immersion des briquettes vingt-quatre heures après leur confection.

	CIMENT PUR.	MORTIER SEC 1 : 3		
	1 semaine.	1 semaine.	4 semaines.	12 semaines.
	k.	k.	k.	k.
Frittes.....	32,3	17,6	29,0	39,8
Grappiers..	4,0	3,1	10,0	20,0

CIMENT MIXTE PRODUIT PAR L'USINE

DIVERS ÉCHANTILLONS.	CIMENT PUR.		MORTIER SEC 1 : 3	
	1 semaine.	4 semaines.	1 semaine.	4 semaines.
	k.	k.	k.	k.
2523	21,0	31,0	7,6	17,5
2524	19,5	29,1	7,0	15,6
2539	19,0	33,0	6,6	16,0
2540	15,8	28,3	6,8	14,8

On remarque de suite que les grappiers ajoutés sont très expansifs, ce qui oblige à siloter le ciment mixte parfois pendant plusieurs mois. Les résistances données par les grappiers, très faibles au début, affaiblissent d'autant celles données par les frittes, qui sont élevées et comparables à celles données par le portland artificiel. Cette addition de grappiers influe sur les résistances du début qui sont plus faibles que celles du portland artificiel. A partir de trois mois, et même avant, les mortiers sableux obtenus avec ces ciments donnent des résistances égales à celles données par le portland artificiel.

Enfin, on fabrique également du ciment mixte en mélangeant des frittes, des grappiers et un véritable portland artificiel. Cette fabrication est extrêmement restreinte.

Propriétés. — Les ciments à prise rapide font prise en quelques minutes avec un grand échauffement de la masse. Leur caractéristique est d'acquérir en peu de temps une grande résistance. Ces ciments sont surtout employés lorsqu'on a besoin immédiatement d'une résistance notable, ou pour recouvrir des mortiers frais dans les travaux à la mer, et les mettre à l'abri de la marée.

Les ciments naturels à prise lente peuvent, si le calcaire est convenable et la fabrication soigneusement établie, donner des résistances aussi élevées que le portland artificiel. L'expansion peut être absolument nulle même sans silotage. Le poids spécifique, comme nous l'avons vu plus haut, est identique, ainsi que la compacité des mortiers.

Une particularité des ciments de la région de l'Isère est de contenir une proportion élevée d'acide sulfurique

(2 p. 100 en moyenne) qui se trouve dans le calcaire.

Les figures 11, 12 et 13 représentent une usine à ciment naturel, installée par la maison Lobin.

Les légendes explicatives montrent l'agencement de cette usine dans laquelle les reprises de main ont été évitées le plus possible.

On peut résumer comme il suit la fabrication des produits hydrauliques naturels :

Chaux hydrauliques.	Cuisson, extinction, blutage d'un calcaire naturel ou d'un mélange artificiel ne contenant pas plus de 19 p. 100 d'argile.
Grappiers........	Broyage, silotage et blutage des parties non éteintes pendant l'extinction de la chaux.
Ciments rapides..	Cuisson modérée de calcaire naturel contenant au minimum 21 p. 100 d'argile; broyage, blutage et silotage.
Ciments lents, demi-lents, très lents.	1° Broyage, blutage et silotage des frittes de la cuisson du calcaire à ciment rapide. 2° Cuisson énergique, broyage, blutage et silotage d'un calcaire naturel contenant au minimum 21 p. 100 d'argile.
Ciments mixtes dénommés à tort *portland artificiel*.	1° Broyage, blutage et silotage d'un mélange de grappiers et de frittes. 2° Broyage, blutage et silotage d'un mélange de grappiers, de frittes et de portland artificiel.

CIMENT DE LAITIER

Un des sous-produits, et le plus encombrant de la métallurgie, est le laitier, résidu de la fusion du minerai dans les hauts fourneaux.

Composition. — Suivant les usines, sa composition est extrêmement variable, comprise entre :

Silice 20 à 36, alumine 7 à 19, sesquioxyde de fer 0,70 à 2,50, chaux 38 à 66, magnésie 0,15 à 2,50, soufre 1,50 à 2,70.

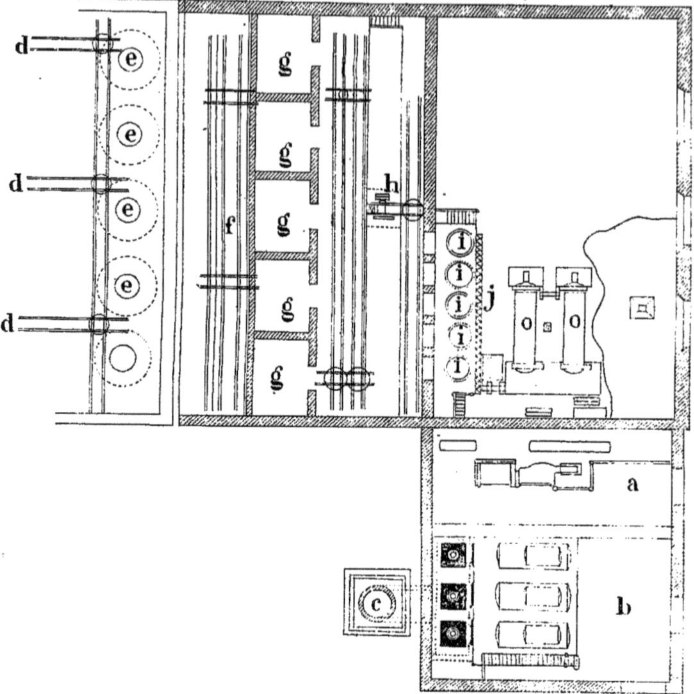

Fig. 11. — Usine à ciment naturel installée par la maison Lobin, à Aix (Bouches-du-Rhône).
a, salle de la machine à vapeur; *b*, chaufferie; *c*, cheminée; *d*, arrivée des matières; *e*, fours; *g*, dépôt des matières cuites; *h*, broyeur; *i*, moulins à meules; *j*, vis transporteuse collectrice; *o*, tubes finisseurs.

D'après M. Prost, « un laitier est d'autant plus avantageux qu'il est à la fois plus riche en chaux et en alumine, conditions réalisées surtout dans les laitiers de moulage » ; d'après M. Camermann, tant que le rapport du poids de l'oxygène des bases, chaux et alumine ($CaO + Al^2O^3$) à celui de l'oxygène de la silice (SiO^2) ne dépasse pas 2,66, le laitier est d'autant meilleur que ce rapport est plus élevé. D'après M. Tetmajer le laitier doit être basique et on ne peut utiliser un laitier dont le rapport $\frac{CaO}{SiO^2}$ est moindre que 1.

Enfin, d'après M. Le Chatelier, la meilleure composition correspond à $2SiO^2 + Al^2O^3 + 3CaO$.

Un laitier convenable est en général de couleur claire.

Granulation. — Comme nous l'avons déjà dit, l'influence de la granulation a été mise en évidence par E. Langen en Allemagne. Le laitier sortant du haut fourneau est précipité, aussi chaud que possible, dans une grande masse d'eau froide, dans laquelle il se granule. Le tableau ci-après est le résultat d'essais faits sur ce sujet par M. Tetmajer :

Mélanges.			Résistance par centimètre carré après 28 jours.		84 jours.	
			Traction.	Compression.	Traction.	Compression.
Chaux.	33	Granulé.......	33,7	259,9	43,5	377,5
Laitier.	100	Non granulé...	»	»	5,4	»
Chaux.	66	Granulé.......	32,1	223,7	38,1	308,2
Laitier.	100	Non granulé...	»	»	5,4	»
Chaux.	100	Granulé.......	27,7	205,2	34,3	248,9
Laitier.	100	Non granulé..	»	»	»	»

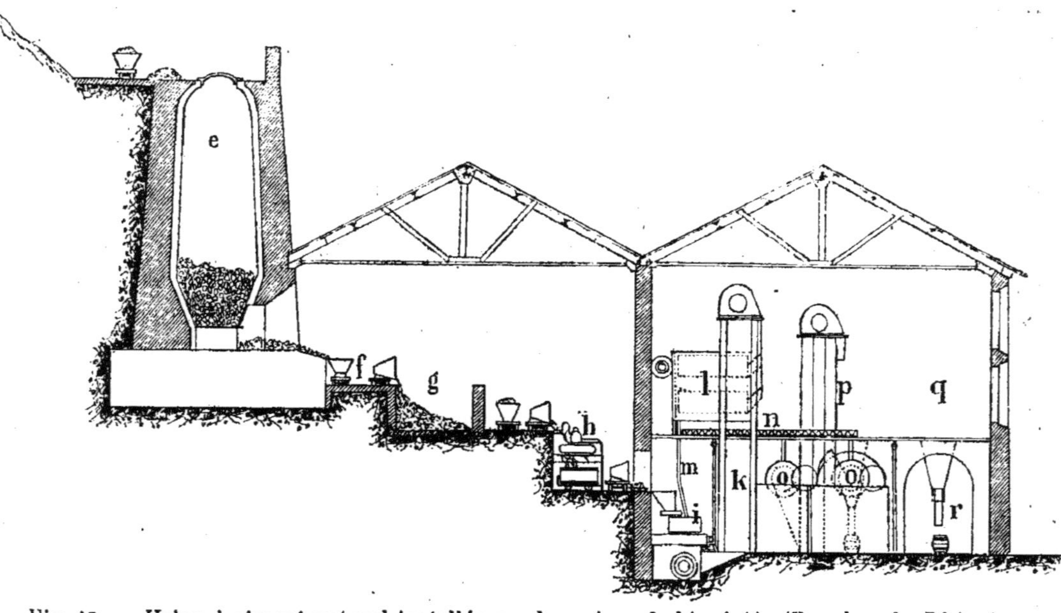

Fig. 12. — Usine à ciment naturel installée par la maison Lobin, à Aix (Bouches-du-Rhône).

e, four; *f*, voie de dégagement des fours; *h*, broyeurs; *i*, moulin à meules; *k*, élévateur des produits broyés; *l*, bluterie; *m*, retour des grappiers au moulin; *n*, vis transporteuse des produits blutés; *o*, tubes finisseurs; *p*, élévateur des poudres; *q*, salle de dépôt des poudres; *r*, emballage.

On dit que le laitier est *acide* s'il renferme plus de 1 équivalent d'acide : silice (SiO^2) pour 1 de bases : alumine + chaux ($Al^2O^3 + CaO$,) et *basique*, s'il renferme plus de 1 équivalent de bases pour 1 d'acide.

D'après M. Tetmajer la quantité de chaux à ajouter, pour des scories dont le coefficient de basicité est compris entre 1,19 à 2,37, varie de 15 à 30 p. 100, et cette proportion de chaux peut varier de 10 à 25 p. 100 du poids de la scorie sèche sans influencer la résistance.

	SCORIE.	CHAUX.	RÉSISTANCE à la compression.
Coefficient 1,90	100	15	202,0
	100	20	213,8
	100	25	214,5
	100	30	182,9
Coefficient 1,91	100	15	186,9
	100	20	182,0
	100	25	177,0
	100	30	178,0

On ajoute généralement de 40 à 60 p. 100 de chaux du poids du laitier sec. Il est préférable d'employer une chaux légèrement hydraulique; une chaux grasse amène souvent des fendillements.

Fabrication. — Après sa granulation le laitier retient environ 30 p. 100 d'eau dont il faut le débarrasser, d'abord en l'exposant à l'air, puis en le séchant soit sur des tôles, procédé à peu près abandonné, soit dans des fours tournants ou toute autre méthode. A l'usine de Choindez, on utilise un procédé fort simple et qui ne demande aucune main-d'œuvre. Le four se compose

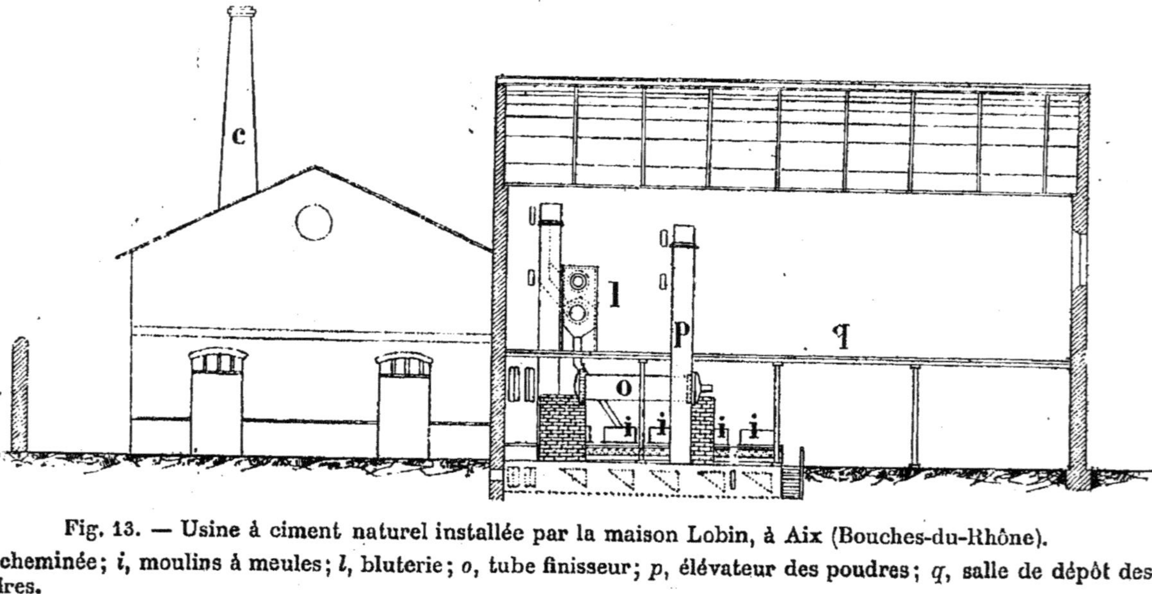

Fig. 13. — Usine à ciment naturel installée par la maison Lobin, à Aix (Bouches-du-Rhône).
c, cheminée; *i*, moulins à meules; *l*, bluterie; *o*, tube finisseur; *p*, élévateur des poudres; *q*, salle de dépôt des poudres.

d'une tour en fonte à base carrée dans l'intérieur de laquelle se trouve une série de plaques en tôle disposées en chicane. Le laitier, chargé par le haut, glisse lentement de tôle en tôle, traversant en sens inverse les gaz chauds d'un foyer placé au bas de la tour.

On utilise aussi les gaz des hauts fourneaux.

Après séchage, le laitier doit être broyé très finement en ne laissant au maximum que 10 p. 100 de résidu au tamis de 4900 mailles. On emploie généralement des appareils à boulets.

La chaux, soigneusement blutée et éteinte, est mélangée à la farine de laitier dans un appareil à petits boulets nommé *homogénéisateur*, semblable à celui représenté par la fig. 36 (p. 178).

Pour déterminer la meilleure proportion de chaux à ajouter à un laitier donné, on fait des mélanges en proportions diverses de 30 à 50 p. 100 de chaux, avec lesquels on exécute quelques briquettes qu'on casse après une même période.

Propriétés. — La couleur dépend de celle du laitier employé. La finesse du ciment doit être très grande. La densité est faible. Leur prise est généralement très lente.

« Les ciments de laitier, écrit M. de Tetmajer, sont d'un emploi recommandable dans tous les travaux sous l'eau et à l'humidité dont l'exécution n'est pas nécessairement très rapide, et où l'on n'exige pas une résistance initiale particulièrement élevée. Les ciments de laitier conviennent aussi bien que le mortier de trass pour les bétons coulés directement dans l'eau.

« A l'air ils perdent de leur force par suite de leur fendillement et de l'évaporation de l'eau de l'hydrate de chaux.

« En général, leur emploi ne se recommande pas pour les constructions exposées à l'air et soumises à une usure mécanique.

« Dans les constructions à l'air, où l'on ne peut conserver la matière humide pendant environ une semaine, et où celle-ci est exposée à l'action du soleil, on fera mieux de ne pas employer le ciment de laitier. Des ciments de laitier à forte teneur en chaux (40 à 50 p. 100) peuvent, après plusieurs années de conservation à l'air, se désagréger à la surface et tomber en poudre par suite du fendillement. »

Pur, ou mélangé avec peu de sable, 1:1 par exemple, il n'acquiert qu'une résistance peu élevée.

La proportion notable de sulfure de calcium qu'il contient : 1 à 3 p. 100 du poids de la scorie, ne le recommande pas pour les travaux à la mer. On a proposé différents procédés pour désulfurer la scorie en la traitant par un acide faible après broyage. Nous ignorons les résultats qu'ils ont donnés industriellement.

Composition de quelques laitiers d'usines françaises employés pour la fabrication du ciment.

Silice	De 30	à 37
Alumine	De 16	à 21
Sesquioxyde de fer	De 0,40	à 1,20
Chaux	De 38	à 46
Magnésie	De 0,3	à 3

POUZZOLANES.

Les pouzzolanes naturelles sont des roches d'origine volcanique dont l'emploi était connu dans l'antiquité. Les plus renommées sont celles d'Italie, de Saint-Paul près de Rome, et de Bacoli, près de Naples, et le trass de la vallée de la Nette, près Coblentz, employé il y a fort longtemps par les Hollandais. En France, on en rencontre dans les Ardennes, en Auvergne, dans le Vivarais, etc. Les pouzzolanes sont de couleur et de composition variées. Elles doivent leur propriété de former un produit hydraulique avec la chaux grasse, à la nature spéciale de la silice qu'elles contiennent. Cette silice, à l'encontre du quartz, a la propriété de se dissoudre dans les alcalis. Comme on sait que le temps de contact, le volume et la concentration de la solution employée, ainsi que la température, influent sur la proportion de silice dissoute, on ne peut faire que des essais comparatifs lorsqu'on essaie de doser la silice soluble. Il en est de même si l'on emploie un alcali caustique ou un carbonate.

Pour donner leur maximum d'énergie, les pouzzolanes doivent être employées aussi fines que possible.

Les mélanges employés sont très variables, aussi bien comme proportions des produits que comme nature de la chaux : de 2,5 à 7,5 de trass pour 5 à 7 de chaux hydraulique et 2, 5 à 6,5 de sable. On emploie également de la chaux grasse au lieu de chaux hydraulique, en faisant varier la proportion : 2 de trass ou 2 à 4 de sable et 2 à 6 de chaux, etc.

Chaptal, Vicat et bien d'autres ont cherché à remplacer les pouzzolanes naturelles par des pouzzolanes artificielles. Vicat les remplaça par de l'argile calcinée vers 600°-700°. Il imagina même un appareil méthodique pour cette fabrication. Cette fabrication, très éphémère, fut remplacée par celle de chaux hydraulique et du ciment.

V — PORTLAND ARTIFICIEL

Matières premières. — En dehors de la fabrication, la bonne qualité d'un portland dépend du choix des matières. Quels que soient l'aspect de l'argile et du calcaire ainsi que leur état de pureté, c'est-à-dire l'argile plus ou moins mélangée de calcaire, et le calcaire d'argile, toutes les matières premières tendres ou dures, de composition homogène, exemptes d'une trop grande quantité de sable, d'acide sulfurique et de magnésie, sont bonnes à leur transformation en portland, si, mélangées, elles peuvent donner environ 21 p. 100 d'argile ($SiO^2 + Al^2O^3 + Fe^2 O^5$) pour 78 de carbonate de chaux avec 1 p. 100 de matières diverses, acide sulfurique, magnésie, etc.

Certaines usines ajoutent de l'argile à de la craie, c'est-à-dire à un calcaire presque pur, d'autres de l'argile à un calcaire contenant presque déjà la proportion d'argile nécessaire, ou mélangent deux calcaires argileux, ou encore ajoutent un calcaire contenant peu d'argile à un calcaire en contenant beaucoup plus.

Il est par conséquent possible de fabriquer du portland artificiel partout où l'on trouve de l'argile et du calcaire. Aussi voit-on cette fabrication s'étendre de plus en plus, aussi bien en France qu'à l'étranger.

Cette fabrication n'étant plus le monopole d'une contrée, l'emploi du ciment tend à s'étendre de plus en plus et à présenter les formes les plus variées.

Certaines usines exceptionnellement bien placées trouvent dans leurs carrières toutes les matières propres à la fabrication des divers produits hydrauliques, chaux,

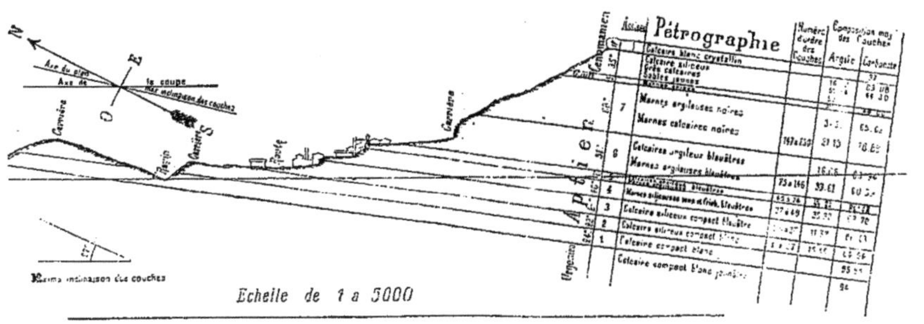

Fig. 14. — Coupe pétrographique des carrières Romain-Royer, à la Bédoule (près Marseille).

ciments naturels et artificiels. La figure 14 représente la coupe pétrographique des carrières de l'usine Romain-Royer à la Bédoule près Marseille.

Dosage des matières. — Pour déterminer les proportions dans lesquelles on doit mélanger les deux matières, on peut exécuter plusieurs mélanges contenant de 20 à 23 p. 100 d'argile, les cuire dans un petit four et déterminer le meilleur mélange par l'essai du ciment obtenu.

Formule Michaëlis. — M. Michaëlis ayant remarqué que dans le portland le rapport

$$\frac{SiO^2 + Al^2O^3 + Fe^2O^3}{CaO}$$

était très voisin de 2 a proposé la formule suivante :

$$\frac{\text{Calcaire}}{\text{Argile}} = \frac{S_2x - C_2}{C_1 - S_1x}$$

dans laquelle

$x = 2$, module hydraulique.
C_1 = CaO p. 100 du calcaire.
S_1 = Silicates ($SiO^2 + Al^2O^3 + Fe^2O^3$) p. 100 du calcaire.
C_2 = CaO p. 100 de l'argile.
S_2 = Silicates p. 100 de l'argile.

Soient les matières suivantes à mélanger :

	Calcaire.		Argile.	
Silice	2,50	silicates = 5 p. 100.	55,70	silicate = 81.2 p. 100
Alumine	1,40		17,20	
— de fer	1,10		8,30	
Chaux	53,00		1,40	
Magnésie	0,20		2,10	
Acide sulfurique	»		1,60	
— carbonique	41,80		»	
Alcalis	»		3,30	
Perte au feu	»		10,10	
	100,00		100,00	

Composition de quelques matières premières employées dans plusieurs usines.

USINES.	A		B		C	
COMPOSITION.	AR-GILE.	CAL-CAIRE.	AR-GILE.	CAL-CAIRE.	AR-GILE.	CAL-CAIRE.
Silice	40,40	0,30	72,70	1,50	18,00	10,90
Alumine	16,35	0,00	6,90	1,30	11,00	7,10
Sesquioxyde de fer.	5,30	0,20	4,30	1,40	2,20	1,70
Chaux	15,00	56,00	3,10	53,00	33,10	40,90
Magnésie.....	1,30	0,34	0,58	0,29	0,92	0,67
Acide sulfurique....	1,63	0,08	1,02	0,05	0,41	0,41
Perte au feu	20,00	43,00	10,10	42,40	34,10	38,30
Pertes et non dosé.	0,02	0,08	1,30	0,06	0,27	1,02
Total.......	100,00	100,00	100,00	100,00	100,00	100,00
Proportions à mélanger d'après la formule Michaëlis...	1000	141,3	1000	2366	1000	18200
	Nota. Pour mieux mettre en évidence les différences qu'il peut y avoir suivant les matières premières, nous avons déterminé ces proportions en les ramenant à 100 p. 100 de matières fixes. Par exemple, l'argile A qui contient 62,05 p. 100 de silicates, renferme 77,56 p. 100 de matières fixes $\left(\frac{62,05 \times 100}{100 - 20}\right)$. Il en est de même pour la chaux. Pour le calcaire on aura $\frac{56 \times 100}{100 - 57} = 98,24$ CaO.					

En appliquant la formule Michaëlis on a :

$$\frac{\text{Calcaire}}{\text{Argile}} = \frac{2 \times 81,2 - 1,4}{53 - 2 \times 5} = \frac{161}{43} = \frac{3,8}{1}.$$

D'où 3,8 parties de calcaire doivent être mélangées à 1 partie d'argile.

En vérifiant on a :

		Chaux.	Silicates.
3,8 parties, calcaire........	=	201,4	19,00
1 partie, argile.............	=	1,4	81,20
		202,8	100,20
Module hydraulique........	=	$\frac{202,8}{100,2} = 2,02.$	

D'après ces données, le ciment aura comme composition, sans tenir compte des impuretés apportées par les cendres du combustible qui augmentent toujours un peu la teneur en silicates :

	SiO^2	Al^2O^3	Fe^2O^3	CaO	MgO	SO^3	Alcalis	
1 Argile...	55,70	17,20	8,30	1,40	2,40	1,60	3,30	
3,8 Calcaire.	9,50	5,30	4,20	201,40	0,80	»	»	Total :
	65,20	22,50	12,50	202,80	3,20	1,60	3,30	311,10
Soit p. 100..	21,00	7,20	4,00	65,20	1,00	0,50	1,00	
	32,20							
Module hydraulique.	$\frac{65,20}{32,20} = 2,02$							

Formule Le Chatelier. — D'après la formule Le Chatelier, on aura :

La chaux de l'argile (1,40 p. 100) exige 0,500 de silice pour se combiner à l'état de silicate tricalcique (SiO^2 3CaO).

La magnésie de l'argile (2,40) demande 1,20 de silice pour former un silicate homologue.

Il reste donc dans l'argile 55,70 — (0,50 + 1,20) = 54,00 p. 100 de silice à combiner.

La magnésie (0,20 p. 100) contenue dans le calcaire demande 0,10 p. 100 de silice ; il reste donc silice à combiner = 2,5 — 0,1 = 2,40 qui demande 6,72 p.

100 de chaux pour former du silicate tricalcique.

L'alumine du calcaire (1,40 p. 100) exige 2,28 de chaux pour former l'aluminate tricalcique $Al^2O^3 3CaO$. En définitive, il faut retrancher 6,72 + 2,28 = 9,00 de chaux du calcaire, auquel il ne reste plus que 53.00 — 9.00 = 44.00 p. 100 de chaux à combiner.

On a donc :

Argile......	Silice.............	54,00	p. 100.
	Alumine..........	17,20	—
Calcaire....	Chaux............	44,00	—

La silice (54 p. 100) exige 151,2 de chaux ou 373,76 de calcaire à 44 p. 100 de chaux pour former le silicate $SiO^2 3CaO$; l'alumine (17,20 p. 100) en exige 63,77, d'où il faut 343,76 + 63,70 = 407k,46 de calcaire pour 100 kilogrammes d'argile, proportions qui répondent bien à la formule.

Vérification :

Silice du calcaire = 2,50 × 407,46 = 10,186 + 55,70 de l'argile = 65,886
Alumine Id. = 1,40 × 407,46 = 5,704 + 17,20 Id. = 22,904
Chaux Id. = 52,00 × 407,46 = 215,953 + 1,40 Id. = 217,3
Magnésie Id. = 0,20 × 407,46 = 0,814 + 2,40 Id. = 3,214

La magnésie......... 3,214 = 1,607 de silice.
Il reste à combiner.... 65,886 — 1,607 = 64,279 —
64,279 de silice = 179,98 de chaux.
22,204 d'alumine = 37,31 —

Total......... 217,33 — correspondant à la quantité trouvée plus haut.

Formule Newberry. — Cette formule appliquée en Amérique a été déterminée par MM. Newberry frères à la suite de leurs études synthétiques sur la constitution des ciments. Elle diffère de la formule Le Chatelier comme nous l'avons vu en ce que : 1° l'aluminate a pour formule $Al^2O^3 2CaO$ au lieu de Al^2O^3CaO admis par M. Le Chatelier ; 2° la magnésie n'est pas comptée.

La proportion maximum de saturation en chaux d'un ciment est établie par la formule :

$$x(3\,CaO.SiO^2) + y\,2\,(CaO.Al^2O^3).$$

La différence est peu sensible pour les produits contenant peu d'alumine et de magnésie, ce qui est général pour ce dernier corps.

D'après cette formule, la proportion de chaux est obtenue en multipliant la silice par 2,8 et l'alumine par 1, 1, ce qu'on vérifie par l'examen des poids moléculaires :

SiO^2	3 CaO	+ Al^2O^3	2 CaO
30	84	51,5	56
84 : 30 = 2,8		56 : 51,5 = 1,08 ou pratiquement 1,1.	

En appliquant cette formule aux deux produits en question on a :

Calcaire :

Silice..................	2,50 × 2,8 = 7,00	chaux.
Alumine..............	1,40 × 1,1 = 1,54	—
	8,54	chaux.

pour saturer la silice et l'alumine, d'où chaux disponible pour la combinaison avec l'argile 53,00 — 8,54 = 44,46.

Argile :

Silice..............	55,70 × 2,8 = 155,96	chaux.
Alumine...........	17,20 × 1,1 = 18,92	—
	174,98	—
Moins chaux contenue...........	1,40	—
	173,48	proportion

exigée par l'argile. Comme le calcaire renferme 44,46 de chaux disponible p. 100, on a alors $\frac{173,48 \times 100}{44,46} = 390,19$ parties de calcaire p. 100 d'argile.

Si au lieu de se servir de ces formules, on veut opérer sur divers mélanges contenant plus ou moins d'argile, le calcul est très simple en appliquant la formule des mélanges. En prenant 21 p. 100 d'argile, l'indice $\frac{SiO + Al^2O^3}{CaO + MgO}$ du ciment produit sera de 0,4293; avec 23 p. 100 d'argile, l'indice sera égal à 0,486; on pourra donc établir plusieurs mélanges contenant de 21 à 23 p. 100 d'argile et le soumettre après cuisson à divers essais.

On aura donc comme composition du ciment suivant qu'on emploiera l'une ou l'autre formule :

	INDICE = A 0,43 (0,4293).	MODULE = A 2 (2,02).	FORMULE LE CHATELIER.	FORMULE NEWBERRY
Proportion de calcaire p. 100 d'argile......	376,25	380,00	407,46	390,19
COMPOSITION DU CIMENT.				
Silice................	21,08	21,00	20,19	20,64
Alumine.............	7,27	7,20	7,01	7,14
Sesquioxyde de fer...	4,02	4,00	3,70	3,97
Chaux...............	65,01	65,20	66,29	65,68
Magnésie............	1,02	1,00	0,98	1,00
Acide sulfurique.....	0,51	0,50	0,49	0,50
Alcalis..............	1,06	1,00	1,01	1,04
Total.........	99,97	99,90	99,67	99,97

La formule Le Chatelier est, il ne faut pas l'oublier, celle donnant la limite maximum de la teneur en chaux; aussi est-il bon de se tenir un peu au-dessous, sous peine de laisser une petite quantité de chaux non combinée, et d'avoir des produits expansifs; néanmoins, on peut fabriquer suivant cette formule des ciments parfaitement sains; c'est ainsi que nous avons analysé des roches de ciment prises au pied d'un four ayant comme composition :

Silice	19,97
Alumine	7,29
Sesquioxyde de fer	3,47
Chaux	67,20
Magnésie	0,79
Acide sulfurique	0,33
Perte au feu	0,48
Pertes et non dosé	0,47
	100,00

$$\frac{CaO + MgO}{SiO^2 + Al^2O^3} = 3{,}02.$$

Cette composition est celle du ciment en roches. Le ciment tout venant provenant de la même pâte aura une proportion de silice un peu plus élevée à cause de l'influence des cendres. En admettant 350 kilogrammes de coke par tonne de ciment, on aura, pour un coke contenant 8 p. 100 de cendres renfermant 70 p. 100 de silice et d'alumine et 2 p. 100 de chaux et de magnésie, une augmentation d'indice égale à 0,03.

Ciments magnésiens. — Comme on manque absolument de bases sérieuses pour discuter les défauts ou les qualités des ciments magnésiens, il est préférable de rejeter les calcaires dolomitiques, c'est-à-dire contenant de la magnésie.

On se base souvent, pour proscrire l'emploi de la magnésie, sur les accidents causés par le ciment de Campbon. Ce ciment était en effet un ciment magnésien, mais aussi un ciment mal dosé.

Il avait comme composition :

Silice	18	p. 100 ou en	équivalents	0,60
Alumine	3 à 11	—	—	0,06 à 0,20
Chaux	43 à 52	—	—	1,53 à 1,85
Magnésie	16 à 28	—	—	0,80 à 1,40

Proportions qui donnent, suivant qu'on prenne les résultats les plus élevés ou les plus faibles,

$$\frac{\text{Bases}}{\text{Acides}} \text{ ou } \frac{SiO^2 + Al^2O^3}{CaO + MgO} = 3,53 \text{ et } 4,00,$$

alors que, comme on le sait, ce rapport ne peut dépasser 3.

Par conséquent, on ne peut rendre la magnésie responsable des accidents causés par ce ciment.

Du reste, on sait que Vicat fils a fabriqué des mélanges d'argile déshydratée et de magnésie qui ont résisté à l'action de la mer.

Choix du procédé. — Pour la préparation de la pâte, il existe deux méthodes générales dont le choix dépend des matières premières et des conditions de l'exploitation. La voie humide consiste à délayer à grande eau les matières premières ; elle exige par conséquent des matières très tendres : craie ou un calcaire tendre, et une argile limoneuse. Cette méthode a l'avantage de permettre l'emploi de matières contenant une certaine proportion de sable et demande peu de force de broyage ; par contre, elle exige : 1° une quantité d'eau considérable qu'on peut, il est vrai, réduire par une installation convenable, en employant toujours la même eau ; 2° un emplacement relativement grand ; 3° une manutention coûteuse ; 4° un séchage onéreux.

Ce procédé est surtout employé en Angleterre sur les bords de la Tamise et de la Medway, en France dans le Boulonnais.

Le deuxième procédé est la voie sèche. Cette méthode exige des matières premières exemptes de sable et de nodules qui parfois sont abondants dans certains bancs de calcaires.

Plus élégante, moins encombrante que la première, cette méthode est absolument indiquée lorsque les matières premières sont dures. Néanmoins elle peut tout aussi bien être utilisée avec des matières délayables. Critiquée au début, comme toute nouvelle méthode, elle donne maintenant d'excellents résultats. Elle a l'avantage d'exiger peu de place, très peu d'eau, et un séchage beaucoup moins dispendieux ; par contre, elle demande, si les matières sont dures, beaucoup de force pour le broyage. Cette méthode a pris un développement considérable, et nombre d'usines nouvelles travaillent, par ce procédé, des matières premières qui pourraient être traitées par la voie humide.

Extraction des matières premières. — Suivant la nature du sol et celle du gisement, l'extraction est plus ou moins facile à exécuter. Alors que certaines usines trouvent sur place les matières premières, d'autres sont obligées d'aller chercher parfois assez loin celles qui leur manquent.

Certaines usines possèdent une carrière puissante et homogène, ayant un front de taille d'une grande étendue avec des matières premières s'extrayant à ciel ouvert, sans grandes difficultés. D'autres au contraire doivent extraire leurs matières premières en galeries, ou doivent choisir dans la masse les filons de composition donnée, qui ne forment parfois que des bancs de faible épaisseur, nécessitant un choix judicieux et une main-d'œuvre coûteuse.

La figure 15 représente la carrière à ciel ouvert de MM. Vallette-Viallard, à Cruas (Ardèche).

Dans l'extraction, comme dans les autres parties de l'usine, l'industriel doit chercher à diminuer la main-d'œuvre en combinant les divers moyens mécaniques :

Fig. 15. — Carrière de MM. Valette-Viallard, à Cruas (Ardèche).

voies ferrées, plans inclinés, transporteurs aériens, transporteurs à courroies, etc., actionnés ou non par l'électricité.

A l'usine du Teil (Ardèche), où l'extraction a lieu à ciel ouvert, on s'est parfois servi de mines de puissance colossale, atteignant 12000 (douze mille) kilogs de poudre.

Au lieu de poudre noire on peut employer la poudre Favier qui est de plus grande sécurité. Dans tous les cas on doit s'assurer que la poche est bien étanche. En pratique on admet qu'un kilogramme de poudre doit abattre 5 à 6 mètres de calcaire; comme on sait qu'un mètre cube de poudre de mine pèse 850 kilogrammes, il est facile de déterminer le volume de la poche suivant la masse qu'on veut abattre. La mine doit être placée de telle manière que sa distance entre le front de taille soit égale à l'épaisseur de la masse située au-dessus; toutefois la position des couches, leur inclinaison, leur cohésion, etc., peuvent modifier dans un sens ou dans l'autre l'emplacement de la poche, qui devra avoir un volume un peu plus grand que celui occupé par la poudre. Le bourrage terminé, on mure l'entrée de la mine en laissant passer les fils électriques conducteurs qui doivent allumer la mine.

A l'usine du Teil, une grosse mine tirée le 18 juin 1891, contenant 7000 kilogrammes de poudre, produisit un abatage d'environ 150000 mètres cubes, ne donnant que 0 fr. 15 comme prix de revient au mètre cube abattu.

Plus généralement, on se sert de petites mines à l'acide, système Courbebaisse ou autre. L'avantage de ce système est de creuser, par l'action de l'acide, une mine à l'extrémité d'un trou affectant la forme d'un tronc de cône renversé pratiqué à la barre; le prix de revient est par conséquent très diminué, l'acide chlorhydrique étant de prix fort minime.

L'établissement d'une semblable mine est très simple. Le trou de mine creusé à la barre, on descend un tube en cuivre contenant un second tube en gutta-percha ou en plomb ; par ce dernier tube, on introduit l'acide qui, arrivant dans la poche, attaque et dissout le calcaire, et, par suite, agrandit l'excavation. Lorsque la quantité d'acide carbonique dégagé est assez considérable pour vaincre la pression de la colonne d'acide, l'acide est refoulé par le tube dans le vase placé au-dessus. La poche est ensuite lavée et séchée.

Cette poche peut parfois être située à une profondeur de 8 mètres et même plus. Il se conçoit que, pour que la mine ait plus de force, elle doive être légèrement inclinée. La distance au front de taille doit être un peu inférieure à sa profondeur, toutes choses, qui comme pour les grandes mines, peuvent être modifiées par la nature du gisement. On peut compter sur une moyenne de 7 kilogrammes d'acide chlorhydrique du commerce pour loger 1 kilogramme de poudre.

Les gros blocs abattus sont débités à la barre à mine. On emploie également de petites mines de 50 à 150 grammes de poudre. Les morceaux obtenus sont ensuite cassés à la grosse masse, puis à la massette.

A l'usine de la Porte de France, où l'exploitation est souterraine, les carrières comprennent 20 étages de galeries de $2^m,50$ de hauteur séparées par des plafonds de même épaisseur. La galerie principale se trouve à la cote de 400 mètres au-dessus des gueulards des fours. Le pierres extraites des quatorze galeries supérieures sont amenées dans la galerie principale par des puits creusés dans les couches secondaires; celles exploitées dans les cinq galeries inférieures sont remontées au même niveau par un monte-charge hydraulique ou à vapeur, suivant le régime des eaux. Les pierres sont emportées par des wagonnets de 2 mètres cubes de capacité.

Au sortir de la galerie principale, la voie court à flanc de coteaux et, après un parcours d'environ 800 mètres, s'arrête au bord d'un précipice de 300 mètres de profondeur. Là, les pierres sont déchargées et elles franchissent les pentes abruptes de la montagne, dans des caisses portées par un câble aérien automoteur de 600 mètres de longueur (fig. 16). Arrivées en bas, elles sont précipitées dans un puits vertical aboutissant à une galerie horizontale par laquelle on les amène directement dans des wagonnets sur la plate-forme même des fours.

Dans une usine du Boulonais, on se sert pour le transport de la carrière à l'usine d'une petite locomotive électrique à trolley.

L'usine de Cysoing emploie un transporteur à courroie qui amène les matières directement aux délayeurs situés à environ 80 mètres de la carrière.

Préparation de la pâte. — 1° *Voie humide.* — Les deux matières à mélanger : argile et calcaire, sont déversées dans des bassins circulaires en proportions déterminées par les essais préliminaires. Dans ces bassins de 3 à 5 mètres de diamètre et de $4^{m},50$ de profondeur, tourne une herse, et arrive de l'eau, comme l'indique la gravure qui représente un délayeur de la maison Schmidt (fig. 17).

Fig. 16. — Câble transporteur de la Société des Ciments de la Porte de France, à Grenoble (Isère).

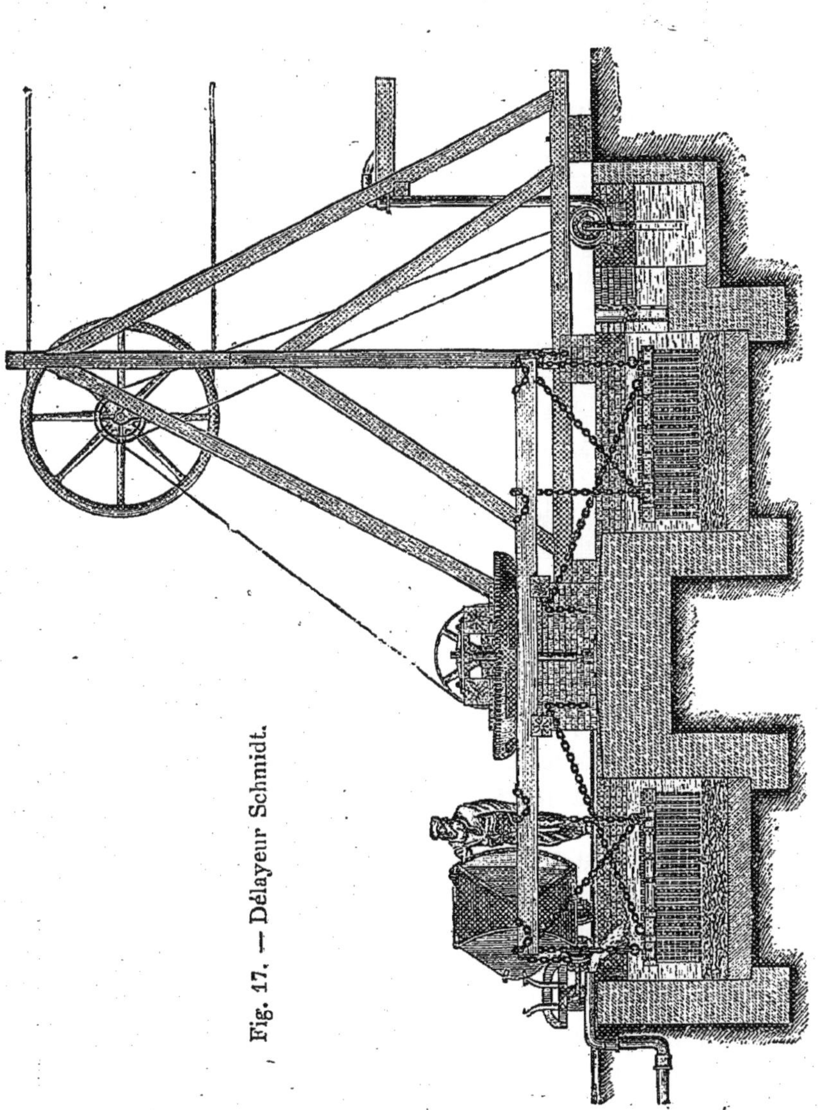

Fig. 17. — Délayeur Schmidt.

En tournant, la herse délaie les matières en formant un lait qui se déverse dans un canal par un trop-plein. L'ouverture du trop-plein est munie d'une toile métallique n° 50, chargée de retenir les matières non délayées ou trop grosses, qui retombent dans le délayeur. Le lait contenant de 60 à 100 p. 100 d'eau se rend dans les bassins doseurs par un canal collecteur s'il y a plusieurs délayeurs.

Fig. 18. — Épurateur à pâte.

Le dimanche, ou aux arrêts de l'usine, ce qui dépend des conditions de l'exploitation et de la nature des matières, on nettoie le délayeur.

Parfois, au lieu de se rendre directement aux doseurs, on fait passer le lait dans des tambours épurateurs en toile métallique (fig. 18) ou bien on lui fait suivre un assez long parcours dans un canal à chicanes, pour retenir les particules grossières qui ont pu passer à travers les mailles de la toile métallique.

Dosage. — Si les matières employées avaient toujours la même composition, le résultat cherché serait obtenu du premier coup, mais il en est rarement ainsi.

De plus, comme la proportion d'eau de carrière retenue par les matières premières fait varier la composition de ces matières, il est préférable de mettre le mélange au point par une opération particulière.

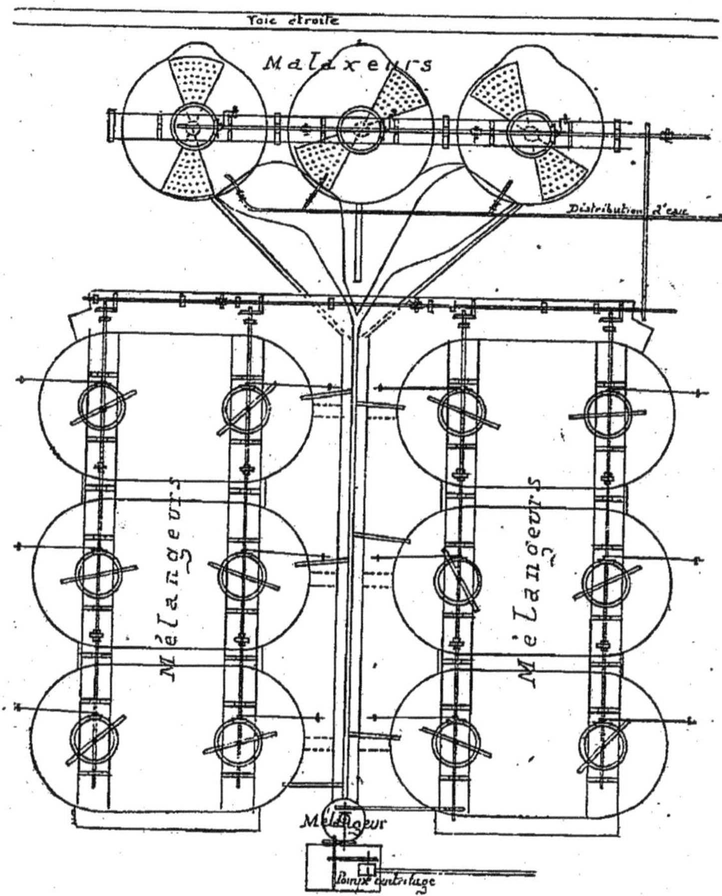

Fig 19. — Atelier du délayage et du dosage de l'usine Sollier, à Neufchâtel (Pas-de-Calais).

Des délayeurs, le lait se rend dans des bassins doseurs de 100 à 200 mètres cubes de capacité dans lesquels tournent, en sens contraire, deux arbres munis de longues palettes en bois qui s'entre-croisent à chaque tour, assurant le mélange parfait des matières. Lorsque le brassage est jugé suffisant, on prélève un échantillon et, d'après le dosage en argile, on ajoute un lait calcaire ou argileux (voy. *Ramenage* au chapitre du *Contrôle*).

La figure 19 représente l'atelier du délayage et du dosage de l'usine Sollier, à Neufchâtel.

Les wagonnets d'argile et de calcaire viennent se déverser dans le délayeur. Le lait produit est conduit, à l'aide de caniveaux pouvant être facilement isolés ou mis en communication, dans le mélangeur-doseur.

Le lait du doseur à envoyer aux fours-séchoirs est déversé dans le mélangeur central, dans lequel une pompe centrifuge le prend pour l'envoyer aux fours-séchoirs.

Un arbre central actionne, au moyen d'engrenages, les palettes des doseurs.

Décantation. — Des bassins doseurs, le lait se rend dans un puits, d'où une pompe l'envoie dans de grands bassins de décantation appelés *bassins de repos*, de 1 000 à 1 500 mètres cubes de capacité.

Si le délayage a été convenablement conduit au point de vue de la finesse, il n'y a pas à craindre que l'argile et le calcaire de densité différente se déposent en couches séparées; si, au contraire, le délayage est imparfait, les gros grains se déposent au fond de la masse. Quoi qu'il en soit, on doit avoir la précaution, lorsque la pâte est convenablement sèche, d'enlever les tranches verticalement.

Lorsque la pâte est suffisamment décantée, on ouvre des vannes par lesquelles l'eau s'écoule et est

9**

Fig. 20. — Usine de Boulogne-sur-Mer de la Société des Ciments Français.

rejetée. Si l'eau dont dispose l'usine est peu abondante, on peut se servir de la même eau en l'envoyant dans une citerne spéciale à l'aide d'une pompe, pour s'en servir à nouveau.

Lorsque la pâte ne se décante plus, on la laisse se dessécher lentement à l'air jusqu'à ce qu'on puisse la découper au louchet et en manier les morceaux. Elle contient alors de 25 à 35 p. 100 d'eau. Ce séchage, suivant les latitudes et les saisons, demande deux mois et même beaucoup plus.

On ne s'explique pas très bien comment il se fait qu'on n'emploie pas les filtres-presses pour séparer immédiatement la plus grande quantité d'eau et éviter le séjour dans les bassins de repos.

La figure 20 représente l'usine des Ciments français, à Boulogne-sur-Mer, travaillant par voie humide.

L'usine Sollier, à Neufchâtel (Pas-de-Calais) (fig. 21, pages 162-163) montre, à droite de la figure, le bâtiment contenant les fours dont le schéma est indiqué par la figure 48, p. 199, bâtiment abrité par des hangars placés directement au-dessus des séchoirs.

En face se trouve l'atelier de mouture.

Procédé Goreham. — Dans certaines usines, et à peu près exclusivement en Angleterre, où l'on dispose, sur les bords de la Tamise et de la Medway, de matières très homogènes, on emploie un procédé spécial qui consiste à malaxer les matières premières avec seulement 40 à 45 p. 100 d'eau, de manière à former une pâte épaisse. Après avoir traversé une grille à très larges mailles, de un centimètre de côté environ, chargée de retenir les gros morceaux, la pâte peu homogène est envoyée sous des meules humides ou dans des tubes broyeurs où le broyage s'achève, puis de là aux séchoirs, sans passer par les bassins de repos.

PROCÉDÉ BERGGREN. — Dans ce procédé on délaie la matière avec seulement 20 à 25 p. 100 d'eau, en la faisant passer dans des cylindres tritureurs, puis sous des meules humides.

Ce dernier procédé permet de réaliser une économie sur le séchage, mais demande, par contre, beaucoup de force. De plus, et comme avec le précédent, il doit être très difficile d'obtenir un broyage satisfaisant. Ces deux procédés sont du reste fort peu répandus.

2° *Voie sèche.* — Ce procédé consiste à opérer le mélange de poudres sèches finement broyées.

SÉCHAGE. — Pour arriver à un broyage parfait, il est nécessaire d'opérer sur des matières sèches, aussi doit-on sécher les matières premières avant broyage.

Si les matières premières sont très poreuses et contiennent beaucoup d'eau de carrière — certaines craies tendres en retiennent suivant les saisons jusqu'à 20 p. 100 et même plus — il y a intérêt à élever des hangars sous lesquels on place les moellons de calcaire pour les laisser se dessécher en partie à l'air.

S'il est nécessaire de concasser ces matières, on peut se servir de désintégrateurs ou de moulins à cylindres dentés (fig. 22, p. 164) qui peuvent broyer des marnes contenant de 15 à 20 p. 100 d'eau.

Les matières premières sont transportées aux séchoirs, et séchées séparément. Ce séchoir peut être très simplement, sinon très économiquement, un simple petit four à chaux à gazogène dans lequel la température est juste assez élevée pour le séchage de la pierre.

Fig. 21. — Vue de l'usine Sollier à Neufchâtel (Pas-de-Calais).

Four Schmidt. — Le four Schmidt ou tourelle-séchoir (fig. 23) convient particulièrement lorsque la matière est en gros morceaux résistants.

Fig. 22. — Moulin désintégrateur à cylindres (L. Carton).

La pierre est amenée par le transporteur E au sommet de la tour dans l'intérieur de laquelle elle tombe par le conduit *f*. Après séchage, elle sort par les ouvertures K ménagées à la base. Les gaz chauds produits par le foyer F arrivent par A′ dans la cavité intérieure, où ils pénètrent dans la masse du calcaire par les ouvertures B. Un ventilateur *g* aspire les gaz chauds ainsi qu'une certaine proportion d'air froid réglable par le registre T et arrivant par le conduit A. Un petit ventilateur à air chaud placé dans le bas

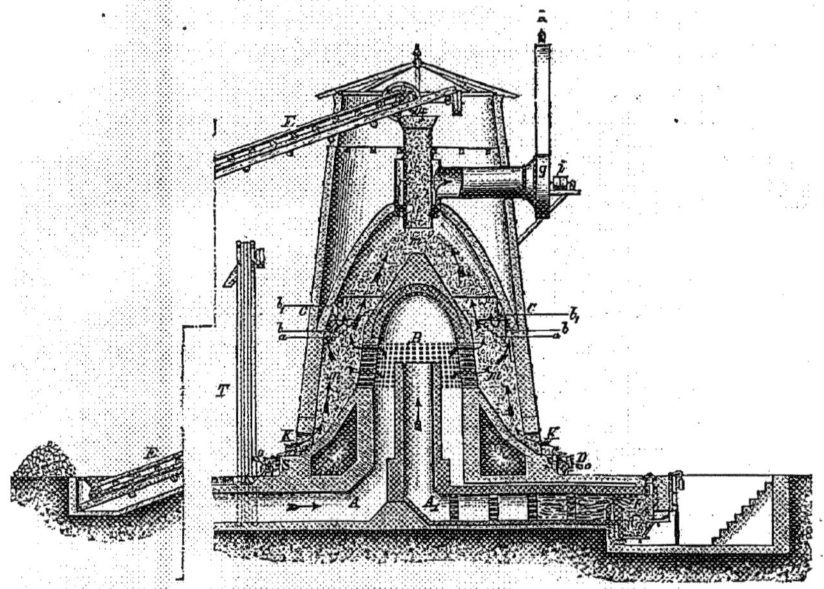

Fig. 23. — Tourelle-séchoir Schmidt.

contre-balance le courant d'air froid qui tend à s'établir par les ouvertures de déchargement. On peut, pour économiser le charbon, modifier un peu cette tour en utilisant les gaz chauds des fours de cuisson.

Cette tour-séchoir ne peut être utilisée qu'avec un calcaire résistant et des morceaux assez gros ; si les morceaux sont minces ou la matière friable, le tirage est défectueux et le système donne un mauvais rendement.

On emploie aussi le four à plan incliné, qui lui aussi est très simple.

Il consiste en une longue chambre de 12 à 15 mètres

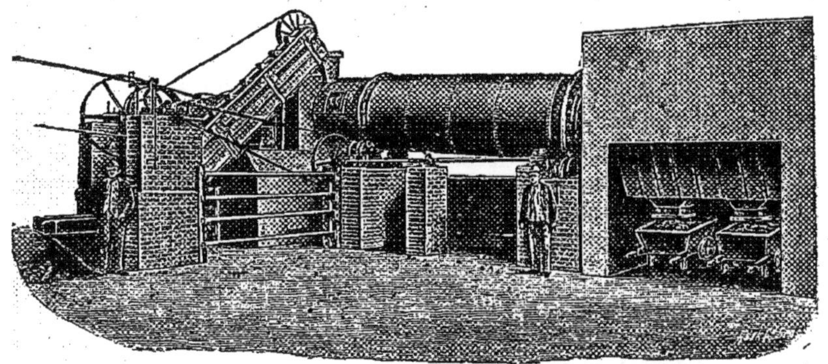

Fig. 24. — Séchoir tournant de la Compagnie française de séchoirs.

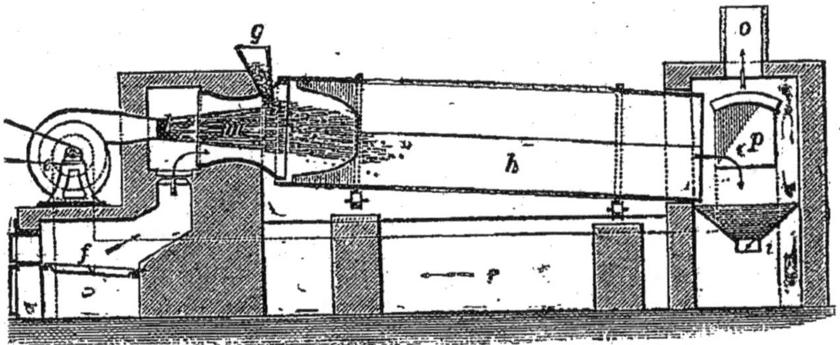

Fig. 25. — Même séchoir (vue en coupe).

de longueur séparée en deux parties dans le sens de la largeur et sur toute la longueur par une cloison en tôle inclinée à 36° environ. La partie inférieure reçoit les gaz d'un foyer et aboutit à une cheminée. La matière à dessécher, qui doit être menue, tombe sur l'extrémité supérieure de la tôle et glisse lentement sur le plan incliné au fur et à mesure qu'on enlève dans le bas la matière séchée.

On utilise également les fours tournants.

Séchoir Möller et Pfeiffer. — Ce séchoir (fig. 24-25) est constitué par un cylindre tournant autour de son axe et légèrement incliné. Les matières arrivent en *g* et parcourent le cylindre dans le même sens que l'air de séchage qui est aspiré du foyer *f* par le ventilateur *e*.

Séchoir Diedrich. — Ce séchoir (fig. 26-27-28)

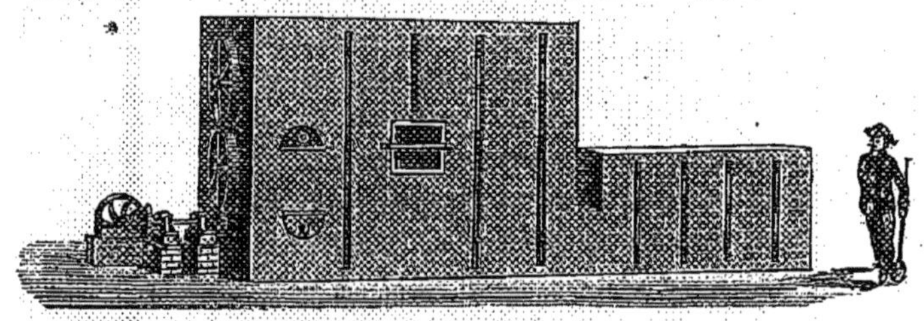

Fig. 26. — Séchoir Diedrich.

est complètement différent du précédent. La matière à sécher est déversée en H par la trémie F. Des pelles fixées sur un arbre horizontal peuvent prendre la matière qui, de chute en chute, arrive dans une vis qui la transporte en dehors de l'appareil.

Les gaz chauds aspirés par un ventilateur arrivent en sens inverse de la matière, suivant les flèches de la figure.

Séchoir rotatif Lobin. — Ce séchoir (fig. 29), construit par la maison Lobin à Aix-en-Provence, est beaucoup plus simple que les précédents. Il se compose

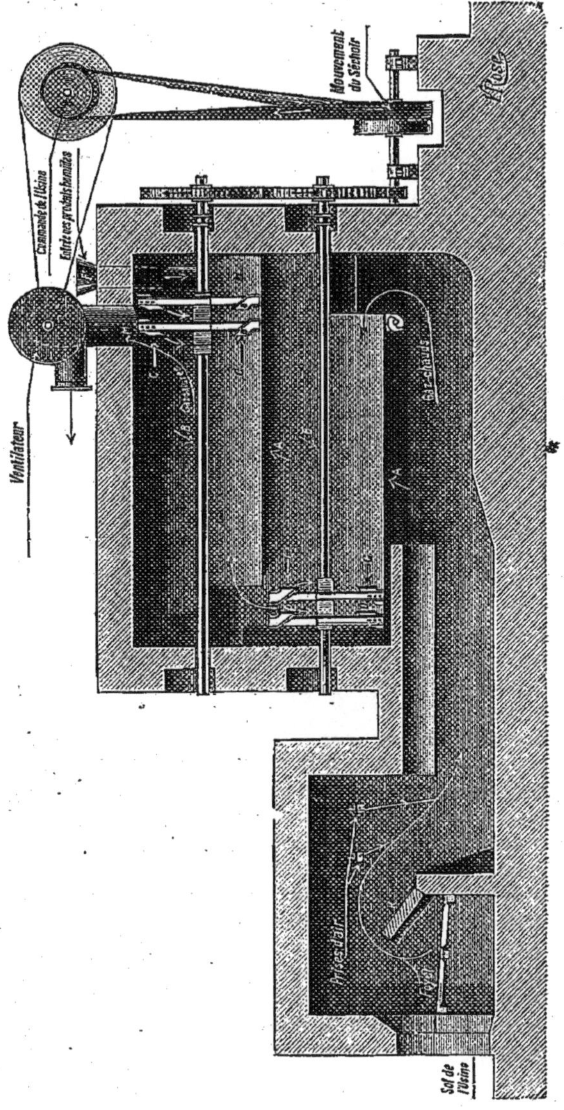

Fig. 27. — Séchoir Diedrich.

d'un simple cylindre en tôle monté sur des galets de roulement. A l'intérieur du cylindre est une vis sans fin qui transporte les poudres d'une extrémité à l'autre. La matière marche dans le même sens que les gaz chauds produits par un foyer situé au-dessous du cylindre. Le produit à sécher doit être de la grosseur

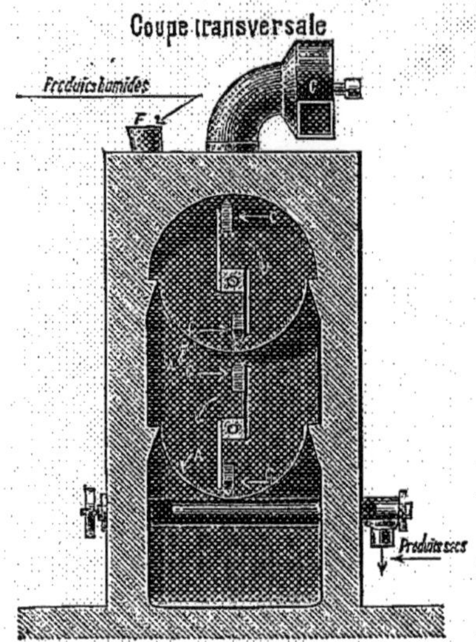

Fig. 28. — Séchoir Diedrich, coupe transversale montrant la marche des gaz.

d'une petite noisette. La vitesse du cylindre est de sept tours par minute. L'appareil produit environ six tonnes à l'heure.

Poudre crue. — Suivant la nature des matières, on arrive au mélange final par plusieurs procédés.

Si les matières sèches sont toujours identiques comme composition, l'opération est toute simple. Les deux matières concassées (voy. *Concassage*) sont

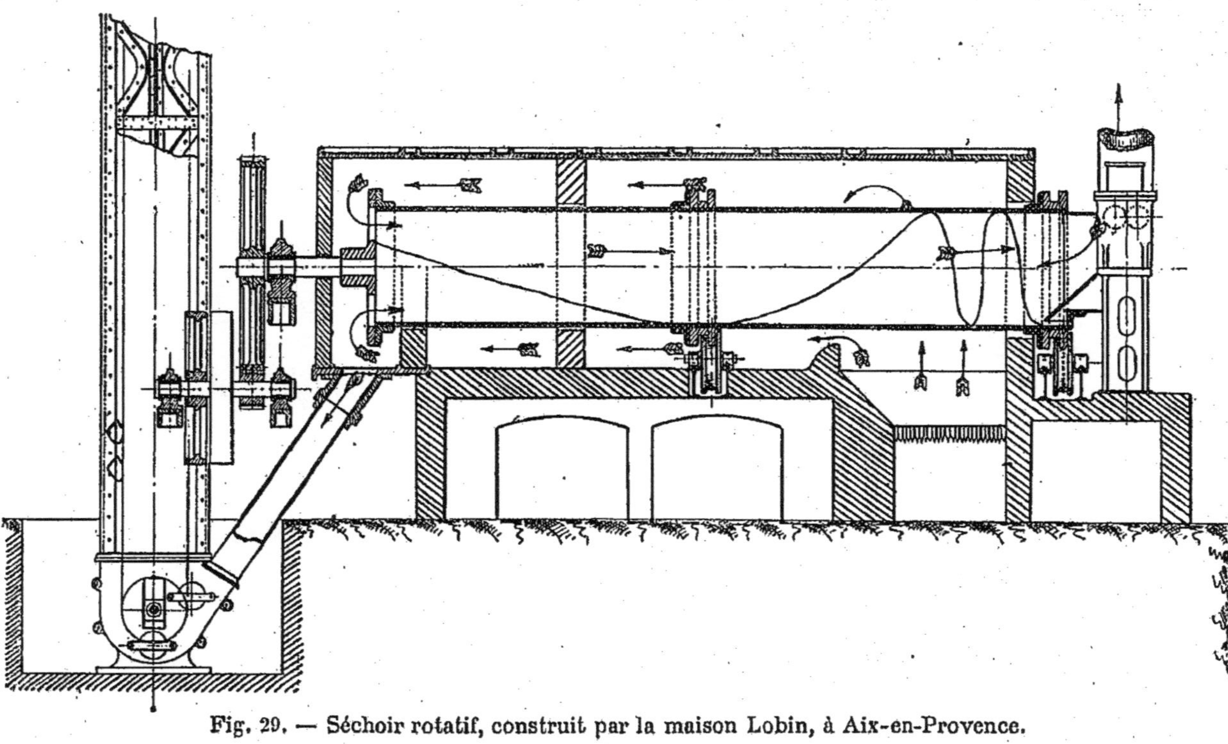

Fig. 29. — Séchoir rotatif, construit par la maison Lobin, à Aix-en-Provence.

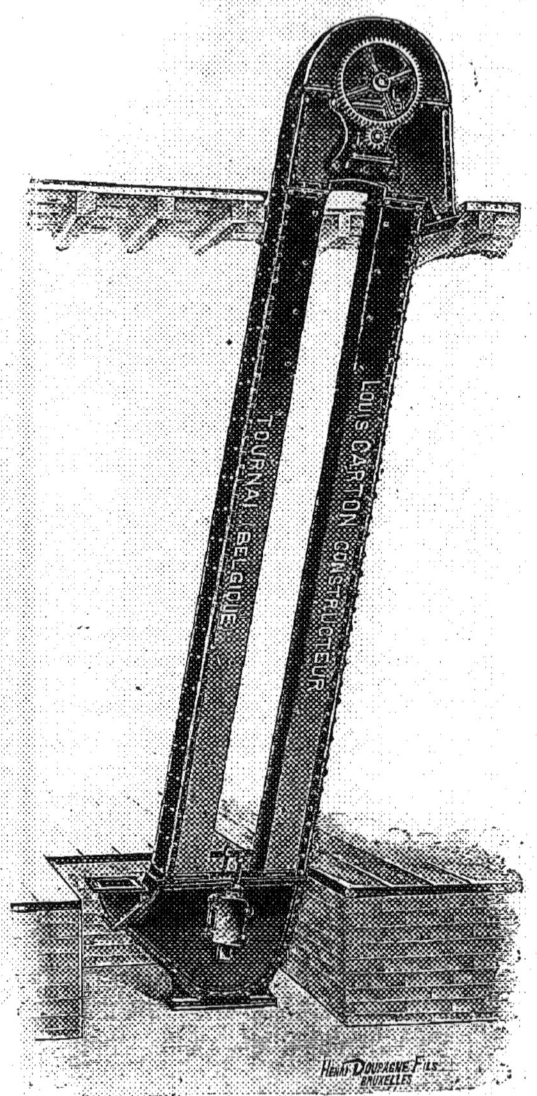

Fig. 30. — Élévateur à godets (L. Carton).

amenées par une monteuse à godets (fig. 30) ou par un transporteur quelconque dans deux bascules auto-

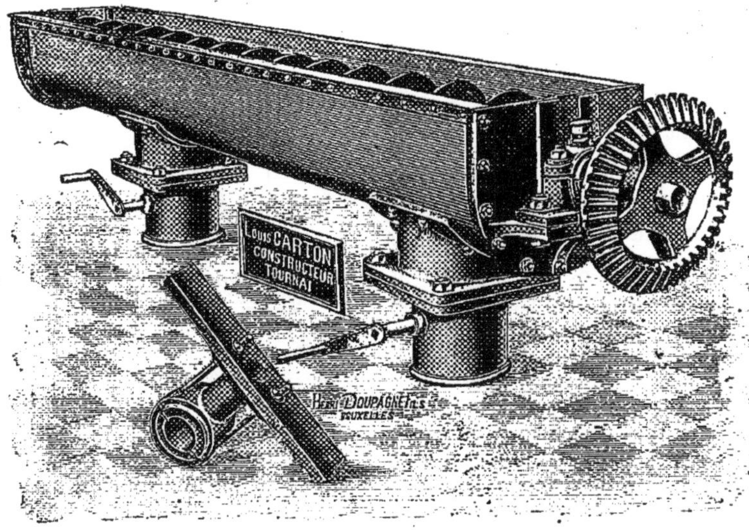

Fig. 31. — Transporteur à hélice (L. Carton).

matiques réglées de telle sorte qu'elles se vident toutes deux au même moment et dans le même espace de

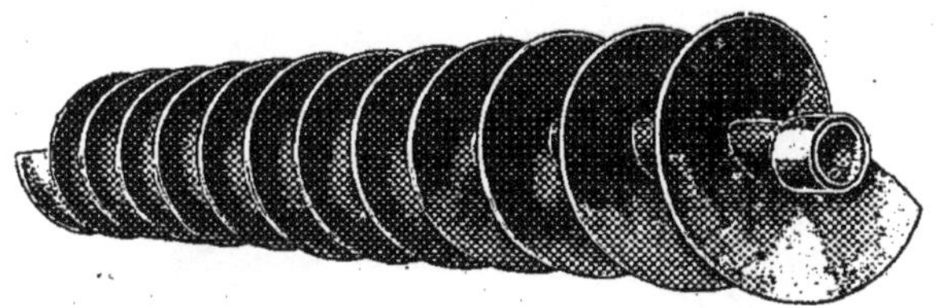

Fig. 32. — Hélice du transporteur.

temps. Les deux matières tombent déjà mélangées dans une mélangeuse à palettes, puis sont entraînées par une hélice dans la trémie d'un broyeur à boulets, ou dans un tube broyeur dans lequel elles sont pulvérisées à la finesse voulue et mélangées intimement. La poudre obtenue, tamisée soigneusement à la toile 100, est entraînée par une hélice au silo desservant la gâcheuse et la machine à briqueter.

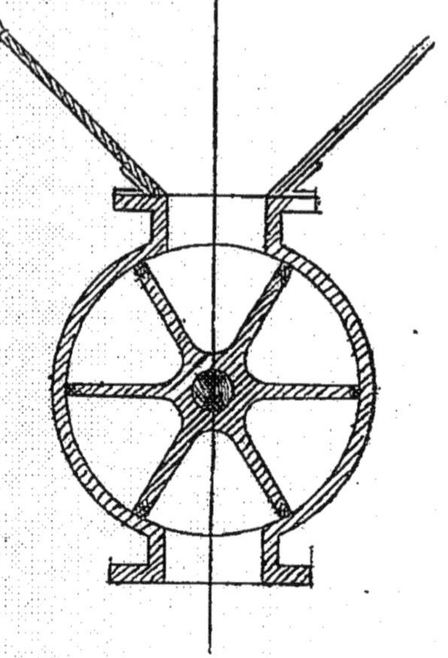

Fig. 33. — Doseur Syndic (p. 176).

Au lieu de se servir d'un blutoir à toile métallique qui s'encrasse souvent, il est préférable de régler le blutage à l'aide d'un appareil à ventilation.

Si les matières ne sont pas toujours de même composition, ce qui est le cas général, il est néces-

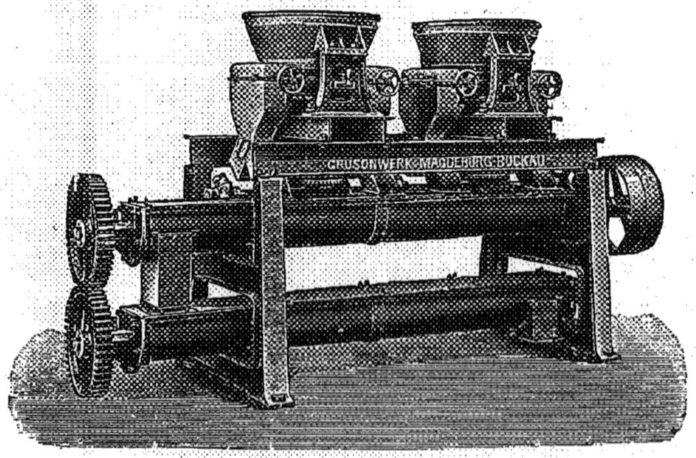

Fig. 34. — Mélangeur-doseur Jochum (p. 177).

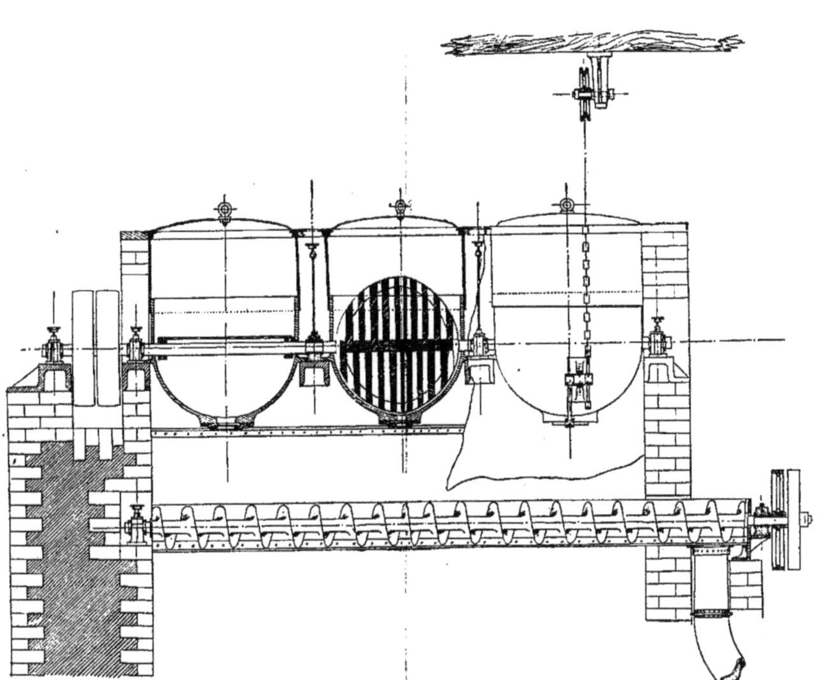

Fig. 35. — Mélangeur du Genevrey (Lobin, constructeur, à Aix-en-Provence) (voy. p. 177).

saire de les broyer séparément. Les deux matières desséchées sont concassées, puis broyées assez grossièrement dans un broyeur à boulets de telle façon que les poudres puissent traverser les trous d'un blutoir habillé de tôle perforée n° 50. Chaque matière est envoyée par une hélice (fig. 31 et 32, p. 172) ou une monteuse, ce qui dépend de la disposition de l'usine, dans des silos spéciaux, dans lesquels le chimiste vient prélever les échantillons. Il est de toute nécessité d'avoir au moins deux silos pour chaque matière, l'un en chargement, l'autre en déchargement, et de contenance telle que le chimiste ait le temps d'effectuer les dosages d'argile ; on règle alors les balances automatiques suivant les proportions déterminées par l'analyse. Le mélange et la pulvérisation s'achèvent ensuite comme plus haut.

Parfois, au lieu de broyer les matières à la toile n° 50, on les pulvérise du premier coup à la finesse voulue et les deux poudres sont ensuite simplement mélangées à l'aide d'un appareil mélangeur quelconque ou simplement en broyant ensemble les matières.

Les méthodes précédentes, qui assurent un mélange beaucoup plus parfait, sont préférables. Pour le concassage et le broyage de ces matières, on utilise les appareils que nous décrirons au chapitre *Broyage*.

Doseur Syndic. — Ce doseur, dont nous empruntons la description à l'inventeur, est très simple (fig. 33, p. 173).

Dans les deux cylindres placés sur le même axe longitudinal tournent deux tambours à six compartiments et montés sur le même arbre.

L'un des deux cylindres a un fond amovible pourvu d'annexes pénétrant exactement dans les compartiments du tambour. En faisant glisser ce fond le long de l'arbre on peut à volonté augmenter ou diminuer la capacité des compartiments du tambour et ainsi faire varier le dosage comme on l'entend. Une aiguille solidaire du fond mobile et circulant le long d'une règle graduée indique les variations produites.

Si l'on a soin de tenir les deux trémies sensiblement à un niveau constant, chose facile à obtenir par le réglage des norias d'alimentation, cet appareil donne d'excellents résultats. Il est simple, peu sujet à dérangements et à bris, permet de fortes productions, et de varier le dosage en pleine marche à l'aide d'un petit volant à main.

Dans cet appareil les deux cylindres ayant même vitesse, les proportions sont obtenues volumétriquement et toujours simultanément.

Mélangeur-doseur Jochum. — Cet appareil (fig. 34, p. 173), avec lequel on peut mélanger les matières grenues ou en poudres fines, se compose d'une série de trémies en tôle disposées en ligne au-dessus d'une vis sans fin. Sur chaque trémie est placé un plateau animé d'un mouvement de rotation et dont on peut à volonté faire varier l'écartement. La poudre file entre le plateau et les bords de la trémie et est projetée par le mouvement de rotation du plateau, dans la nochère contenant la vis qui opère le mélange. Suivant l'écartement du plateau, on fait varier le dosage. Cet appareil permet, dit-on, de supprimer les balances automatiques. Pour nous, nous estimons que la pesée est toujours préférable.

Mélangeur du Genevrey. — Ce mélangeur (fig. 35, p. 174-175), appelé du nom de l'usine où il est employé, est de construction fort simple.

Il se compose d'une série de plusieurs cuves fixes, dans chacune desquelles tourne un arbre carré portant des palettes-disques qui soulèvent les poudres et les mélangent intimement. Chaque cuve porte à sa partie inférieure une sortie qui se découvre à l'aide

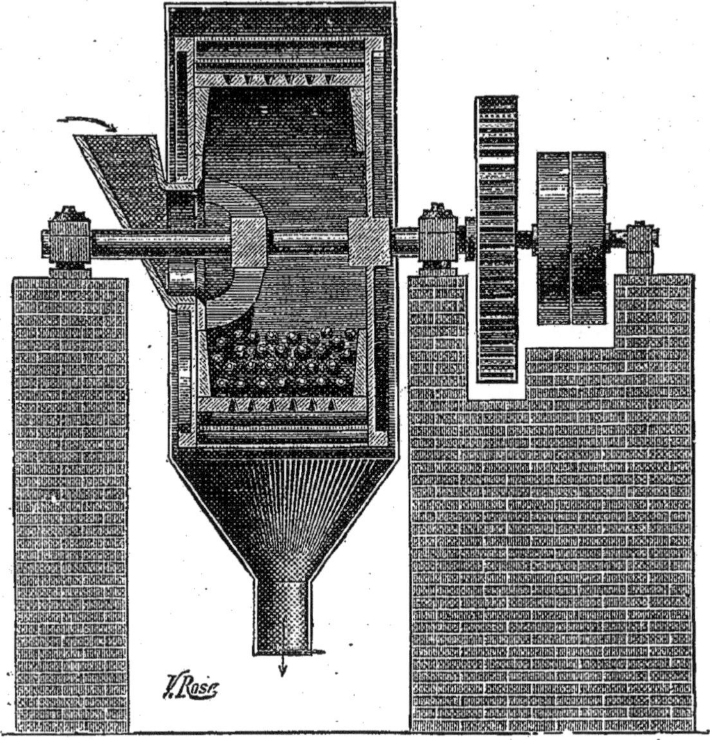

Fig. 36. — Mélangeur broyeur à boulets fous (Thivet-Hanctin).

d'un tiroir manœuvré de l'extérieur. Les poudres tombent en proportion déterminée dans une trémie commune d'où elles sont emportées par une vis sans fin. Après mélange elles se rendent dans un mélangeur à boulets où le mélange s'achève.

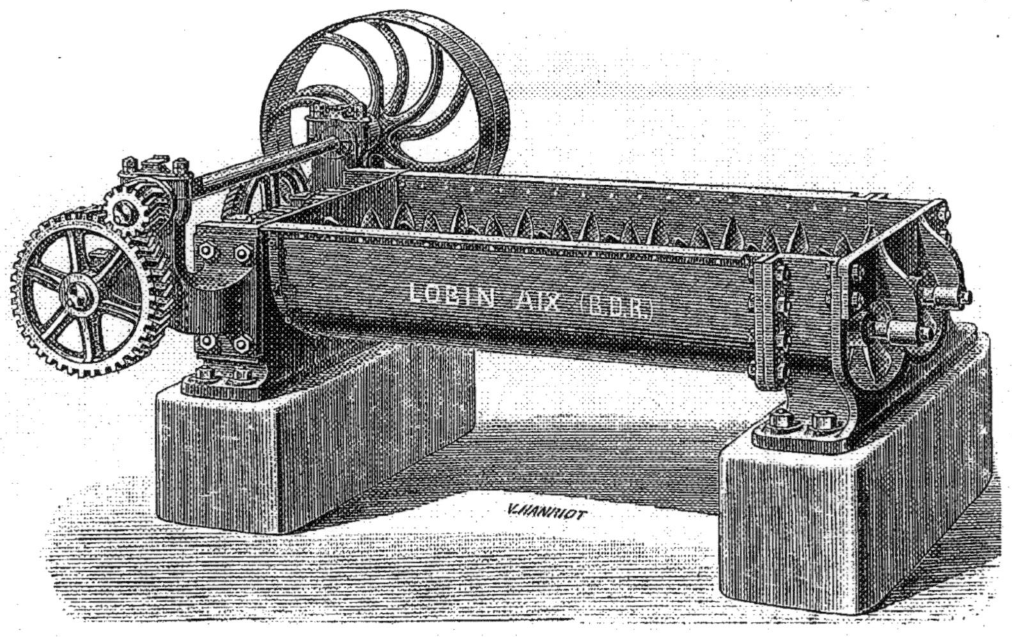

Fig. 37. — Auge mélangeuse (Lobin).

Mélangeur a boulets. — Le mélangeur à boulets se compose de deux disques en fonte clavetés sur un même arbre. Ces disques sont reliés entre eux par des plaques courbes, perforées ou pleines, à surface plane ou ondulée si l'on désire que l'appareil broie énergiquement, le tout formant ainsi un tambour à l'intérieur duquel roulent les boulets.

En tournant, le tambour entraîne dans sa rotation les boulets qui mélangent et broient la matière qui s'échappe par les trous ou les fentes des plaques perforées.

Le tout est enfermé dans une trémie qui porte à sa partie inférieure un tube par lequel la poudre obtenue s'échappe.

La figure 36, p. 178, représente un appareil construit par la maison Thivet-Hanctin.

Auge mélangeuse. — Cette mélangeuse (fig. 37, p. 179) peut aussi servir de gâcheuse. Elle se compose d'une auge en tôle dans laquelle tourne un arbre muni de palettes qui, par leur rotation, mélangent intimement les poudres.

Procédés mixtes. — Ces procédés tiennent des procédés humide et sec. Suivant la nature des matières, on pulvérise l'une et délaie l'autre ; on ajoute la poudre obtenue au lait formé de manière à obtenir une pâte pouvant être briquetée. Il est préférable d'employer le procédé humide ou le procédé sec qu'un procédé mixte, car s'il est facile de mélanger intimement deux matières sèches ou liquides, il en est autrement d'un produit pâteux.

La figure 38, p. 181 représente l'usine de Pernes-en-Artois travaillant par voie sèche.

Procédé par double cuisson. — Employé par Vicat

Fig. 38. — Usine travaillant par la voie sèche de Pernes-en-Artois (Pas-de-Calais).

pour la fabrication de la chaux artificielle, ce procédé est encore utilisé aux usines Vicat pour la fabrication du ciment.

Le calcaire est d'abord calciné dans un four à chaux ordinaire. Après extinction et blutage, on ajoute à la chaux de l'argile en poudre en proportion convenable. Le mélange briqueté est cuit une seconde fois, d'où le nom du procédé.

Ce procédé aussi bon que les précédents exige un supplément de combustible pour la première cuisson; mais, si le calcaire est extrêmement difficile à pulvériser, il peut se faire que la différence soit minime, le charbon exigé par la première cuisson remplaçant une partie du combustible nécessaire pour le broyage. Ce procédé permet également d'employer des calcaires durs contenant des rognons de silex ou du sable, ces matières étant éliminées par le blutage de la chaux.

TREMPAGE DES POUDRES. — La poudre obtenue devant être briquetée, il est nécessaire de lui ajouter une certaine proportion d'eau variable suivant les fours dont on dispose. Si l'on peut cuire des briques peu résistantes, pressées à sec, on ajoute seulement de 7 à 8 p. 100 d'eau, tandis que s'il est nécessaire d'employer une pâte molle, donnant des briques dures, on ajoute 20 à 25 p. 100 d'eau. La poudre crue tombe dans une gâcheuse identique à la mélangeuse, citée plus haut et du type de la figure 39.

Le long de la mélangeuse-malaxeuse ou au-dessus court un petit tube percé de trous par lequel l'eau est distribuée.

La poudre gâchée se rend dans la trémie de la machine à briqueter.

BRIQUETAGE. — Avec le procédé sec, il est toujours nécessaire de briqueter la pâte crue ; avec le procédé

Fig. 39. — Malaxeuse pour tremper les poudres (L. Carton).

humide, le briquetage n'a lieu qu'avec l'emploi de certains fours : four Hoffmann, four Dietz, etc.

Lorsqu'on emploie la voie humide, le procédé le plus simple pour obtenir des briques consiste à dessécher une partie de la pâte seulement, et à lui ajouter dans une briqueteuse-malaxeuse une certaine quantité de pâte liquide ou plastique plus ou moins décantée, de manière à former une pâte molle pouvant être passée à la filière d'une briqueteuse humide ; on emploie les mêmes machines pour le briquetage des pâtes crues gâchées avec 25 à 30 p. 100 d'eau.

Briqueteuses humides. — La briqueteuse (fig. 40) se compose d'une caisse dans laquelle tourne un arbre muni de palettes servant de malaxeur, qui pousse la matière malaxée dans une filière. Les briques sont reçues sur un petit châssis découpeur muni de cylindres.

Ces machines présentent sur les presses à sec l'avantage de demander beaucoup moins de force, et de produire des briques qui, séchées, seront plus résistantes que les briques pressées ; par contre, ces briquettes nécessitent un séchage spécial qui augmente le prix de revient et complique la fabrication ; mais comme certains fours, le four Dietz entre autres, exigent des briques très résistantes, on est obligé de fabriquer des briques molles.

Si les briques doivent être séchées, elles sont conduites automatiquement sur les wagonnets des sécheurs par un transporteur, ou bien, le wagonnet vide vient se placer près de la briqueteuse, et deux aides empilent les briquettes au fur et à mesure de leur fabrication.

Briqueteuses sèches. — Pour le briquetage à sec on se sert de machines puissantes ; la plus employée est

Fig. 40. — Briqueteuse humide (Fried. Krupp).

du type Dorsten. On emploie aussi la presse Biétrix utilisée pour les agglomérés de charbon.

La maison Lobin a apporté quelques modifications à la presse Dorsten qui fonctionne comme suit (fig. 41-42) :

Les poudres dosées et mélangées sortant de la gâcheuse, sont amenées par le couloir *r* dans le tiroir fixe *h*. La caisse en S, *f*, actionnée par la pièce *i*, amène le tiroir mobile *g* sous le couloir *r* ; ce tiroir se charge de poudre et, actionné de nouveau par la caisse *f*, il conduit la poudre dans la table de moulage *k*. Dans cette position, deux coups de marteau mouleur, *d*, *c*, sont donnés sur la poudre qui est transformée en brique ronde ou carrée, suivant la forme du moule.

Le mouleur est actionné par la caisse à trois branches *e*.

Quand les deux premiers coups sont donnés, et au moment où le mouleur *c* est relevé, le tiroir mobile *g* retourne se charger de poudre ; le troisième coup se donne, la brique est alors faite. Un piston démouleur *b*, actionné par un levier *j*, lui-même mis en train par une caisse *x*, soulève la brique dans la boîte et l'amène à niveau de la table de moulage *k*. A ce moment, le tiroir *g* chargé pousse la brique sur le devant de la table où elle est enlevée, et charge à nouveau la table où l'opération recommence. Cette presse se construit simple ou double, à 2 ou 4 marteaux pour les briques rectangulaires, et à 4 ou 8 marteaux pour les briques rondes. Son poids est de 18 tonnes. Les briques peuvent être cuites immédiatement.

Presse Luther. — Cette presse (fig. 43) très massive, ramassée, se construit à 2 ou 4 pilons. Les pilons sont

Fig. 41. — Presse à choc (Dorsten-Lobin).

commandés par un arbre de commande unique pour le mouvement ascendant et descendant. Les briques sont fabriquées sur une lourde enclume, ce qui diminue les vibrations de la machine.

Une presse à 2 pilons peut produire 1 500 briques à l'heure.

La figure 44 (p. 192-193) représente l'atelier de briquetage à sec de l'usine Romain-Boyer, près de Marseille. La poudre crue se déverse des silos dans la salle de briquetage, comme on l'aperçoit sur la figure, et est amenée dans la trémie de la briqueteuse.

A gauche de la briqueteuse, on voit la manutention des briques.

Séchage. — En résumé, nous sommes arrivés :

A. Avec le procédé humide, à avoir :

1° De la pâte molle qui peut être découpée au louchet dans les bassins de repos ;

2° De la pâte liquide telle qu'elle sort des bassins doseurs ;

3° Des briquettes molles confectionnées avec un mélange de pâte sèche et de pâte plus ou moins liquide.

B. Avec le procédé sec :

4° Des briquettes sèches ou humides.

Suivant les briqueteuses, les briquettes seront plus ou moins volumineuses, prismatiques, cylindriques, pleines ou percées de trous.

Comme le dit très exactement M. Engelhard, le problème de la dessiccation se résout à trois points principaux :

1° Les matières premières doivent se déplacer dans l'appareil sécheur avec une dépense de travail minime. L'idéal serait : introduction des matériaux à l'état humide, extraction à l'état sec, travail nul ;

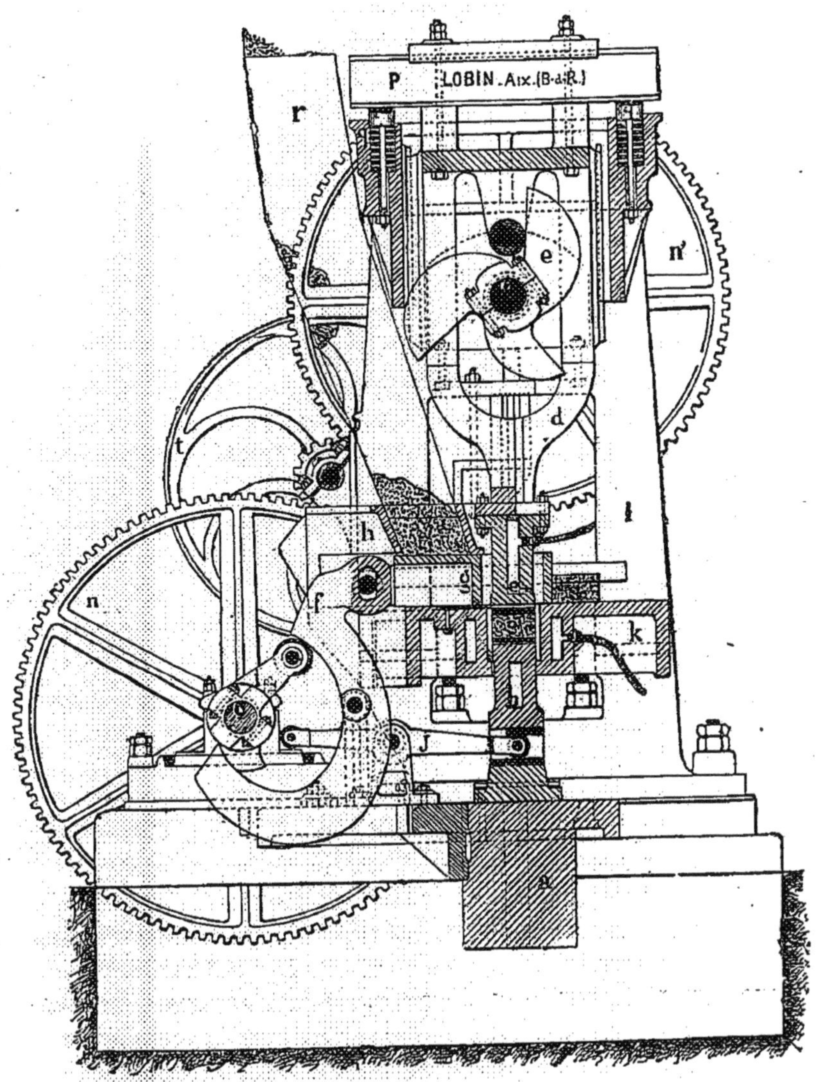

Fig. 42. — Presse à choc (Dorsten-Lobin).

2° L'air qui sert de véhicule à la chaleur doit être saturé d'humidité lorsqu'il quitte l'appareil ;

3° La chaleur doit être utilisée en totalité.

Un point important, quoique souvent négligé, est la ventilation des séchoirs. Il est facile, en effet, de

Fig. 43. — Presse à sec à leviers (Luther) (Voy. p. 186 et 188).

dessécher à très basse température, si l'on renouvelle suffisamment les couches d'air, et on peut s'assurer dans les séchoirs à coke, par la présence de gros nuages opaques restant stationnaires au-dessus de la pâte et empêchant l'eau de s'évaporer, qu'on ne se rend pas toujours compte de l'intérêt qu'il y a à ventiler.

Il ne faut pas non plus songer à utiliser une température par trop basse, car, pour enlever la totalité de l'eau, il faut alors une quantité considérable d'air, qui demande, pour son chauffage même, une partie du combustible employé. On peut, et cela est employé dans certains séchoirs, utiliser la chaleur de la vapeur de l'eau évaporée pour la faire concourir au séchage des matières humides, en la recueillant et la faisant circuler dans des tuyaux comme un véritable calorifère. Pour utiliser cette disposition, on ne peut évidemment utiliser une température par trop basse.

En définitive, il faut évaporer une quantité d'eau variable suivant les procédés employés.

En admettant que 100 kilogrammes de pâte sèche produisent 70 kilogrammes de ciment tout venant, on aura pour une tonne de ciment :

3 750 kil. de pâte à	60 p. 100	d'eau ou	2 142 kil.	d'eau à évaporer.
2 040	—	30	—	612	—
1 903	—	25	—	475	—

A. 1° — La pâte molle découpée dans les bassins de décantation est conduite aux fours à coke ou aux fours-séchoirs.

Fours a coke. — La cuisson du ciment s'opérant, il y a encore quelques années, uniquement au coke, les fabricants furent amenés à préparer leur coke eux-mêmes en distillant la houille, et à se servir de la chaleur perdue pour dessécher la pâte.

Cette méthode est fort peu économique, car généralement les gaz provenant de la distillation sont perdus, ainsi que la chaleur de la vapeur d'eau émise ; de plus l'entretien de ces fours est très onéreux.

Ces séchoirs, à peu près abandonnés maintenant, étaient d'installation fort rudimentaire. Ils se composaient d'une rangée de simples foyers se prolongeant par des carneaux débouchant dans un carneau collecteur aboutissant à une cheminée. Au-dessus des foyers

Fig. 44. — Atelier de briquetage de l'usine Romain-Boyer, près Marseille.

et des carneaux, et les reliant entre eux, étaient disposés des bassins en carreaux réfractaires ou en fonte, dans lesquels on étalait les morceaux de pâte qu'on retirait une fois secs.

2° Fours-séchoirs. — Au lieu d'envoyer le lait dans les bassins de décantation, on peut l'envoyer dans des séchoirs installés sur les fours. Ce fut un progrès notable lorsque vers 1875 on utilisa la chaleur perdue des fours pour l'évaporation de la pâte liquide. Ces fours inventés en Angleterre, d'où leur nom de *fours anglais*, furent introduits en France par M. Famchon. Au lieu de s'échapper immédiatement dans l'atmosphère, les gaz chauds des fours passent au-dessus et au-dessous de deux et même trois cuves superposées formant bassins dans lesquelles on coule la pâte contenant 60 et même 100 p. 100 d'eau.

En réalité, il faut plus de combustible par tonne de ciment cuit avec ces fours séchoirs, que dans les fours ordinaires, car toute la chaleur perdue ne suffirait pas pour l'évaporation de l'eau, mais il y a néanmoins économie, d'autant plus que les fours ordinaires exigeant un séchage particulier de la pâte (fours à coke), la différence de combustible est en définitive très minime.

Le grand avantage est la suppression des bassins de décantation qui sont fort dispendieux. Le séchage proprement dit dans ces bassins ne coûte évidemment rien, mais l'entretien des bassins, et surtout le découpage de la pâte, son chargement sur les wagonnets, son transport, son déchargement et enfin le placement des morceaux sur les aires des fours à coke ou des fours-séchoirs font que l'opération est très onéreuse.

Fig. 45. — Séchoir à tunnel (Möller-Pfeiffer, de la Compagnie Française des séchoirs).

3e et B 4e. — Pour le séchage des briquettes, on peut utiliser les fours-séchoirs, mais il est préférable de se servir de séchoirs spéciaux dont les plus connus sont les séchoirs Fellner-Ziegler, Möller-Pfeiffer, Rappold, Cummer, etc.

Séchoir Fellner-Ziegler. — Ce séchoir se compose de plusieurs canaux dans lesquels roulent sur des galets une série de plates-formes. Les briquettes sont empilées sur ces plates-formes et circulent à travers le tunnel, arrivant dans les parties de plus en plus chaudes, en parcourant en sens inverse les gaz chauds provenant d'un foyer à gazogène. Lorsqu'une plate-forme est retirée pour être dirigée sur le four, une autre est introduite chargée de briquettes à sécher.

Séchoir Möller-Pfeiffer. — Ce séchoir (fig. 45) est un perfectionnement du précédent, en ce sens que la vapeur d'eau de température plus ou moins élevée sert elle-même au séchage des briques. A cet effet, des ventilateurs aspirent et refoulent la vapeur émise par les briquettes.

Séchoir Rappold. — Ce séchoir dans lequel, comme dans le séchoir Möller-Pfeiffer, on utilise la chaleur de la vapeur d'eau produite, est une modification de ce dernier.

Un système de soupape permet de proportionner la quantité d'air dans les différents points du tunnel suivant le degré d'humidité des matières.

L'air chargé d'humidité est aspiré par un ventilateur qui l'enlève par une conduite spéciale située au-dessus et tout le long du séchoir.

Séchoir Cummer. — Dans ce séchoir (fig. 46) le séchage s'opère à l'aide d'air chaud, refoulé dans le cylindre par des ouvertures pratiquées dans la paroi. Les gaz chauds sont produits par un foyer placé à l'avant, auxquels on mélange une proportion d'air qui peut être réglée par des registres.

Fig. 46. — Séchoir Cummer.

SÉCHOIR D'AALBORG. — Dans cette usine on se sert d'un séchoir particulier constitué par une série de douze chambres communiquant entre elles.

Parallèlement aux chambres sont placés deux canaux latéraux dont l'un aboutissant à la cheminée sert de collecteur aux vapeurs émises, et l'autre à un four à coke ; le séchage s'opère méthodiquement.

Cuisson. — Il y a deux sortes de fours, les fours intermittents et les fours continus qui eux-mêmes présentent plusieurs systèmes.

1° Fours intermittents.	Ordinaires.	
	A séchoirs.	
2° Fours continus.....	Genre Hoffmann Coulants......	Ordinaires.
		A séchoirs.
	Rotatifs.	

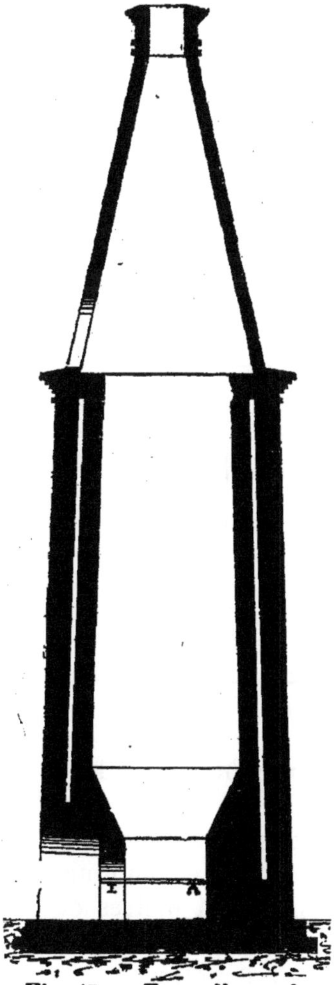

Fig. 47. — Four allemand.

Fours intermittents. — Les fours intermittents tendent de plus en plus à disparaître. Par suite même de leur intermittence, ces fours donnent une production peu élevée avec une consommation considérable de charbon. La quantité de combustible nécessaire à la cuisson proprement dite est grevée de celle exigée pour l'échauffement de la masse de maçonnerie, et est perdue à chaque refroidissement; ensuite, la main-d'œuvre pour le chargement, le déchargement et l'allumage qui se renouvelle à chaque opération, est exagérée. Enfin ces fours ont l'inconvénient de ne présenter aucune régularité dans la cuisson, par suite de l'agglomération des roches qui forment parfois une masse considérable, montrent à côté de produits bien cuits, des incuits et même des surcuits. Pour toutes ces raisons les fours à établir dans les usines modernes doivent être continus. Par contre,

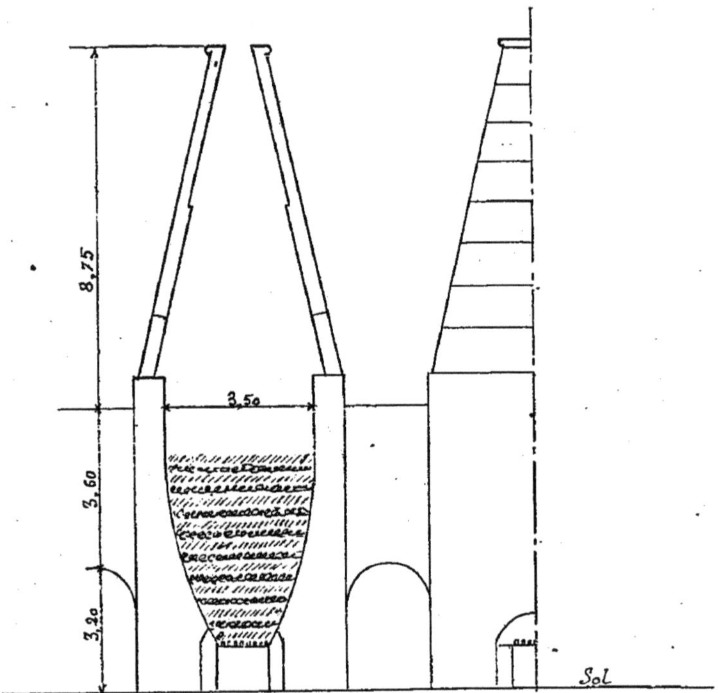

Fig. 48. — Four français.

l'établissement de ces fours est peu coûteux, et leur marche facile.

Fours ordinaires. — Ces fours sont simplement des fours à chaux, surmontés d'une cheminée conique. Les fours anglais sont ovoïdes, ont 3 à 4 mètres de diamètre au centre sur 5 à 6 mètres de hauteur, avec une cheminée en tronc de cône de 5 à 6 mètres.

Les fours allemands sont de dimensions plus considérables (fig. 47, p. 198), la cuve cylindrique a jusqu'à 10 et 15 mètres de hauteur sur 5 à 7 mètres de diamètre avec une cheminée qui atteint parfois 20 mètres. Ces fours énormes produiraient jusqu'à 400 mètres cubes de roches par fournée.

La cuve du four français (fig. 48, p. 199) est entre les deux; cylindrique en s'évasant un peu vers le haut et se terminant à la partie inférieure en tronc de cône. Ces fours sont surmontés d'une cheminée en pain de sucre. Pour tous ces fours, la manière de cuire est identique et l'allumage a été décrit à propos des fours à chaux.

Suivant les dimensions du four, l'opération totale demande de 8 à 15 jours. Le rendement est compris entre 500 à 1 000 kilogrammes par mètre cube de capacité utile.

Lorsque le four est peu volumineux, on profite de l'affaissement de la masse qui se produit après quelques jours de cuisson pour recharger jusqu'en haut.

La cuisson demande de 250 à 300 kilogrammes de combustible qui est du coke de gaz ou métallurgique, de la houille maigre, de l'anthracite, ou un mélange de ces matières.

Fours intermittents a séchoir. — Ces fours (fig. 49) appelés *fours Johnson*, ou *fours anglais*, présentent, comme nous l'avons dit, un progrès sur le four ordinaire, mais ont encore une plus grande masse de maçonnerie à chauffer.

Lors du chargement du four, on remplit les deux ou trois bassins de pâte liquide par les ouvertures ménagées dans l'épaisseur des voûtes. Pendant la cuisson, les gaz parcourent le canal dans le sens de la flèche, chauffant chaque couche par-dessus ou par-

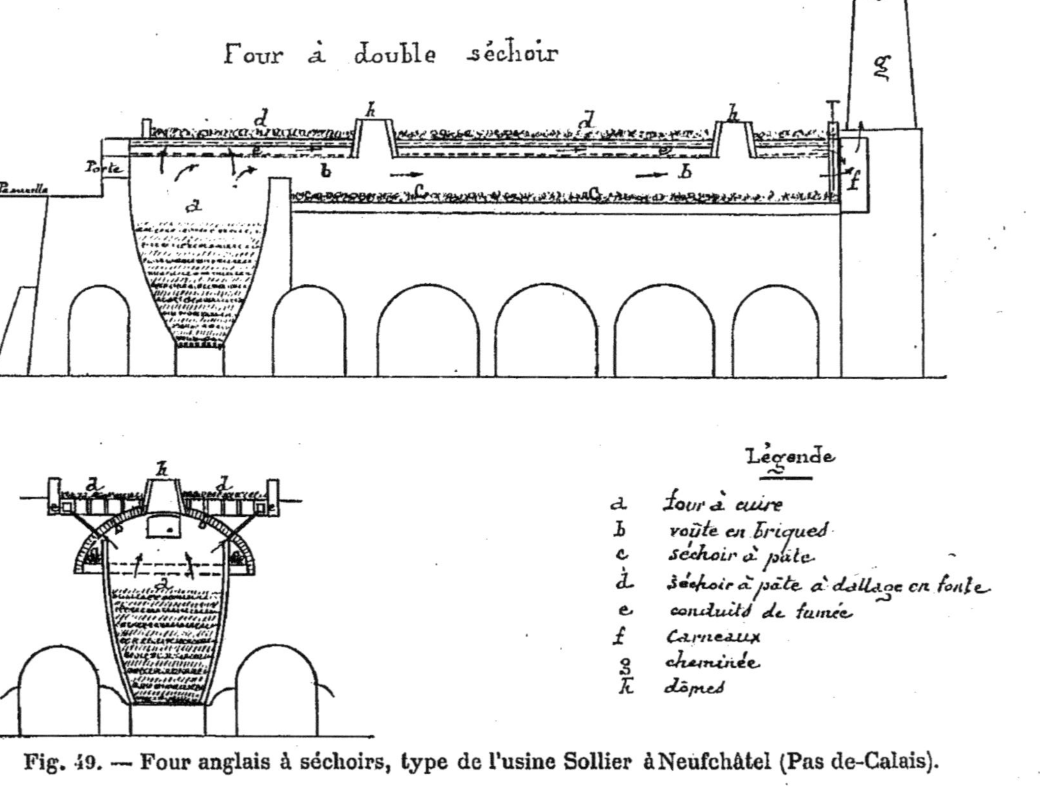

Fig. 49. — Four anglais à séchoirs, type de l'usine Sollier à Neufchâtel (Pas de-Calais).

dessous, avant de se rendre au carneau collecteur aboutissant à la cheminée qui dessert huit, dix et même douze fours.

Pour consommer le moins de charbon possible, on doit évidemment délayer les matières premières avec une faible proportion d'eau ; on peut, il est vrai, décanter une partie de l'eau dans les bassins de décantation, mais la première manière d'opérer est préférable.

On peut aussi avec ces fours dessécher la pâte molle des bassins de décantation, en la disposant sur les aires, mais alors toute l'économie du four, qui a justement pour but de supprimer la manipulation de la pâte dans le bassin de décantation est supprimée.

Dans certaines installations (fours-séchoirs Lavocat-Candlot) on augmente la hauteur des séchoirs, dans lesquels pour avoir une plus grande surface d'évaporation, on dispose dans l'intérieur une série d'étagères sur lesquelles on coule la pâte. Le séchoir est divisé en deux parties dans le sens de la longueur, avec à droite et à gauche les étagères, et entre elles, une voie de circulation pour les wagonnets servant à enlever la pâte desséchée et à apporter la pâte molle des bassins de décantation si l'on adopte cette manière d'opérer.

En général, ces fours demandent de 300 à 370 kilogrammes de combustible par tonne de ciment cuit.

Fours continus. — On délaisse maintenant, comme nous l'avons dit, et avec raison, de plus en plus les fours intermittents pour les fours continus qui, pour donner de bons résultats, ne demandent que des soins et de la surveillance, toutes choses faciles à obtenir dans une usine bien conduite.

Ces fours marchant, comme leur nom l'indique, continuellement, l'économie de main-d'œuvre et de charbon est très sensible. Si la marche méthodique est bien observée, en ayant soin de charger et décharger à intervalles très réguliers des proportions toujours les mêmes de pâte, de combustible et de roches, de déterminer par ventilation un tirage toujours identique qu'on vérifie à l'aide d'un indicateur de tirage, on a des bases sérieuses pour conduire le four en évitant les coups de feu, les collages et la production d'incuits. On pourrait même ajouter l'analyse des gaz d'échappement de chaque four, qui donnerait probablement une indication utile sur la régularité de la cuisson.

Lorsque la marche du four est régulière, les produits obtenus avec les fours continus sont plus beaux, plus homogènes et reviennent à meilleur compte que ceux donnés par les fours intermittents. Ils contiennent bien moins d'incuits, de surcuits, de roches rousses, par suite de la rapidité de la cuisson. De plus, les nouveaux produits sont beaucoup moins volumineux, ce qui sera appréciable au concassage.

Ce que nous disions à propos du four à chaux s'applique encore mieux aux fours à ciment : il est bien évident qu'en les rétrécissant dans le bas, les roches un peu pâteuses se colleront, tandis que si le four est en forme de tronc de cône, les roches trouvant de plus en plus de place devant elles, descendront sans se souder les unes aux autres. M. Gibbon est le premier qui vers 1875 ait appliqué la cuisson continue.

VENTILATEURS. — La ventilation des fours pour activer et régulariser le tirage commence seulement à entrer dans la pratique ; pourtant déjà en 1880, Lipowitz, dans son Traité de la fabrication du ciment, parle de l'installation d'un ventilateur due, d'après lui, à

M. Schiele, de Francfort-sur-le-Mein, donnant une économie de 30 à 50 p. 100 de combustible.

La soufflerie a l'avantage énorme de laisser le fabricant maître du tirage malgré les vents contraires, qui font qu'à certains moments les fours boudent, cuisant mal. De plus l'entraînement des gaz s'opérant facilement, la cuisson est plus rapide, et on est certain que tout le charbon est transformé en acide carbonique, et qu'on ne perd pas par la cheminée une grande partie du combustible sous forme d'oxyde de carbone.

FOUR DIETZ, DIT A ÉTAGES. — Ce four (fig. 50), dont l'apparition ne date que de 1884, est le premier four coulant continu qui ait donné de bons résultats.

Ce four est composé du four proprement dit « le creuset » surmonté d'un réchauffeur relié au creuset par un canal horizontal. Sous le creuset, qui est la partie de plein feu, le four forme ce qu'on appelle la *chambre de refroidissement*. Sur le réchauffeur est placée une cheminée. Ces fours sont généralement accouplés deux par deux.

Par une porte pratiquée dans la cheminée, on introduit la pâte qui se répand à l'intérieur du réchauffeur et du creuset dans lequel on ajoute le combustible en morceaux très petits. Lorsque le four est en marche, on tire les roches par en dessous, en écartant les barreaux de la grille. En descendant, les roches produisent un vide qu'on remplit en prenant à la pelle de la pâte dans le réchauffeur, qu'on jette dans le creuset avec le combustible.

Des ouvertures sont pratiquées dans le creuset et dans les chambres de refroidissement pour permettre de briser à coups de ringard les agglomérations de roches qui pourraient se former.

Ces fours sont excellents au point de vue de l'économie de charbon réalisée, mais la conduite en est très

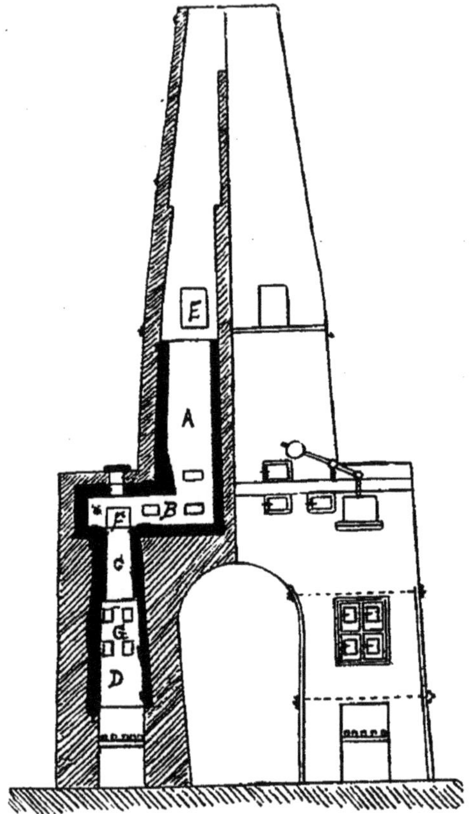

Fig. 50. — Four Dietz.

dure pour le personnel à cause de l'obligation de prendre à la pelle la pâte dans le réchauffeur.

Ce four exige des briquettes fort dures, aussi est-il nécessaire de produire des briques molles à 25 p. 100 d'eau, et de les dessécher ensuite, ce qui diminue d'autant l'économie de combustible faite sur la cuisson. On n'a pas encore réussi à les conduire avec des briquettes pressées à sec.

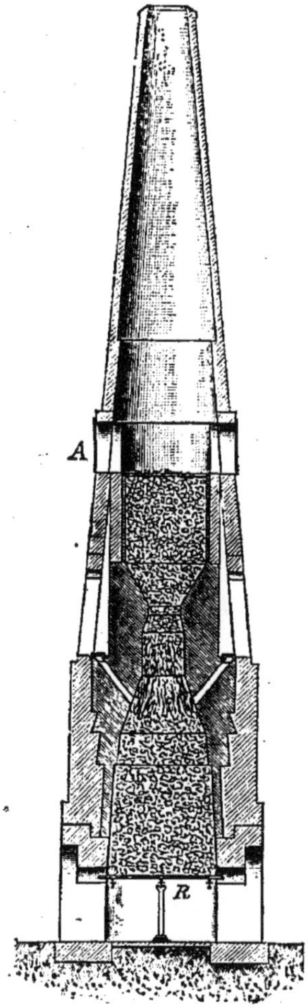

Un four double actionné par un ventilateur donne en moyenne 15 tonnes de roches par vingt-quatre heures. Dans certains cas, on peut, dit-on, abaisser la consommation de houille à 135 kilogrammes par tonne de ciment produit (houille à 6500 calories).

Ce four, dénommé *à étages* à cause de sa construction, est très probablement celui le plus employé en Allemagne.

Four Schöffer. — Comme on vient de le voir, la disposition particulière du réchauffeur dans le four Dietz oblige le personnel à un travail pénible. Le four Schöffer, dans lequel le réchauffeur est placé directement au-dessus du creuset, supprime cet inconvénient.

Fig. 51. — Four Schöffer.

Ce four (fig. 51) offre, dit-on, les avantages du four Dietz; quoique cela, il est loin d'être aussi employé que ce dernier.

On introduit la pâte et le combustible par de petites ouvertures pratiquées en A.

Le rendement, supérieur au four Dietz, serait de

15 tonnes par vingt-quatre heures avec une consommation de 130 kilogrammes de houille par tonne de ciment cuit.

Four Hauenschild. — Ce four (fig. 52) est basé sur une idée originale : l'inventeur s'est proposé et a su résoudre avec succès le problème d'empêcher le col-

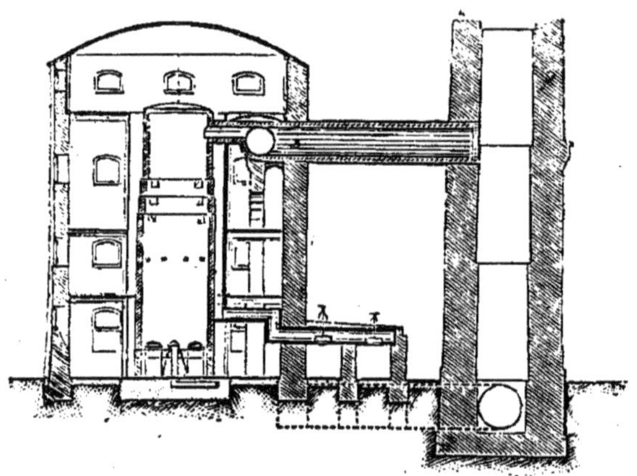

Fig. 52. — Four Hauenschild.

lage des roches contre la cheminée, en la refroidissant continuellement à l'aide d'un courant d'air. A environ 25 centimètres de la cheminée en briques réfractaires, se trouve une seconde enveloppe également en briques réfractaires protégeant l'enveloppe extérieure en tôle. Entre la cheminée et la seconde enveloppe on injecte un violent courant d'air qui, en refroidissant continuellement la cheminée, évite les collages.

Pour ce four il est préférable de cuire des briquettes.

Un four rend en moyenne 15 tonnes par vingt-quatre heures avec une consommation peu considérable de combustible.

Four Schneider. — Ce four très répandu est un perfectionnement du précédent. La figure 53 représente le dernier modèle de ce four.

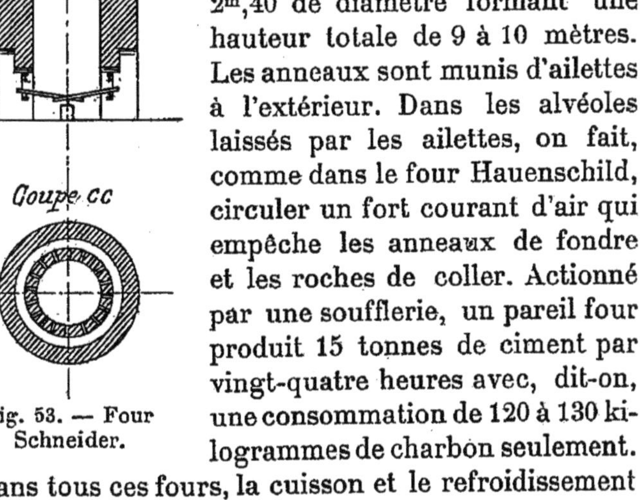

Fig. 53. — Four Schneider.

Four Gobbes (1) a alvéoles. — Dans ce four, l'inventeur s'est proposé d'éviter la formation d'oxyde de carbone, et de détourner l'acide carbonique formé dans la zone de cuisson, des parties supérieures de la charge disposée en colonnes verticales, dans des alvéoles entre lesquels sont disposés des récupérateurs.

Four Stein. — Ce four se compose d'une série d'anneaux en fonte de 0m,50 d'épaisseur et de 2m,40 de diamètre formant une hauteur totale de 9 à 10 mètres. Les anneaux sont munis d'ailettes à l'extérieur. Dans les alvéoles laissés par les ailettes, on fait, comme dans le four Hauenschild, circuler un fort courant d'air qui empêche les anneaux de fondre et les roches de coller. Actionné par une soufflerie, un pareil four produit 15 tonnes de ciment par vingt-quatre heures avec, dit-on, une consommation de 120 à 130 kilogrammes de charbon seulement.

Dans tous ces fours, la cuisson et le refroidissement sont rapides. C'est une erreur de croire qu'un refroidis-

(1) Ingénieur à Fumet (Belgique).

sement rapide réduit les roches en poussières. Il nous est arrivé de prélever dans le centre d'un four en pleine activité des morceaux bien cuits, en ignition complète,

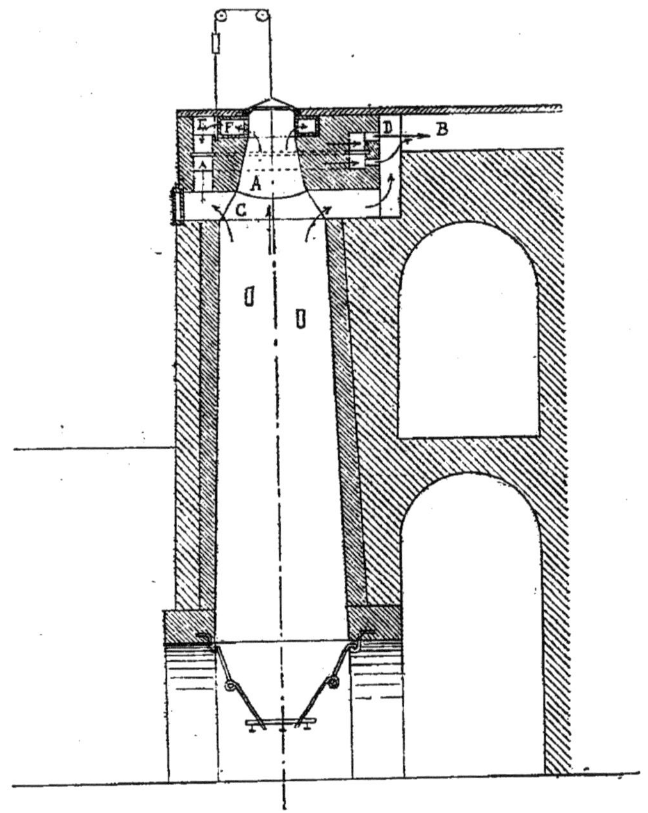

Fig. 54. — Four Bauchère (Voy. p. 210).

A, partie conique pour le chargement; C, passage des gaz; B, conduite transversale ; E, registre ; F, conduit recevant les gaz.

et de les refroidir en les mettant dans un tube en cuivre plongeant dans un mélange réfrigérant, sans que pour cela la roche fût modifiée en quoi que ce soit.

Four Bauchère. — Ce four continu, inventé par M. Bauchère, directeur technique de la Société des Ciments français, est maintenant uniquement employé dans les usines de la Société.

Il se compose (fig. 54) du four proprement dit, légèrement tronconique, surmonté d'une partie conique, par où on introduit la pâte sèche et le charbon.

Les gaz contenant de l'oxyde de carbone sont évacués par les conduits B et F, puis passent au-dessous des séchoirs, après s'être brûlés au contact de l'air chaud.

Four Hoffmann. — Ce four (fig. 55 et 56) est un four

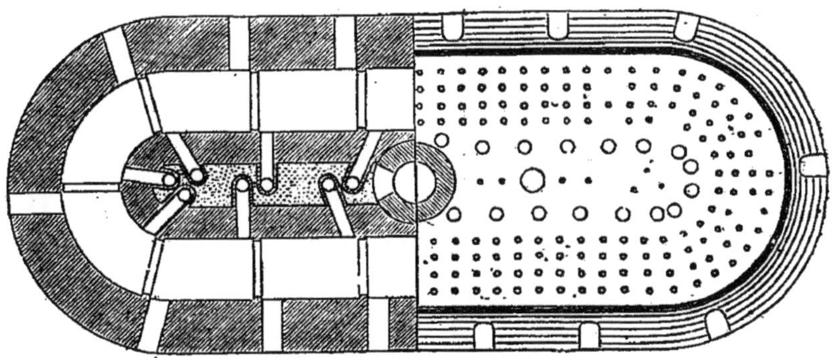

Fig. 55. — Four Hoffmann.

continu d'un genre tout particulier. Très employé pour la cuisson des briques, il a été appliqué à celle du ciment et de la chaux.

Ce four, qui, par la cuisson méthodique qu'il donne, réalise une économie de charbon sur les fours ordinaires (non continus), demande par contre une main-d'œuvre exagérée. Les briques doivent, en effet, être empilées à la main les unes sur les autres dans chaque chambre, en formant des colonnes, de manière à ménager entre elles des cheminées dans lesquelles on place le charbon nécessaire à la cuisson. Par suite de cette main-d'œuvre, ce four perd bien de ses avantages.

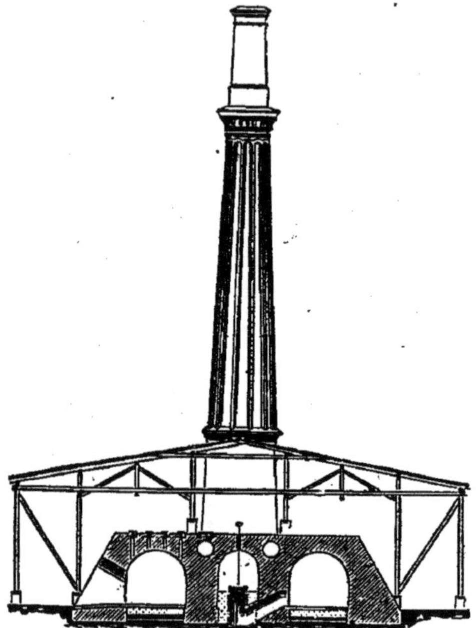

Fig. 56. — Four Hoffmann (Voy. p. 215).

Le four Hoffmann peut donner d'excellents résultats dans la cuisson des briques qui ne changent pas de volume, ne s'agglomèrent pas, et laissent parfaitement intactes les cheminées; dans la cuisson du ciment, il n'en est plus de même. Les différentes colonnes formées dans chaque chambre se soudent entre elles, formant parfois des agglomérations de roches assez considérables, qu'il est à peu près impossible de briser en ringardant par les ouvertures laissées libres pour le passage du combustible. Dans ces fours comme dans les fours ordinaires, il se forme des masses retenant des incuits, des surcuits, des roches rousses, etc. De plus ces fours exigent un tirage très fort et une cheminée d'une hauteur parfois très grande ; il est vrai qu'on peut remédier à cela par l'établissement d'un ventilateur. Bref, tous ces inconvénients compensent bien les avantages du four Hoffmann.

Ces fours sont circulaires ou formés de deux galeries assemblées par un demi-cercle, divisées en quinze à vingt compartiments communiquant chacun et séparément avec le dehors et avec un caniveau central qui aboutit à la cheminée.

Four Gobbe. — Le four Gobbe (fig. 57) est, comme le four Hoffmann, un four à chambres multiples, mais dans lequel les briquettes de ciment, au lieu d'être mélangées avec le combustible, sont cuites à l'aide des gaz dégagés par ce dernier. Il offre donc l'avantage d'une meilleure répartition de la chaleur.

Ce four encore récent utilisé en céramique a été jusqu'ici peu appliqué pour la cuisson du ciment. Il doit surtout trouver son application lorsqu'on a à sa disposition un mauvais charbon, ce qui a lieu à l'usine d'Oviedo en Espagne, où, d'après l'inventeur du four, on cuit le ciment artificiel avec un charbon contenant 35 p. 100 de cendres.

Nous empruntons au journal *la Revue technique* la description de ce four (1) :

Il se compose d'une batterie de chambres communiquant entre elles par des cheminées (1), logées

(1) *La Revue technique*, 10 janvier 1898.

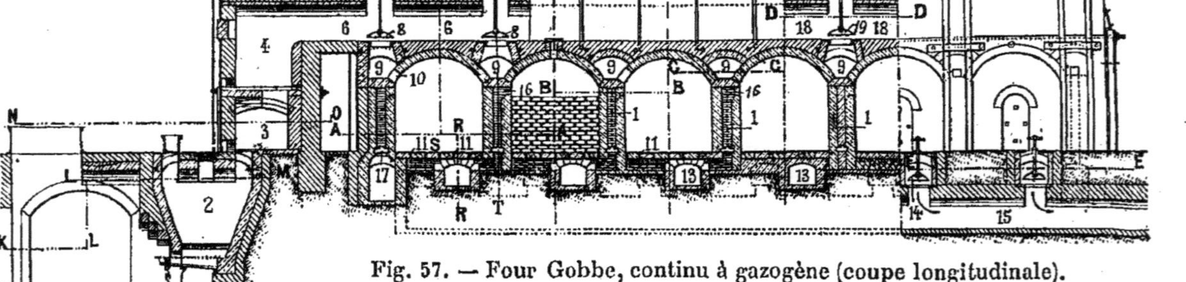

Fig. 57. — Four Gobbe, continu à gazogène (coupe longitudinale).

1, cheminée permettant de faire passer l'air chaud ou les produits de la combustion du bas d'une chambre quelconque au haut de la chambre suivante; 2, 2, gazogènes; 3, collecteur du gaz; 4, 5, colonnes verticales faisant suite au collecteur 3; 6, 7, conduits horizontaux de la distribution du gaz dans les chambres; 8, cloches permettant de mettre une chambre quelconque en communication avec le gaz; 9, conduits de gaz ou d'air chaud pour dessécher les produits humides; 10', bouches à gaz ou à air chaud placées à la naissance des voûtes-chambres; 11, petites ouvertures, en grand nombre, dans le pavement des chambres, par où sortent, soit les produits de la combustion du gaz, ou les fumées, ou l'air chaud après avoir traversé les chambres de haut en bas; 12, murs parallèles formant canaux permettant la communication de deux chambres voisines entre elles ou d'une chambre avec le conduit 10; 13, conduits des fumées vers la cheminée par le collecteur 15; 14, cloches à fumées; 15, collecteur des fumées aboutissant à la cheminée d'appel; 16, bouches servant : *a.* à faire passer les fumées d'une chambre dans la chambre voisine, ou *b.* à introduire de l'air très chaud, dans la chambre où se fait la cuisson, pour y brûler le gaz; 17, rainures longitudinales dans lesquelles on glisse un long registre en tôle permettant de séparer une chambre quelconque de sa voisine; 18, collecteur à air chaud passant sur toutes les chambres et servant à faire communiquer entre elles deux chambres quelconques; 19, cloches amenant dans le collecteur 18, une partie d'air chaud qu'on dirige par le conduit 9 et la bouche 10 correspondants, dans la dernière chambre enfournée, afin d'y dessécher les produits humides. — N. B. Les chambres de cuisson des produits, au nombre de 12, sont numérotées de 1 à 12, en chiffres gras.

dans les murs qui séparent les chambres, et ayant pour but de laisser passer l'air chaud ou les produits de la combustion du bas de la chambre vers le haut de la chambre suivante.

Le gaz est produit dans les gazogènes (2) d'où il passe successivement dans le collecteur (3), les colonnes verticales (4) et les conduits horizontaux de distribution (5).

Des cloches (8) permettent de mettre l'une quelconque des chambres en communication avec le gaz. Lorsque la cloche (8) est ouverte, le gaz passe par le conduit (9) pour entrer dans la chambre par une série de bouches (10) placées à la naissance de la voûte.

Le pavement des chambres est percé d'un grand nombre de petites ouvertures (11) et repose sur des murs parallèles formant conduits, qui permettent de faire communiquer les ouvertures (11) soit avec la cheminée par les conduits (13), les cloches (14) et le collecteur de fumées (15), soit avec la chambre voisine par les petites cheminées et les bouches (16) situées en haut de chacune de ces cheminées.

Une rainure longitudinale (17), ménagée en bas des cheminées (1), permet de séparer chaque chambre de sa voisine à l'aide d'un long registre en tôle qu'on glisse dans cette rainure.

Enfin un collecteur (18) passe sur toutes les chambres et sert à faire communiquer entre elles deux chambres quelconques en ouvrant simplement les cloches (19) correspondant à ces chambres. Ce collecteur (18) permet de transporter dans la dernière chambre enfournée une certaine quantité d'air chaud ayant léché les produits cuits, afin d'achever la dessiccation des briquettes avant d'y admettre les produits de la combustion.

Tous les fours continus que nous venons de décrire peuvent être installés de telle façon, que les gaz chauds, au lieu de se rendre directement à la cheminée, traversent des chambres dans lesquelles on empile les briques ou étale la pâte; on peut aussi leur faire traverser un tunnel-séchoir contenant des vagonnets remplis de briquettes.

On utilise également les fours Hoffmann comme séchoirs en les enfermant dans un bâtiment, dans lequel on dispose une série d'étagères recevant les briquettes à sécher (fig. 56, p. 211).

En dehors de ces fours, il existe d'autres modèles dont le four Emele, employé en Autriche, le four Liban, employé dans le même pays et en Russie, le four Candlot dont un certain nombre d'installations ont déjà été faites. Dans tous ces fours, la cuisson et le refroidissement sont rapides.

Fours rotatifs. — M. Ransomme, le premier, installa vers 1885 un de ces fours en Angleterre. Les premiers essais n'eurent pas grand succès.

La question fut étudiée à nouveau surtout aux États-Unis où la suppression de la main-d'œuvre est de toute importance. Plusieurs modèles de four furent installés : les fours Wama en 1892, Giron 1893, Stockes 1893, puis le four Hurry et Seaman 1895, le four Navarro, etc.

Au début, tous ces fours présentaient de sérieux inconvénients. Les brûleurs à charbon ou à pétrole demandaient d'incessantes réparations; la cheminée du four se détériorait; les granules très chauds se refroidissaient lentement, aussi était-on obligé de les répandre sur le sol et de les retourner à la pelle, ce qui augmentait la main-d'œuvre dont la suppression était justement l'objet de ce four ; de plus, la consommation de charbon ou de pétrole était fort élevée : 300 à 400 kilogrammes de charbon par tonne.

Actuellement, ce système est assez perfectionné pour mériter qu'on l'examine de près.

L'emploi de ces fours permet de supprimer des phases entières de la fabrication, aussi bien dans les usines fabriquant le ciment par les procédés humides, que dans celles le fabriquant par la voie sèche.

Dans la première catégorie de ces usines, on pompe la pâte des bassins de dosage directement dans les fours rotatifs et on évite ainsi le travail et la main-d'œuvre dans les bassins de décantation ainsi que le séchage.

Dans les usines travaillant par les procédés secs, on supprime le briquetage, le séchage des briques, leur manutention, en introduisant directement le ciment cru, sous forme de poudre, dans les fours tournants.

On supprime également, dans les deux cas, les manutentions d'enfournement ou de défournement, si coûteuses dans les fours ordinaires ou continus.

D'un autre côté, la consommation en combustible est plus grande dans le four rotatif que dans les autres fours, et il est nécessaire de réduire le combustible en poussier fin. Néanmoins, dans ces dernières années, les fours rotatifs ont été notablement perfectionnés et on commence, en Europe, à se servir de ces appareils. Il est possible que ces fours arrivent, peu à peu, à remplacer les anciens modes de fabrication, comme cela est accompli, aujourd'hui, aux États-Unis.

En France, une usine travaillant avec trois fours rotatifs est déjà en marche dans les environs de Lille.

Fours Davidsen. — Nous donnons ci-après la description d'une usine semblable installée par la maison Schmidt et Cie :

L'usine, représentée en plan (fig. 58, p. 218 et 219) et en coupe (fig. 59, 60, 61, p. 221 et suiv.), emploie comme matières premières des argiles et des craies qui sont traitées par le procédé demi-humide; elle est établie pour une production annuelle de 25 à 30 000 tonnes.

Les matières premières arrivant des carrières sont pesées dans la proportion voulue sur la bascule à wagonnet *a*, sont versées dans le délayeur *b*, et la quantité d'eau nécessaire au délayage est, en même e m s a utée par le vase mesureur *c*. Cette disposiion a été adoptée pour travailler avec une pâte aussi épaisse que possible, donnant le minimum d'eau à évaporer.

Le travail avec une pâte épaisse est facilité par l'emploi du tube broyeur dans lequel la pâte épaisse est rendue homogène, sans ajouter un excès d'eau.

Du délayeur *b*, la pâte coule dans un bassin épierreur *d*, d'où elle est refoulée dans le tube broyeur par des pompes *e*. Elle sort homogénéisée, en pâte finie, et se rend ensuite dans le réservoir *g*, muni d'agitateurs.

Comme on le voit, cette usine n'a pas de bassins de dosage.

Cette disposition n'est convenable que lorsque les matières premières le permettent. Si les matières premières sont de composition chimique assez variable, on ajoute d'autres bassins pour la correction.

Par les pompes *h*, la pâte est refoulée du bassin *g*

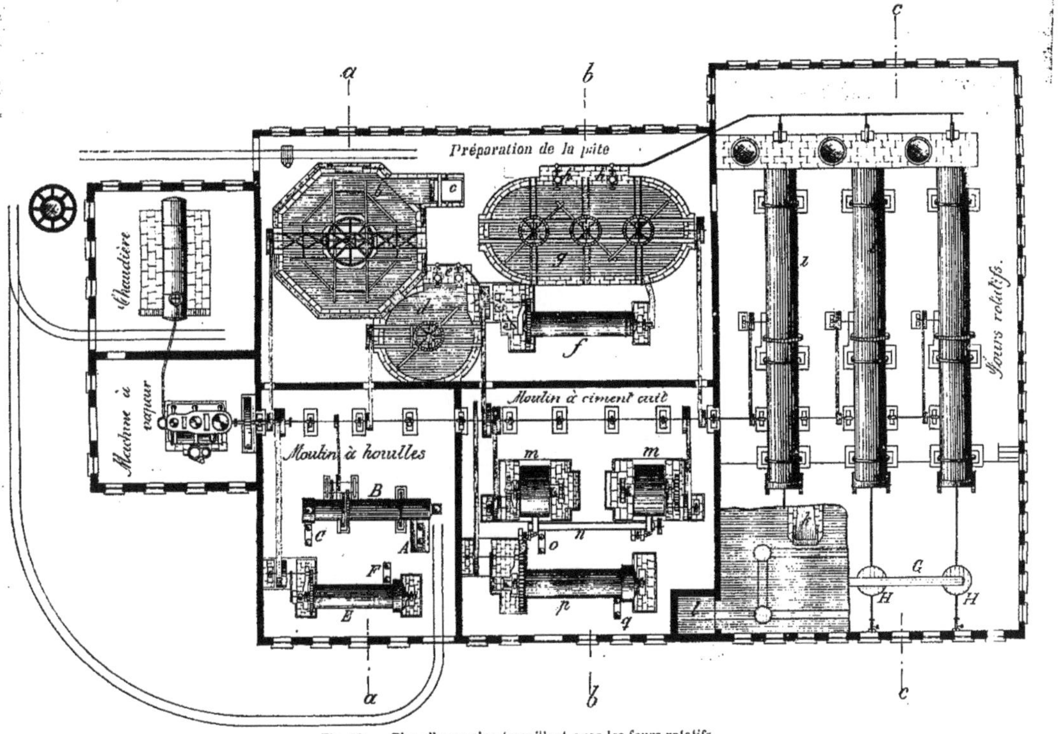

Fig. 58. — Plan d'une usine travaillant avec les fours rotatifs.

aux trois fours rotatifs *i*. Ces fours sont posés un peu en pente et tournent lentement autour de leur axe. Le combustible y est insufflé sous forme de poudre de charbon, par l'insuffleur *K*. (Voy. coupe *cc*, p. 223.) En avançant lentement dans le four rotatif, et en sens inverse des gaz de combustion, la pâte est d'abord séchée, puis cuite peu à peu, jusqu'au moment où elle arrive dans le voisinage immédiat d'un grand chalumeau où la cuisson est achevée.

Les roches incandescentes, qui sont généralement de la grosseur d'une noisette à une noix, tombent sur le refroidisseur *k*.

Ce refroidisseur se compose d'une série de marches d'escalier à jour, sur lesquelles les roches tombent successivement, pendant qu'un courant d'air froid les traverse et leur emprunte la plus grande partie de leur chaleur. L'air ainsi surchauffé est ensuite employé pour injecter le charbon en poudre dans le four.

Les roches tombent du refroidisseur dans des wagonnets placés au-dessous.

Dans certains cas spéciaux, on peut installer des tubes tournants pour refroidir les roches ; mais ces appareils exigent que les fours soient placés à une élévation assez considérable.

Les wagonnets de roches cuites sont élevés par le monte-charge *l*, au 1er étage du moulin à ciment cuit. Ici, les roches sont versées dans les trémies des moulins à boulets frappeurs *m*, système Davidsen, qui les réduisent à la finesse du tamis n° 20. Cette poudre grossière est transportée par l'hélice *n* et la chaîne à godets *o*, dans le tube broyeur *p* qui la réduit, directement, sans blutage, à la finesse voulue.

Du tube broyeur, le ciment fini tombe dans l'éléva-

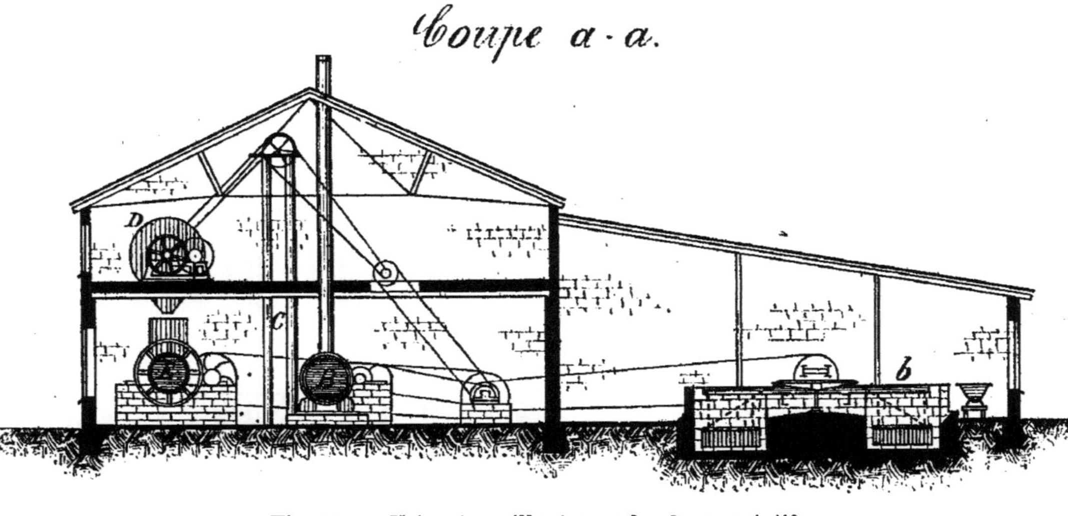

Fig. 59. — Usine travaillant avec les fours rotatifs.

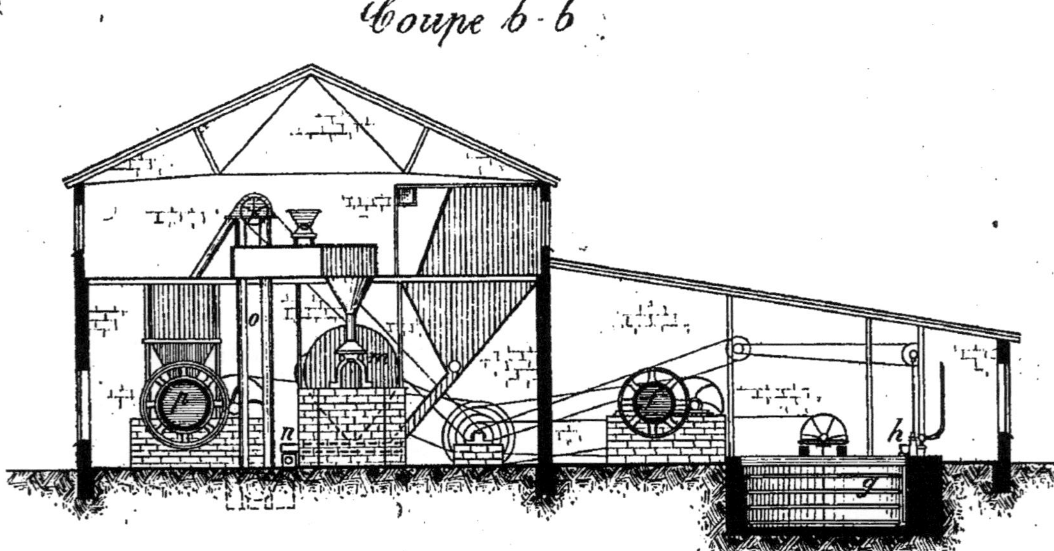

Fig. 60. — Usine travaillant avec des fours rotatifs.

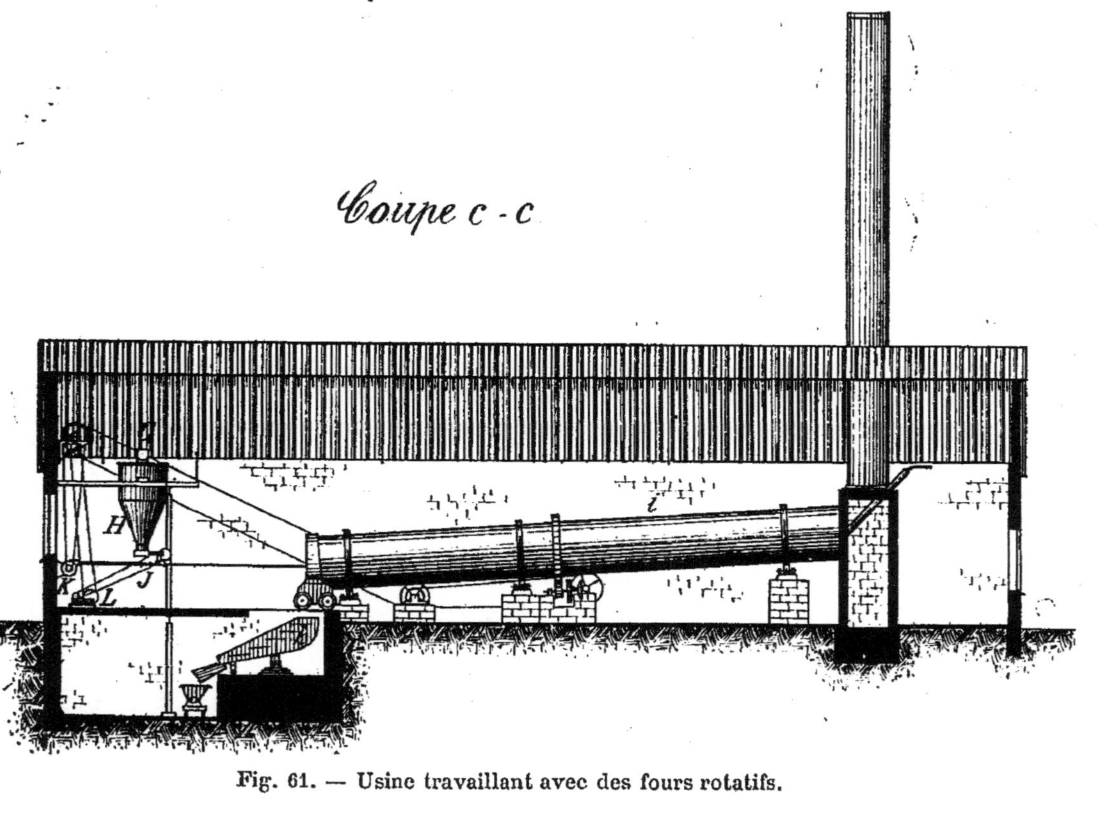

Fig. 61. — Usine travaillant avec des fours rotatifs.

teur q, et est amené aux silos à ciment qui ne sont pas montrés sur le plan.

A côté du moulin à ciment cuit, se trouve l'atelier

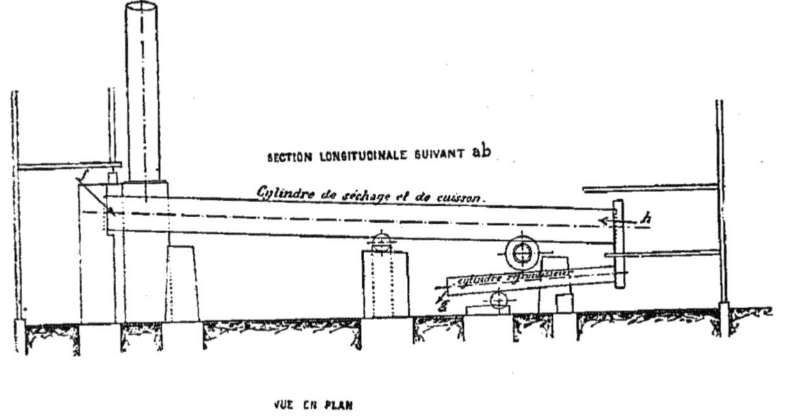

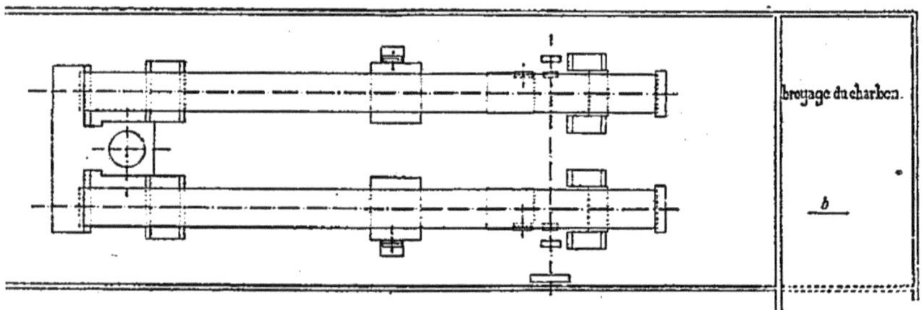

Fig. 62. — Four tournant (Ziegler-Fellner, voie humide).

de broyage du charbon pour fours rotatifs. Cet atelier comporte l'outillage suivant : un séchoir à charbon B, un tube broyeur Davidsen D, spécialement construit pour le broyage impalpable du charbon, ainsi que les élévateurs et hélices nécessaires pour transporter le charbon en poudre aux trémies H, d'où l'alimenteur I le sort au fur et à mesure du besoin des fours.

Des régulateurs de vitesse L se trouvent sur tous les points principaux et permettent au conducteur des fours, en tirant sur des poignées disposées à sa portée, de régler à volonté l'allure de ces fours.

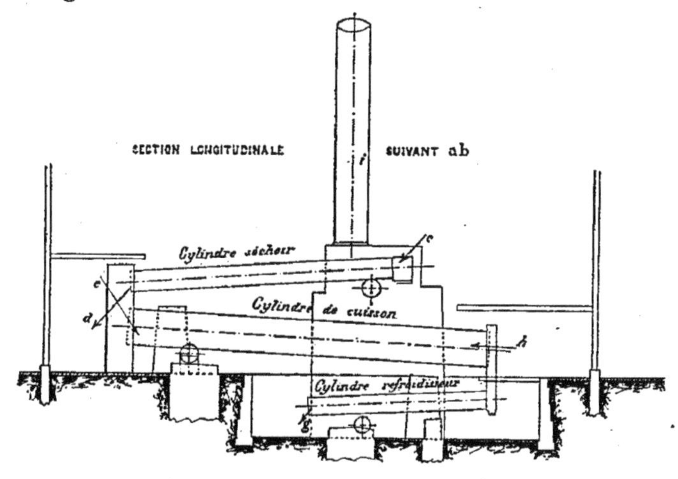

Fig. 63. — Four tournant (Ziegler-Fellner, voie sèche).

Le système dit « bibroyage », adopté dans cette usine, pour la pulvérisation du ciment et du charbon, exclut toute poussière.

La force motrice demandée par cette installation

est produite par une machine à vapeur du système « pilon », à triple expansion, accouplée directement sur la transmission principale, pour éviter les notables pertes de force occasionnées par la transmission de la force de la machine à l'arbre principal de transmission au moyen d'engrenages, courroies ou câbles.

L'inspection du plan que nous avons donné page 218 et 219 permet de se rendre compte aisément du peu d'emplacement qu'occupe une usine ainsi conçue, en comparaison avec les usines travaillant d'après les anciens procédés.

Four Ziegler-Fellner. — Le four rotatif Ziegler-Fellner est employé en Allemagne dans plusieurs usines, dont celle de Hemmor.

Les figures 62 et 63, que nous devons à l'obligeance de M. Cornez, ingénieur à Bruxelles, montrent l'installation de ce système de cuisson.

Ces fours sont construits pour travailler par voie, sèche ou par voie humide. Dans le premier cas, le four comporte un tambour-séchoir, un cylindre cuiseur et un tambour refroidisseur. Dans le second cas, le séchoir est supprimé et le cuiseur est allongé en conséquence.

Dans les deux modes de travail, le chauffage se fait au moyen de poussière de charbon insufflée dans le four par un ventilateur qui aspire l'air chaud du tambour refroidisseur. Cette disposition, qui permet d'obtenir des klinkers (petites roches de ciment) absolument froids, est certainement très avantageuse. La disposition ci-dessous du four permet d'employer la totalité du combustible, car l'air chaud provenant du refroidissement des klinkers est utilisé, et les gaz perdus du four sont employés au séchage des matières brutes ou de la pâte suivant le mode de travail adopté. Dans la méthode par voie humide, les gaz venant de la zone ardente située à l'extrémité du cylindre cuiseur se refroidissent jusqu'à 200 degrés en séchant la pâte, et suffisent encore pour assurer le tirage de la cheminée; si le four travaille par voie sèche, les gaz perdus du cylindre cuiseur sont employés pour le chauffage du tambour-séchoir.

Le cylindre cuiseur est garni intérieurement d'un revêtement réfractaire qui doit être renouvelé environ tous les cinq mois sur une longueur de 4 mètres, c'est-à-dire simplement dans la zone ardente de cuisson. L'autre partie du revêtement est d'une durée extrêmement longue.

L'arrivée du poussier de charbon et de l'air nécessaire à la combustion étant réglable à volonté, il en résulte que la cuisson peut être facilement réglée à n'importe quel moment. Des ouvertures spéciales permettent, du reste, de surveiller le travail de cuisson.

Four Candlot. — Le four rotatif Candlot, construit par la Société française de constructions mécaniques (anciens établissements Cail), se compose d'un cylindre de 18 mètres de longueur sur 1m,60 de diamètre, en tôle, garni à l'intérieur d'une chemise réfractaire. Le four, tournant sur des galets à raison de un demi à deux tours par minute, est incliné à 41 millimètres par mètre.

La pâte argilo-calcaire arrive à la partie supérieure et traverse le four en sens contraire des gaz chauds produits par la combustion de charbon pulvérisé donnant une température d'environ 1 600°.

La calcination dure environ trois heures; le débit

d'un pareil four est de 1 500 kilogrammes à l'heure.

Le rendement des fours tournants dépend essentiellement des qualités de la matière brute et du combustible employés. Il varie de 30 à 50 tonnes par vingt-quatre heures. La consommation de charbon est de 25 à 30 p. 100 du ciment produit, c'est-à-dire de 250 à 300 kilogrammes par tonne, suivant que l'on travaille par voie sèche ou par voie humide. Dans ce dernier cas, il faut remarquer qu'on envoie directement au four la pâte contenant de 45 à 50 p. 100 d'eau ; par conséquent cette consommation de 30 p. 100 comprend donc également le charbon nécessaire au séchage de la pâte.

De même dans la méthode par voie sèche, le charbon nécessaire au séchage des matières brutes est compris dans le chiffre de 25 p. 100, car le tambour-séchoir emploie, comme nous l'avons déjà dit, les gaz perdus du four.

L'avantage le plus marquant de ce système de four est l'économie considérable de main-d'œuvre qu'il procure, qui est ramenée à sa plus simple expression. L'alimentation de la matière brute et du combustible se fait automatiquement ; il en est de même de la sortie des klinkers. Un seul ouvrier est donc suffisant pour surveiller la cuisson, et, comme on alimente avec de la poudre ou de la pâte suivant le cas, on économise le briquetage et la manipulation des pâtes. Ces fours, relativement à leur production, demandent moins d'emplacement que les autres, et peuvent utiliser les résidus de pétrole.

Une économie qui résulte de l'emploi de ce four est la suppression du concassage. Les klinkers (roches) sont en effet des granules variant de la grosseur de la tête d'une épingle à celle d'une noix.

En opérant sur 1 kilogramme de klinkers non choisis, nous avons eu :

Poids de klinkers traversant le tamis de	30 mm. de diam. et restant sur celui de	20 mm.	13 gr.
	20 — —	10 —	108 gr.
	10 — —	5 —	575 gr.
	5 — —	» —	304 gr.

Ce système de four supprime également le triage ; cette opération serait d'abord matériellement à peu près impossible, et ensuite, les klinkers subissent à peu près tous le même degré de cuisson.

Essais de ciment de four rotatif. — Un lot de plusieurs tonnes de pâte à ciment provenant de la région du Boulonnais, cuite dans un four rotatif, nous a donné les résistances ci-après :

Temps écoulé depuis le gachage.		Gachage eau de mer. Ciment pur.	Mortier sec 1 : 3	Mortier plastique 1 : 1	Mortier plastique 1 : 3	Gachage eau douce. Ciment pur.	Mortier sec 1 : 3	Mortier plastique 1 : 1	Mortier plastique 1 : 3
1 sem.	1er échantillon..	30,5	11,6	20,6	9,1	25,3	9,5	18,1	5,1
	2e échantillon (1).	35,0	13,1	24,6	10,6	32,5	14,5	26,5	12,5
	Moyennes (2)...	»	16,0	24,0	12,0	31,0	14,0	24,0	11,0
4 sem.	1er échantillon..	48,3	18,1	31,0	13,8	39,1	17,1	33,5	10,4
	2e échantillon...	51,5	18,8	33,6	15,3	42,3	22,5	36,6	16,5
	Moyennes (2)...	»	21,0	32,0	15,0	43,0	21,0	35,0	16,0
12 sem.	1er échantillon..	42,0	23,6	35,8	18,0	47,8	26,6	42,1	21,0
	2e échantillon...	31,1	25,0	37,3	19,6	49,8	31,1	44,6	24,8
	Moyennes (2)...	»	30,0	35,0	20,0	48,0	27,5	41,0	21,0
6 mois.	1er échantillon..	»	»	38,3	21,3	»	»	44,8	25,8
	2e échantillon...	»	»	42,0	22,0	»	»	46,1	27,1
	Moyennes (2)...	»	»	40,0	23,0	»	»	47,0	25,0

(1) Ce ciment est le même que le premier, mais a été additionné de 1 p. 100 de plâtre après cuisson.
(2) Moyennes données par les ciments administratifs fournis par cette usine. Ces ciments sont additionnés d'un peu de plâtre.

On voit, que pris dans leur ensemble, les résultats donnés par le ciment produit dans le four tournant, *ciment tout venant*, sont aussi bons que ceux fournis par les ciments administratifs de cette usine, c'est-à-dire de toute première qualité.

Addition de sciure de bois et d'ocre. — Pour activer la cuisson, et diminuer la proportion de charbon, on ajoute parfois à la pâte une certaine proportion de sciure de bois (10 p. 100 environ).

On a également essayé d'ajouter de l'oxyde de fer sous forme d'ocre. Cet oxyde étant, comme nous l'avons dit, un excellent fondant, cette addition a pour but d'activer les combinaisons chimiques. Ces procédés sont peu employés.

Triage des roches. — Suivant la marche de la cuisson dans les fours, on peut avoir :

1° *Incuits jaunes.* — Roches légères, jaunâtres, spongieuses, dont la cuisson a été juste assez poussée pour amener une décarbonatation plus ou moins complète. Ces roches contiennent, par conséquent, plus ou moins de carbonate de chaux, de la chaux libre (CaO), soluble dans l'eau sucrée, provenant de la décomposition du carbonate, des silicates et des aluminates bicalciques. Ces roches, laissées au contact de l'atmosphère, tombent peu à peu en poussière, par suite de l'hydratation et de l'extinction de la chaux libre. Introduites dans le ciment marchand, suffisamment éteintes pour ne donner aucun gonflement à l'essai à l'eau chaude, elles fournissent un appoint de médiocre valeur.

Généralement on replace ces roches dans le four, soit directement, soit en les ajoutant à la pâte, lorsqu'on utilise des briquettes.

2° *Incuits gris.* — Roches plus lourdes que les précédentes, ne contenant ni acide carbonique, ni chaux soluble dans l'eau sucrée en proportion anormale. Au point de vue chimique il y a peut-être fort peu de différence entre les roches grises et les roches noires. Au point de vue physique ces roches sont moins lourdes, moins compactes. Au point de vue de la valeur du ciment elles donnent des résistances inférieures à celles données par les roches noires. Mélangées à ces dernières, elles forment un excellent ciment marchand.

3° *Roches noires.* — Ces roches, qui constituent la bonne roche, doivent former la grande majorité si la cuisson a été bien conduite. Lourdes, compactes, noires ou verdâtres, ces roches triées forment la qualité dite *administrative.*

4° *Roches rousses.* — Ces roches, de couleur chocolat, se rencontrent plus ou moins fréquemment ; on doit les rejeter impitoyablement et ne les employer que lorsqu'elles sont complètement éteintes après une exposition à l'air libre. Ces roches, heureusement fort rares, forment un ciment se désagrégeant même dans l'eau froide. Elles contiennent, comme nous l'avons démontré (1), une grande quantité de chaux (CaO) libre, ne s'éteignant que lentement.

5° *Surcuits.* — Roches lourdes, d'apparence vitreuse, provenant d'une cuisson trop poussée ou de l'action des cendres du combustible. Ces roches ne sont pas nuisibles, mais de qualité hydraulique fort médiocre.

6° *Poussières jaunes.* — Ces poussières proviennent de la pulvérisation des incuits jaunes ; on doit les

(1) E. Leduc, *Note sur la dissociation des produits hydrauliques.* Congrès de Budapest, 1901.

soumettre à une nouvelle cuisson en les réincorporant à la pâte.

7° *Poussières bleues.* — Ces poussières bleues et grises sont lourdes. Elles se présentent parfois en proportion notable.

On croit souvent qu'elles proviennent d'un refroidissement brusque des roches, ce qui n'est pas, car nous avons vu plus haut qu'on pouvait prélever des roches en ignition complète et les refroidir brusquement sans leur faire subir aucun changement. On a également expliqué leur formation par la présence du silicate dicalcique. Nous ne pensons pas que cette explication soit suffisante à elle seule, car si cette poussière est plus siliceuse que le ciment, l'excès de silice doit beaucoup plus provenir des cendres du combustible que d'une formation chimique particulière; en effet, la pâte a la même composition, et pour former du silicate dicalcique il faut évidemment plus de silice; si cette silice provenait de l'action des cendres, ce silicate dicalcique, qui préparé au laboratoire se pulvérise spontanément dans certains cas, ne pourrait se produire qu'à la surface. Pour notre part nous ne nous expliquons pas très bien leur formation.

Ces poussières sont ajoutées aux bonnes roches.

Le triage consiste à retirer les roches à la main, et à les placer par lots suivant la qualité que l'on donne.

Après avoir été mises en tas, on les arrose légèrement pour éteindre la petite quantité de chaux libre qui peut rester, et hydrater quelque peu les aluminates pour obtenir une prise lente.

Aussi onéreuse que soit l'opération du tirage, il est impossible de la supprimer avec les fours ordinaires; mais il ne faut pas croire pour cela que seul le ciment dit *administratif* est de bonne qualité. Nous ne sommes même pas éloigné de croire que pour les travaux à la

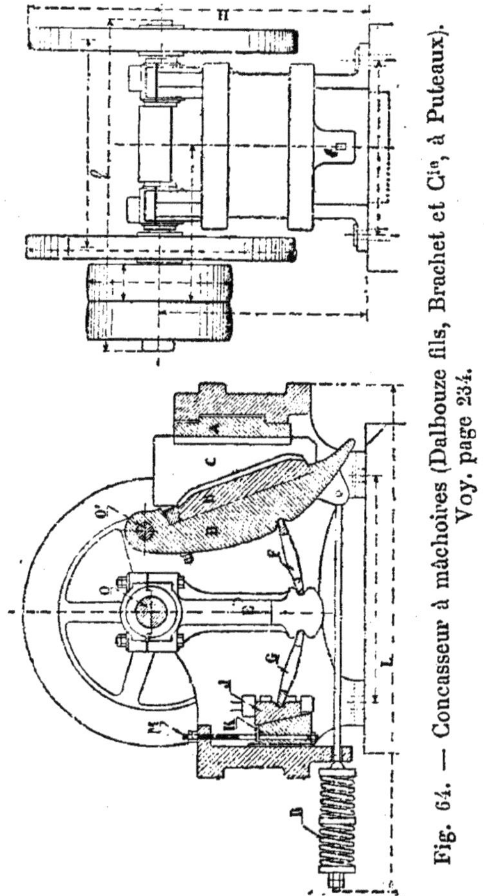

Fig. 64. — Concasseur à mâchoires (Dalbouze fils, Brachet et Cie, à Puteaux). Voy. page 234.

mer l'emploi d'un bon ciment tout venant ne soit préférable à celui d'un ciment provenant de roches pures, sans addition de poussières.

Pulvérisation.— Comme il est impossible de broyer à la finesse voulue, et avec économie, des roches parfois plus grosses que les deux poings, on peut diviser la pulvérisation en trois phases : 1° le concassage ; 2° la granulation ou préparation ; 3° le finissage. Certains appareils, comme les broyeurs à boulets (Schmidt, Krupp, etc.), peuvent produire de la farine avec de gros morceaux, mais il convient néanmoins de faire travailler les appareils pour l'usage auxquels ils ont été destinés.

Concassage. — Avant d'être réduites en farine et même en grains, les roches sont fragmentées dans des concasseurs. Primitivement on concassait à la massette.

Concasseur Blacke. — Le plus employé est le concasseur *Blacke* (fig. 64 et 65, p. 233 et 235), du nom de son inventeur, appelé aussi concasseur *à mâchoires.*

L'appareil se compose essentiellement de deux mâchoires dentées ou lisses en fonte durcie coulée en coquille. La mâchoire A est fixée contre la paroi du bâti. La mâchoire B est placée sur le porte-mâchoires D qui oscille autour de son axe O'. O est l'arbre de commande à excentrique. Le mouvement oscillatoire est transmis par l'intermédiaire de la bielle d'excentrique E et du levier brisé FG, s'appliquant sur les coins J et K et sur le porte-mâchoires D lié à la bielle E par le ressort à boudin R. Le coin K se relevant ou s'abaissant à volonté à l'aide du boulon M on peut faire varier l'ouverture laissée entre l'extrémité inférieure et la plaque B à la plaque A.

Ce concasseur permet de fragmenter en morceaux de 25 à 70 millimètres. A l'écartement de 50 millimètres, un appareil demandant 10 à 13 chevaux peut produire à l'heure 10 à 12 tonnes.

Ce concasseur a l'avantage d'être d'un montage simple et rustique.

Concasseur Gates. — Le concasseur Gates est une

Fig. 65. — Concasseur à mâchoires. Ch. Morel, à Domène (Isère).

modification du précédent. Il se compose d'un cône cannelé monté sur un axe articulé qui le fait s'approcher et s'éloigner de l'enveloppe fixe dans laquelle le cône est placé. Les roches sont broyées entre le cône de broyage et l'enveloppe.

GRANULATION. — Comme il y a intérêt à ne pas envoyer aux broyeurs des morceaux trop gros, les morceaux concassés passent ensuite dans des granulateurs préparatoires.

CONCASSEUR-GRANULATEUR. — Le concasseur Blacke a

Fig. 66. — Broyeur Moustier (Négrel-Martini, à Roquevaire).

été modifié dans ce sens par la maison Dalbouze pour permettre d'obtenir des morceaux de 8 à 30 milli-

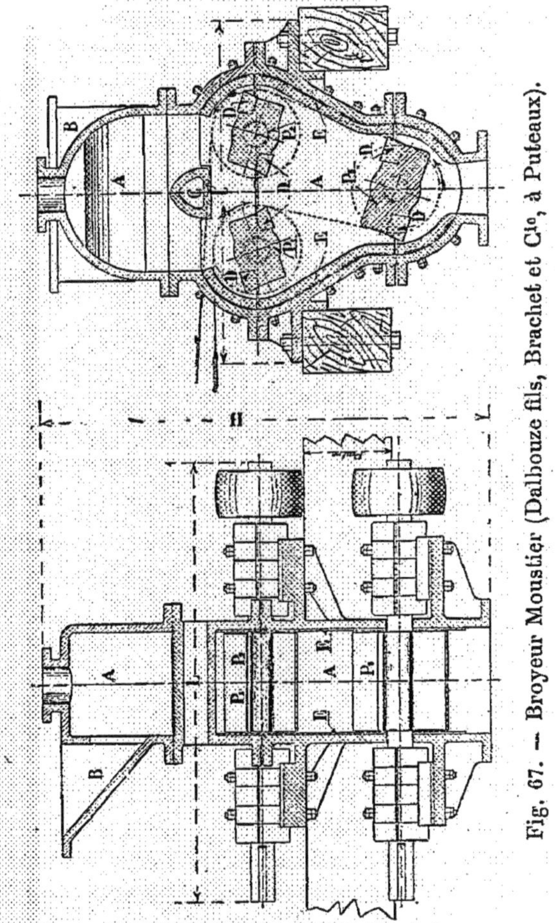

Fig. 67. — Broyeur Moustier (Dalbouze fils, Brachet et Cie, à Puteaux).

mètres. Les morceaux tombent des mâchoires, tout simplement entre deux cylindres à écartement réglable.

Broyeur Moustier. — Ce broyeur (fig. 66, 67 et 68) est basé sur un principe nouveau. Alors que, dans les autres systèmes, la pulvérisation a lieu par chocs, ou la compression du produit sur une matière dure, dans

Fig. 68. — Broyeur Moustier (Dalbouze fils, Brachet et Cie).

ce broyeur la pulvérisation a lieu par la projection des matières sur elles-mêmes.

Il se compose essentiellement d'une chambre en métal très dur A, garnie ou non de cannelures à l'intérieur. Les matières sont introduites par la trémie B à l'aide du distributeur constitué par une simple sole tournante. Les morceaux sont répartis par la pièce de distribution C et tombent sur les palettes P^1 et P^2 qui en les projectant l'une sur l'autre les réduisent en frag-

Fig. 69. — Moulins à cylindres concasseurs (G. Luther).

Fig. 70. — Broyeur Schmidt à boulets frappeurs.

ments. Les menus morceaux tombent sur la troisième

palette P^3 qui les ramène dans la zone de broyage. Les matières évacuées par en dessous peuvent tomber

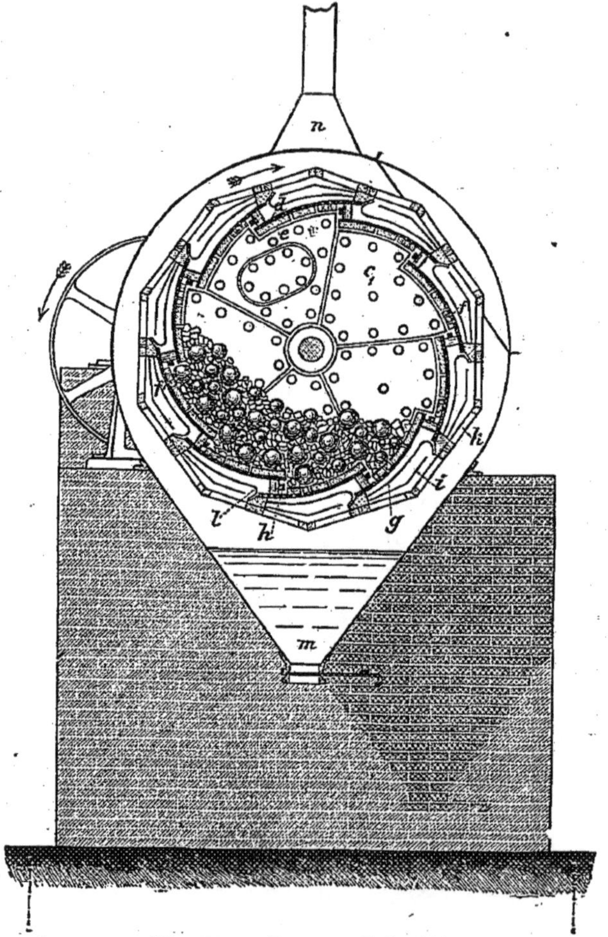

Fig. 71. — Broyeur Schmidt.

dans un blutoir à larges mailles, et les refus être ramenés dans la chambre ou sur la sole distributrice.

Cylindres-lamineurs. — Ces appareils maintenant peu employés se composent de deux ou plusieurs paires de cylindres unis ou cannelés, plus ou moins écartés, entre lesquels passent les roches concassées. Un des cylindres est fixe, l'autre s'appuie sur deux ressorts à boudins qui permettent au cylindre de s'écarter si un corps trop résistant vient à se présenter. Il existe plusieurs systèmes fabriqués par les maisons Nagel et Kaemp, Krupp, Luther (fig. 69, p. 239).

Broyeur Schmidt. — Cet appareil (fig. 70 et 71, p. 239 et 240), dit *à boulets frappeurs*, se compose d'un tambour, dont l'intérieur est muni de plaques perforées disposées en escaliers. Par cette disposition, les boulets et la matière subissent une suite de chutes successives sous l'action desquelles les grains sont pulvérisés. Entourant les plaques se trouvent disposées plusieurs toiles métalliques, tamisant la poudre au fur et à mesure qu'elle est produite. Les refus des différentes toiles retombent automatiquement dans le moulin pour être soumis à une nouvelle pulvérisation.

Comme nous le disions plus haut, cet appareil peut également servir au concassage, et produire de la fine poussière, réalisant en un seul appareil toute la pulvérisation. Malgré ces différents usages, il est préférable de s'en servir uniquement comme préparateur, surtout si l'on se sert du tube finisseur Davidsen pour terminer la mouture.

Broyeur Wiedknech (fig. 72). — Ce broyeur se compose d'une série de marteaux frappeurs, cassant à la volée les roches introduites dans la boîte intérieure. Ce broyeur est d'un bon rendement, et les réparations sont faciles.

Finisseurs. — Les roches concassées sont conduites

aux appareils de pulvérisation. Pour la bonne marche et le rendement maximum de ces appareils, la farine

Fig. 72. — Broyeur Wiedknech.

produite doit être aussitôt enlevée, autrement et surtout pour les appareils à chocs, à boulets, la fine poussière formant matelas empêche l'effort maximum de se produire.

Meules. — L'emploi des meules utilisées dans la minoterie était tout indiqué. Les meules sont en pierres dures de la Ferté-sous-Jouarre. En général elles ont $1^m,30$ de diamètre ; la meule supérieure, appelée « meule courante », tourne à 100 et 130 tours à la minute; la meule inférieure, « meule gisante », est fixe. Parfois la meule courante est celle inférieure.

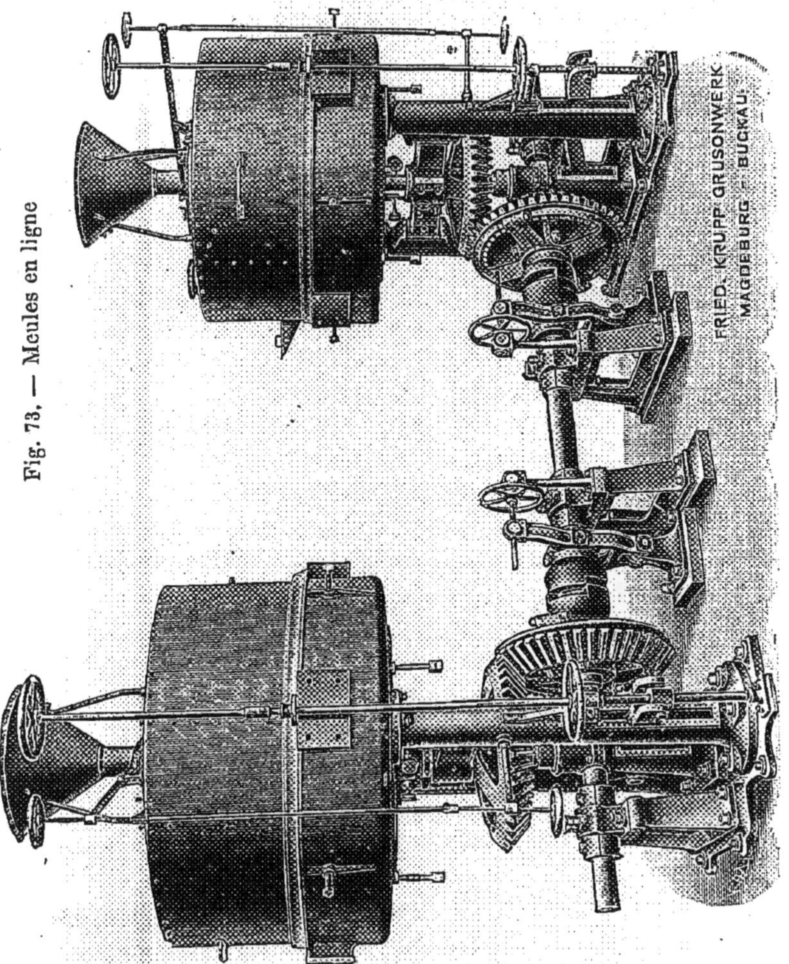

Fig. 73. — Meules en ligne

On les dispose en ligne (fig. 73) ou en beffroi (fig. 74). Malgré la perfection des appareils mécaniques, les meules sont encore très employées. Elles exigent pourtant une grande dépense de force, 30 à 35 chevaux,

Fig. 74. — Moulin à meules dormantes supérieures, disposées en beffroi (Fried. Krupp).

et doivent être rhabillées au bout de peu de temps, trente à quarante heures de marche, ce qui demande des ouvriers spéciaux et exige une main-d'œuvre dispendieuse. On peut estimer qu'un moulin marchant bien débite par heure 1 000 à 1 200 kilogrammes de

Fig 75. — Broyeur Ch. Morel.

ciment à 25 p. 100 de résidu à la toile de 4 900 mailles.

Moulin Taylor. — Ce broyeur est un appareil à meules en métal spécial.

Moulin Griffin. — Ce moulin est surtout employé aux États-Unis. On ne peut mieux comparer son action qu'à celle d'un mortier dans lequel on manœuvre un pilon. Dans cet appareil, le mortier est figuré par une auge circulaire contre les parois de laquelle tourne une meule à 200 tours à la minute. Pour pouvoir fonctionner convenablement, cet appareil exige des grains de quelques millimètres. Il produit en moyenne 1 500 kilogrammes à l'heure avec une force de 25 chevaux.

Broyeur Morel. — Un des premiers appareils mécaniques a été le broyeur Morel (fig. 75), très employé dans le midi de la France pour la pulvérisation des grappiers et du ciment naturel. Nous empruntons au constructeur même la description de son appareil dernier modèle, ne l'ayant jamais vu fonctionner :

L'organe principal de ce broyeur est un bandage en acier creusé intérieurement suivant un arc de cercle, de façon à présenter en creux le même profil que les boulets sphériques qui viennent y écraser la matière à broyer.

Ces boulets, au nombre de quatre (plus ou moins), sont logés entre les bras d'un ménard calé sur l'arbre horizontal placé au centre de l'appareil; ils sont entraînés par celui-ci avec une vitesse de 200 à 220 tours par minute; la force centrifuge les appuie dans la gorge du bandage, où ils broient la matière que la force centrifuge y amène par le mouvement de rotation du ménard.

Devant le bandage se trouve une grille circulaire

qui laisse passer la matière broyée et ramène sous les boulets les gros rejets.

Tous les organes décrits ci-dessus sont renfermés dans un bâti cylindrique en fonte (couche); au centre est un arbre horizontal sur lequel se trouve la poulie de commande.

Le devant de la couche est fermé par un couvercle mobile portant une ouverture centrale garnie d'un conduit cylindrique qui amène la matière à broyer dans le ménard; sur le bâti se trouvent les organes de distribution : trémie et accessoires.

Lorsque l'appareil fonctionne, il y a aspiration d'air par le trou central du couvercle et projection contre le tamis.

Réduite en fumée épaisse par le broyage et entraînée dans ce mouvement à travers la grille, la mouture peut alors, suivant la disposition du local, être reçue directement dans un entonnoir pour être conduite dans un élévateur, silo, etc.

D'après le travail courant des usines qui l'emploient, ce broyeur produit, à force égale, de deux à quatre fois plus qu'une paire de meules, suivant la finesse du produit.

Broyeur Phénix. — Cet appareil (fig. 76 et 77) se compose d'une auge en acier dans laquelle tournent des boulets. Sur le pourtour de l'auge se trouvent disposées des ouvertures en entonnoir qui servent à l'évacuation de la poudre, enlevée à l'aide d'un courant d'air produit par une soufflerie.

La matière à pulvériser est distribuée dans l'auge à l'aide d'une petite hélice.

Moulin Tiger (fig. 78). — Ce broyeur, construit par la maison Askham, à Sheffield, se compose d'un

Fig. 76. — Broyeur Phénix.

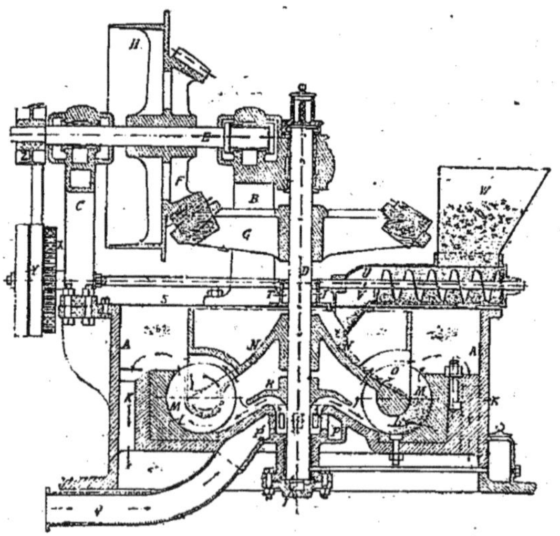

Fig. 77. — Broyeur Phénix.

tambour dans lequel tournent deux gros boulets de 100 à 150 kilogrammes encastrés dans deux alvéoles fixés sur l'arbre. Ce broyeur est construit pour mar-

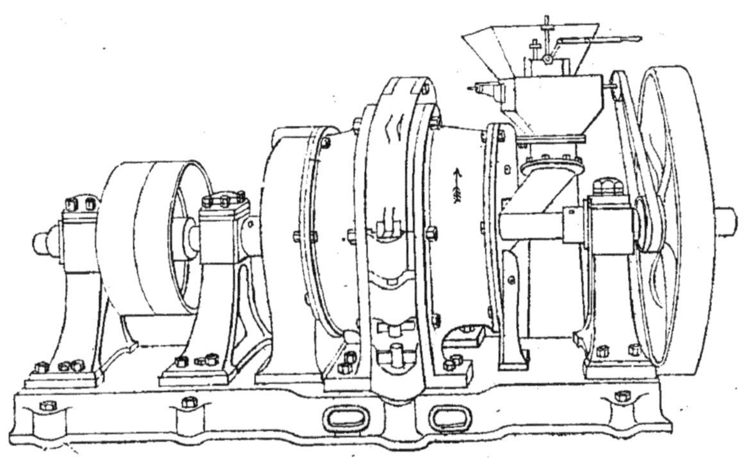

Fig. 78. — Moulin Tiger.

cher avec les appareils à ventilation Moodie ou Pfeiffer.

Broyeur Krupp. — Comme le broyeur Schmidt, cet appareil (fig. 79) est un atelier complet de broyage, c'est-à-dire qu'on peut introduire des matières en gros morceaux pour être réduites en farine. Néanmoins cet appareil doit être utilisé comme finisseur. Ces deux broyeurs présentent du reste certaines analogies.

Il se compose essentiellement d'un tambour formé de plaques courbes disposées en escaliers. Les boulets en tombant et roulant les uns sur les autres livrent la matière, qui, par les ouvertures du tambour, tombe

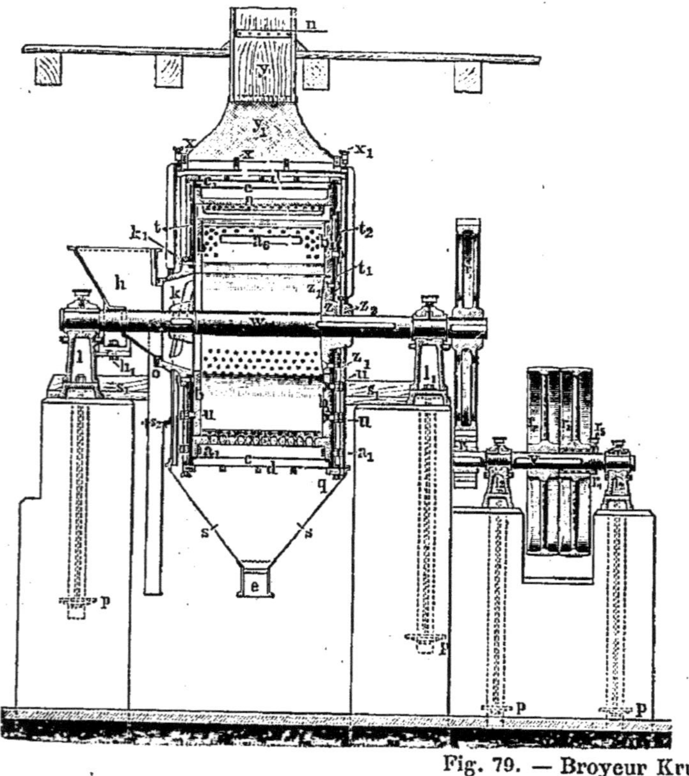

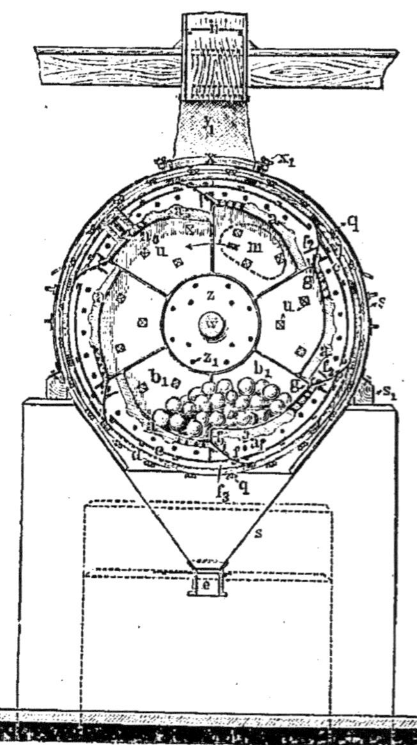

Fig. 79. — Broyeur Krupp.

sur la tôle perforée *c*. La partie fine traverse les trous de la tôle *c* et se tamise sur les tamis *d*.

Ces tamis se composent de cadres en bois garnis de

Fig. 80. — Broyeur à boulets (Carton).

toile de finesse donnée, qui entourent complètement les tôles perforées.

Les refus des tamis sont retenus par la raclette *f* et retombent dans l'intérieur du tambour par la fente *g*.

Les matières sont introduites par le moyeu, à l'aide de la disposition suivante : les petits morceaux à finir arrivent dans la trémie *h* et pénètrent dans les fentes que présente le moyeu k, fentes disposées en forme d'hélice, qui, pendant la rotation de l'appareil, agissent comme une vis sans fin et amènent la matière dans l'intérieur du broyeur.

Pour utiliser cet appareil comme préparateur-granulateur, on enlève les cadres à tamis.

Broyeur Carton. — Ce broyeur diffère fort peu du broyeur Krupp. La figure 80 le représente directement en charge sur un peseur automatique.

Tube broyeur-finisseur. — Cet appareil (fig. 81),

Fig. 81. — Tube broyeur (Davidsen).

inventé par M. Davidsen, dérive du broyeur Alsing. Comme ce dernier broyeur il est construit par la maison Schmidt, de Copenhague.

Il se compose d'un long cylindre tournant sur son axe. garni à l'intérieur de pavés de granit très exactement assemblés, et contenant 2 à 3 000 kilogrammes de boulets également en granit.

La matière, distribuée automatiquement, arrive dans l'intérieur du cylindre par l'un des tourillons, traverse la couche de boulets par l'effet de la rotation de l'appareil, et arrive broyée à l'autre extrémité, d'autant plus finement que l'appareil tourne plus lentement.

D'après des essais faits à l'Exposition (1), la force absorbée est de 28 chevaux effectifs. Les résultats donnés sont réunis ci-dessous :

PRODUCTION A L'HEURE DU TUBE-BROYEUR.	FINESSE DU CIMENT.	
	Refusé sur le tamis de 900 mailles.	Refusé sur le tamis de 4900 mailles.
3 000 kilogrammes.	1,0 p. 100.	23,00 p. 100.
4 000 —	3,0 —	27,4 —
6 000 —	6,0 —	34,0 —

L'atelier de broyage installé à l'Exposition de 1900 (fig. 82, page 254) par la maison Smidth fonctionnait ainsi : Les roches étaient introduites dans un concasseur à mâchoires, système Smidth, placé à droite du moulin. Les morceaux concassés se déversaient par l'aide d'une monteuse à godets dans le broyeur à boulets frappeurs B. Le ciment granulé était transporté par l'hélice C au tube broyeur G par l'intermédiaire de la monteuse D et le ciment produit s'ensachait automatiquement à l'aide de l'ensacheur-peseur K.

Un ventilateur placé au-dessus de M aspirait la poussière produite dans les divers appareils par les tuyaux P et O, et l'emmagasinait dans la chambre à poussières M.

Les figures 83 et 84, pages 255 et 256, représentent

(1) *Dictionnaire de l'industrie, des arts et des manufactures*, de O. Lamy.

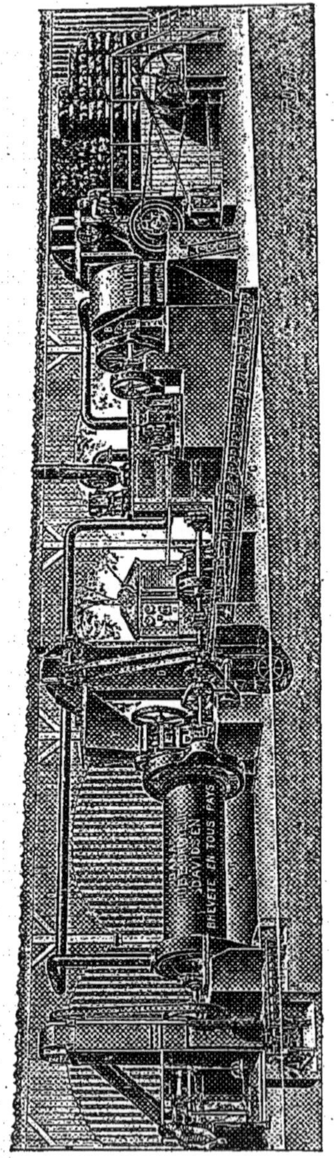

Fig. 82. — Atelier de mouture (Davidsen).

l'installation d'un atelier de mouture due à la maison Carton (de Tournai) :

Le klinker (roche) est amené des fours dans un hangar d'où il est jeté au concasseur à mâchoires A, installé lui-même dans ce hangar pour éviter à l'intérieur de l'atelier les poussières auxquelles il donne toujours lieu et qu'il est fort difficile d'absorber entièrement par un aspirateur.

Du concasseur la matière est élevée par une chaîne à godets D à un accumulateur C d'où elle est distribuée aux moulins à boulets B. Au sortir de ceux-ci elle est reprise par des hélices qui la conduisent à un élévateur la distribuant aux tubes-finisseurs R. De là un élévateur la remet à un transporteur allant aux silos.

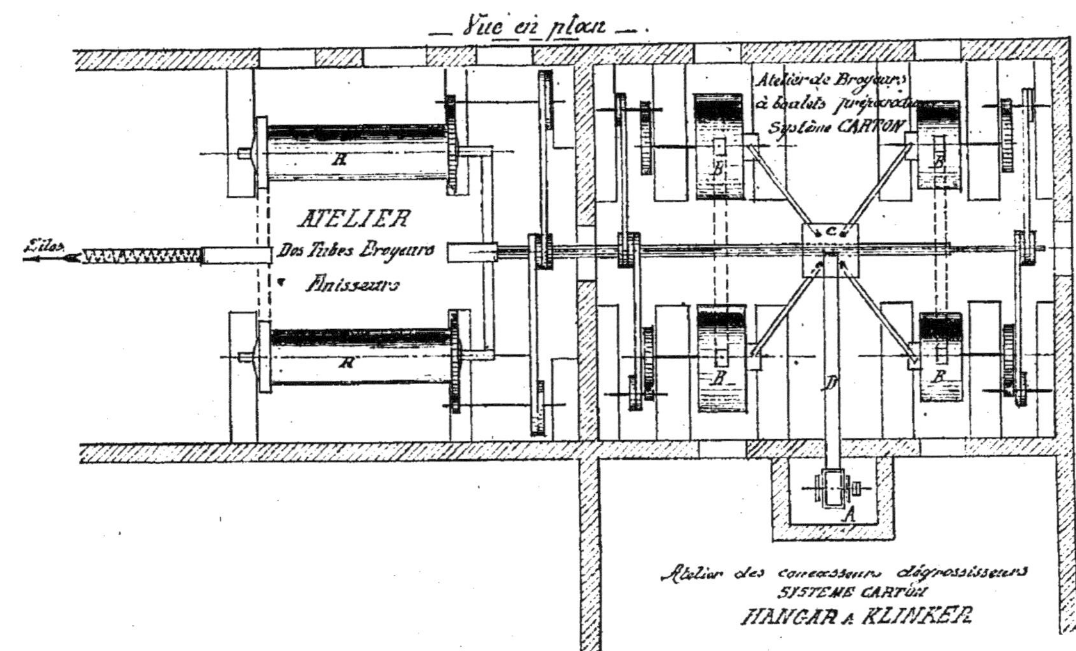

Fig. 83. — Atelier de mouture (installation Carton, à Tournai).

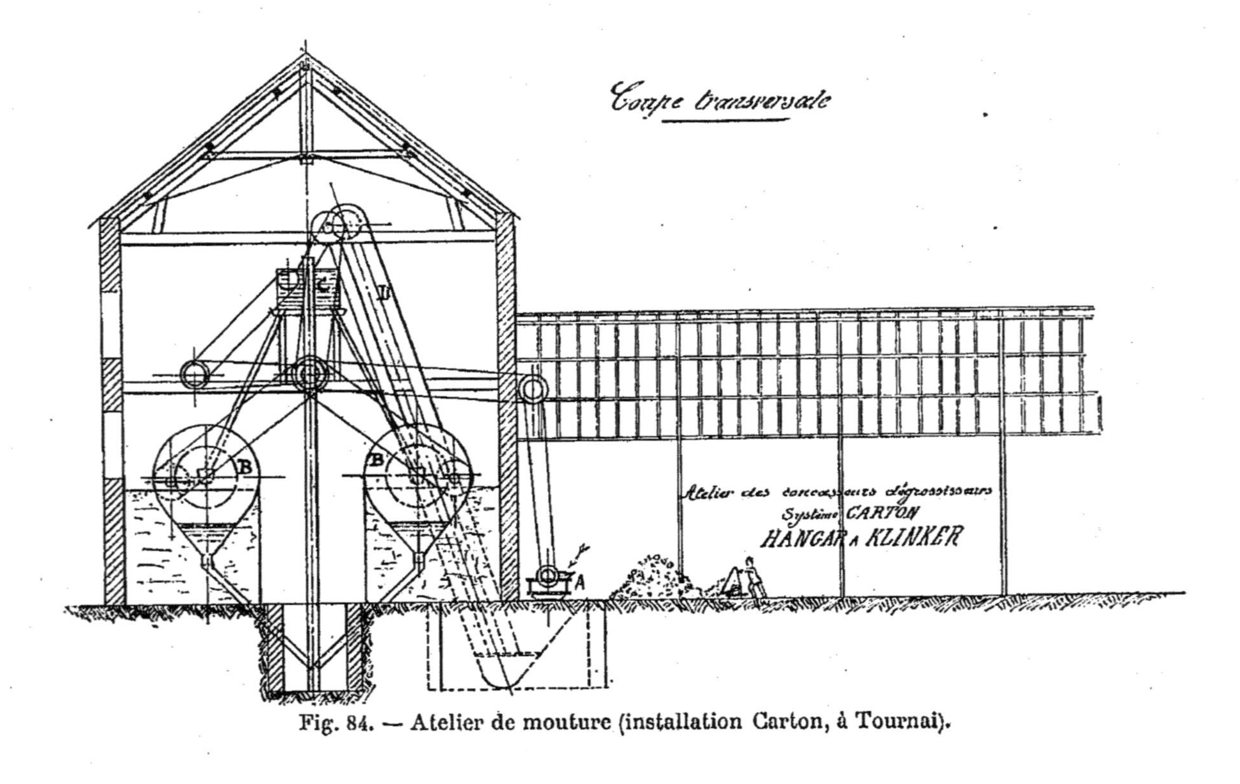

Fig. 84. — Atelier de mouture (installation Carton, à Tournai).

Alimenteur automatique. — Pour éviter l'engorgement des appareils de broyage, on munira le broyeur d'un alimenteur automatique, généralement fourni avec l'appareil.

Alimenteur Krupp. — Cet appareil (fig. 85) se com-

Fig. 85. — Alimenteur automatique (Krupp).

pose d'un disque A tournant dans une auge B. Le disque présente en *a a'* une ouverture hélicoïdale qui, en tournant, entraîne une quantité déterminée de matière qui est évacuée en dehors de l'appareil de mouture.

Addition de gypse. — Souvent, pour diminuer la rapidité de prise du ciment, on ajoute aux roches de ciment avant broyage une légère proportion de gypse qui a la propriété de diminuer la rapidité de la prise et l'expansion du ciment. C'est également au broyage qu'on ajoute les matières étrangères, laitier, sable, etc.

Blutage. — Il faut s'attacher, autant que possible,

à conduire l'atelier de broyage de telle façon qu'on puisse se dispenser de bluter les produits.

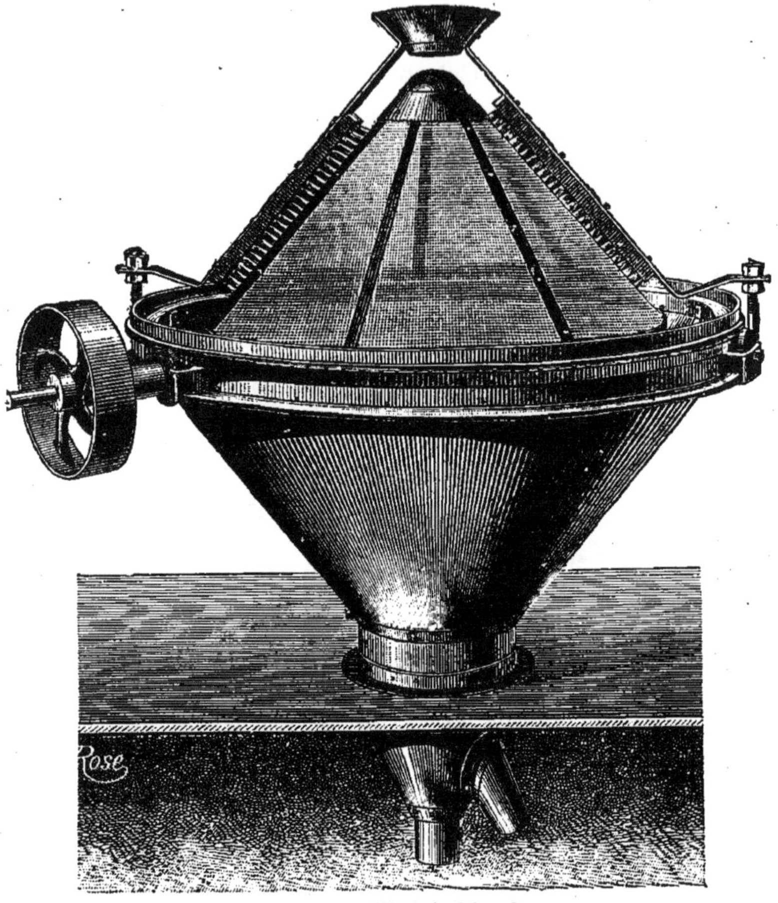

Fig. 86. — Blutoir Morel.

Certains appareils décrits (tube-finisseur, appareil Krupp, Phénix, etc.) sont construits pour éviter le blutage.

Quand on emploie les meules il est impossible de s'en dispenser.

Bluteries ordinaires. — Les bluteries ordinaires sont identiques à celles employées dans la minoterie et ont été décrites au blutage des chaux.

Pour le blutage des ciments, l'épierreur n'existe pas. La poudre entre par l'extrémité supérieure du blutoir qui est légèrement incliné et le blutoir en tournant fait avancer la poudre qui se tamise au fur et à mesure.

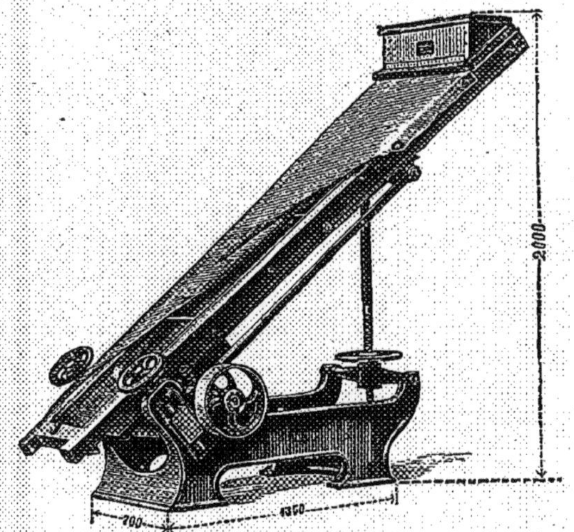

Fig. 87. — Plan incliné à secousses (Nagel et Kaemp).

Les gros grains tombent par l'extrémité du blutoir et sont renvoyés aux appareils de broyage, la poussière tombe dans une trémie et est transportée par une toile ou une hélice dans les chambres ou silos.

Blutoir Morel. — Le blutoir Morel (fig. 86) est une modification du précédent. Il se compose de deux tamis coniques renversés l'un par rapport à l'autre,

Ces deux tamis sont animés d'un mouvement circulaire à raison de quatre à cinq tours par minute. Des brosses sont disposées dans le but de régulariser la matière et de brosser la toile.

Ces tamis sont en outre soumis à des trépidations rapides activant le tamisage.

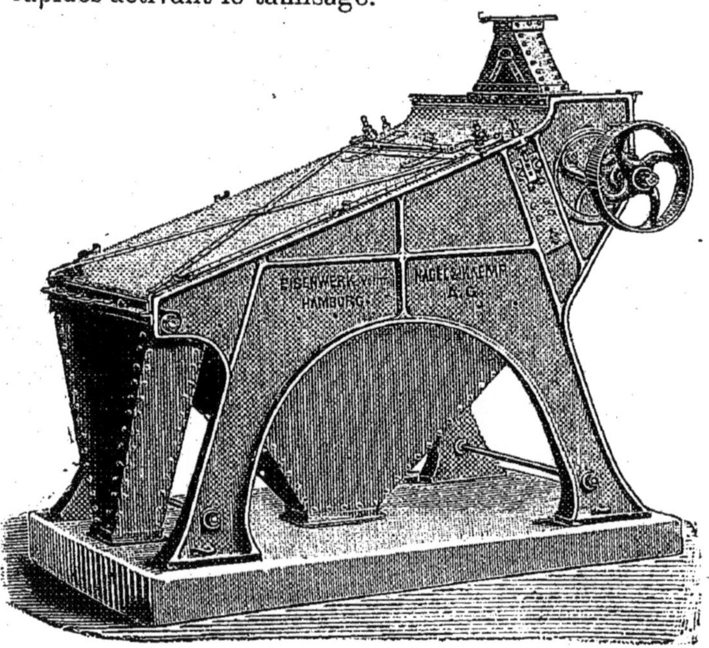

Fig. 88. — Bluterie à balançoire.

La matière est répartie par la cuvette supérieure. L'ouverture principale évacue la farine, et la petite ouverture, les grains trop volumineux qui sont répartis aux broyeurs.

Avec ce système, les toiles se bouchent moins rapidement que dans les blutoirs ordinaires.

Plan incliné a secousses. — Ce système est principalement utilisé en Allemagne. Il se compose d'une tôle percée de trous et inclinée suivant la finesse que l'on désire; suivant les secousses qu'on lui imprime, le blutage s'opère plus ou moins finement et rapidement (fig. 87, p. 259).

Bluterie a balançoire. — Cet appareil est un plan incliné animé d'un mouvement de va-et-vient (fig. 88).

Tamis secoueur (1). — Le blutoir à tamis secoueurs est construit par la maison Carton, de Tournai (fig. 89, page 263), il se compose d'une armoire contenant des tamis inclinés suspendus à un attelage qui les secoue constamment.

Bluteurs a vent. — Tous les appareils que nous venons de décrire présentent l'inconvénient de posséder des toiles métalliques dont l'entretien est difficile et onéreux.

Dans les appareils à vent, les toiles métalliques ou les tôles perforées sont complètement supprimées.

Le blutage par ventilation a été appliqué, pour la première fois, croyons-nous, par M. Trolliet, fabricant de chaux hydraulique à Bons (Isère).

Le fonctionnement du système est celui-ci (2). « Les matières pulvérisées sont amenées au moyen d'un tube, à l'extrémité d'un cylindre en tôle de $1^m,50$ de longueur et de $0^m,55$ de diamètre dont l'axe est légère-

(1) A, arrivée des produits à bluter; T, tamis secoueurs rotatifs disposés en rayons autour d'un arbre vertical et recevant les produits du godet G participant à la rotation; N, nochères fixes et annulaires recueillant la matière tamisée qui est expulsée du blutoir par des balais B; N', nochères fixes et annulaires recueillant les rejets qui sont expulsés par des balais B'; R, roues dentées courant sur la couronne dentée C et donnant les secousses aux tamis, lesquels sont suspendus par des attelages V de longueur variable.

(2) A. Gobin, *Étude sur la fabrication des chaux hydrauliques dans le bassin du Rhône.*

ment incliné sur l'horizontale ($0^{m},20$ pour 1 mètre) ; ce cylindre tourne autour de son axe, et de petites ailettes, fixées à sa paroi intérieure suivant des génératrices, ramènent constamment à la partie supérieure les matières pulvérisées qui retombent ensuite en lames minces vers la génératrice inférieure, en traversant le cylindre suivant un diamètre. Dans ce mouvement, les parties les plus fines sont entraînées par un courant d'air qui traverse le cylindre dans le sens de son axe, en entrant par la partie la plus basse et en sortant par la partie haute qui débouche dans une chambre de dépôt où les poudres tombent par leur propre poids, par suite de l'épanouissement du courant d'air et de la grande diminution de sa vitesse. Environ les neuf dixièmes de la poudre blutée tombent près du débouché du cylindre, le reste se dépose plus loin : mais le tout est réuni en un seul point par suite de la disposition du plancher en forme de trémie. Les matières à bluter sont amenées vers l'extrémité la plus haute du cylindre; les parties non entraînées par le courant d'air qu'elles traversent environ vingt fois, arrivent peu à peu vers l'extrémité inférieure qui les évacue dans une trémie où une chaîne à godets les reprend pour les porter au hangar de dépôt.

Le courant d'air est obtenu au moyen d'une aspiration établie à l'extrémité de la chambre de dépôt par le tirage de la cheminée et par l'action d'un petit ventilateur; l'air aspiré passe d'abord par le cylindre bluteur qui est la seule ouverture de communication entre la chambre et l'extérieur, puis il s'épanouit dans la chambre de dépôt. En réglant convenablement le courant d'air au moyen d'un registre placé à l'entrée du cylindre (la dépression produite dans la chambre

Fig. 89. — Blutoir à tamis secoueur (système Carton) (voy. p. 261).

de dépôt par l'aspiration se mesure facilement au moyen d'un tube en U, en verre, en communication d'un côté avec cette chambre, et de l'autre, avec l'air extérieur; l'index d'eau colorée en rouge indiquait 3 millimètres de dépression le jour de notre visite), il est facile d'obtenir une poudre blutée dont les parties les plus grosses passent dans une toile de numéro donné. Ce réglage une fois fait, le blutage se continue automatiquement avec la régularité la plus parfaite. Un petit regard placé en face du débouché du cylindre permet, du reste, de recevoir sur une petite pelle la poudre blutée et de vérifier sa finesse au moyen du tamis d'épreuve.

Ce système présente de nombreux avantages que nous allons énumérer :

1° Il supprime l'emploi des toiles métalliques qu'il faut réparer fréquemment et renouveler souvent, des pertes de temps, des irrégularités de finesse, des passages de gruaux avec la poudre, et des frais considérables;

2° Il exige une force motrice beaucoup plus faible que celle des blutoirs ordinaires et n'entraîne que des frais d'installation peu importants;

3° Il supprime absolument toutes les poussières dans l'usine, puisqu'il y a aspiration de l'air par l'appareil; de là, commodité pour les ouvriers et réduction de l'usine, des organes des machines, paliers, axes;

4° Il permet de changer à volonté le degré de finesse de la poudre blutée, sans arrêter l'appareil, par un simple réglage du courant d'air; au besoin, on pourrait classer les poudres par ordre de finesse en disposant convenablement le plancher de la chambre de dépôt;

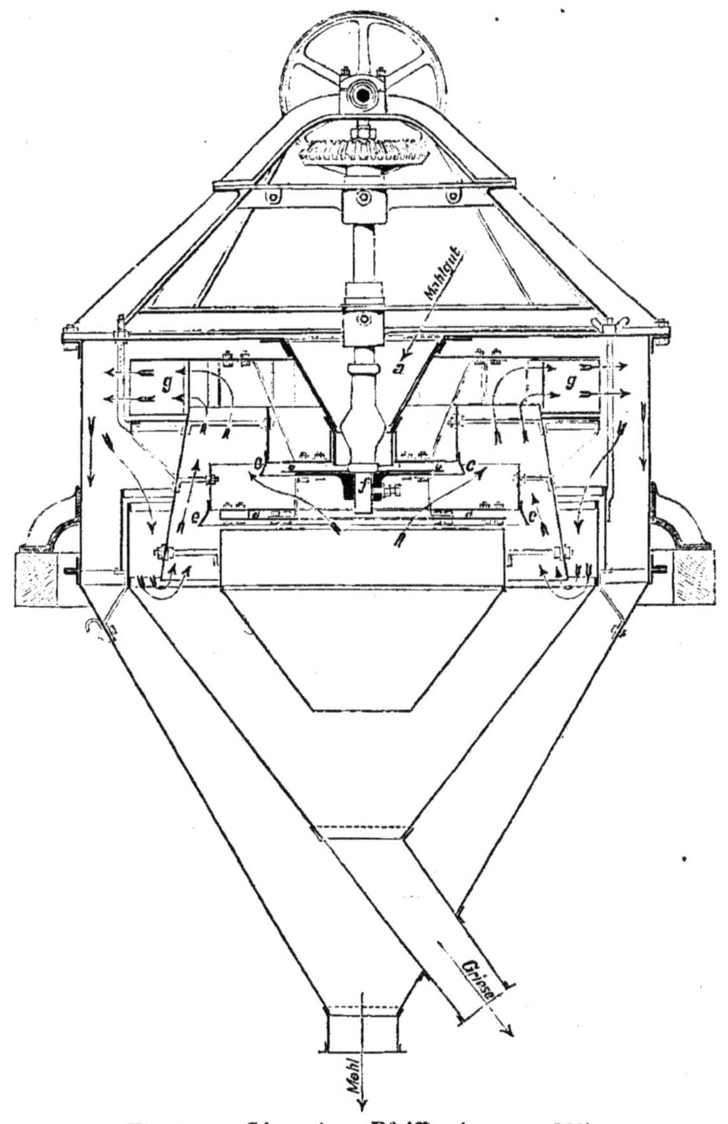

Fig. 90. — Séparateur Pfeiffer (voy. p. 266).
Figure communiquée par M. Arthur Anker, ingénieur de Paris.
Mahlgut : Matière moulue.

5° Il permet de bluter des matières incomplètement sèches, ce qui est impossible avec les toiles métalliques;

6° Il fonctionne d'une manière continue régulière, sans usure appréciable et sans nettoyage;

7° Enfin, il donne une régularité absolue de mouture.

Le procédé de blutage par ventilation a été repris et modifié pour le blutage du ciment, à l'aide d'appareils spéciaux construits par les maisons Munford et Moodie, Askham et Wilson, Pfeiffer.

Séparateur Pfeiffer. — Le bluteur à vent Pfeiffer, est un perfectionnement des deux autres (fig. 90, page 265).

La matière entre par l'entonnoir *a* et tombe sur un distributeur *b* qui, par son mouvement de rotation, la projette contre l'anneau *c*. La matière passe dans l'intervalle laissé entre *b* et *c*. La nappe de poussière est traversée par un courant d'air qui enlève les parties les plus fines. Les plus grosses tombent sur un second distributeur *d* qui, comme le premier, projette la matière avec plus de force par suite de son plus grand diamètre contre le second anneau *e*; les parties les plus fines, comme dans la première séparation, sont enlevées par le même courant d'air suivant le sens des flèches. La poudre fine tombe par *g* dans l'entonnoir placé dans l'axe de l'appareil, et les gruaux tombant dans l'entonnoir ultérieur sont évacués par la tubulure comme le montre la figure.

Enlèvement des poussières. — Aussi bien dans les différents ateliers des usines à ciment que dans ceux des usines à chaux, il importe d'enlever les poussières plus ou moins nuisibles à la santé des ouvriers, poussières qui, dans certains ateliers défectueux, forment parfois un nuage opaque.

VENTILATEUR BLACKMANN. — Ce ventilateur se compose d'une série d'ailettes fixées sur un arbre vertical placé dans l'axe d'un couloir. L'arbre en tournant actionne les hélices qui forment ventilateur, aspirant la poussière par le couloir qui la conduit dans des chambres spéciales. Ce ventilateur est surtout utilisé dans les usines à chaux qui emploient des fosses pour l'extinction.

FILTRE BETH. — Ce filtre (fig. 91) se compose d'une caisse de bois ou de tôle de fer ressemblant à une armoire dont l'intérieur est divisé en compartiments contenant des tuyaux isolés deux par deux. Ces tuyaux d'un diamètre de 400 millimètres sont ouverts au-dessous et fixés au fond de la charpente par une bague de serrage, et fermés en haut par des couvercles en bois. Ils sont accouplés deux par deux, et maintenus par un levier à ressort dans la position indiquée par la figure. A la tête de la caisse se trouve un mécanisme pour le nettoyage automatique des tuyaux filtreurs, et, au pied, une trémie servant à l'évacuation des poussières recueillies. Le fonctionnement du filtre Beth est comme suit :

Une conduite maîtresse, verticale ou horizontale (la dernière toujours munie d'une hélice ou d'un transporteur à palettes pour l'évacuation des dépôts de poussières) réunit par des tuyaux d'embranchement tous les ateliers à dépoussiérer. Elle débouche au pied du filtre et forme l'entrée de l'air poussiéreux (*Eintritt der Staubluft*.

Un aspirateur placé auprès du filtre est joint à celui-ci par sa conduite d'aspiration (*zum Exhaustor*) fixée à l'ajutage, visible sous le mécanisme (voy. la figure). Par son action d'aspiration, il aspire l'air de l'intérieur du filtre, de la conduite maîtresse, des tuyaux d'embranchement, en produisant un courant d'air, entre les dernières machines et le filtre. Suivant les besoins, on règle la force de ce courant d'air par des papillons placés dans

Fig. 91. — Filtre Beth (de Lubeck).

les tuyaux d'embranchement, de façon qu'il n'enlève que les poussières qui pourraient se répandre dans les usines, mais jamais de matière. L'air poussiéreux est donc aspiré à l'intérieur des tuyaux filtreurs qui retiennent à leurs parois toutes les particules de poussière, pendant que l'air, traversant les toiles filtrantes, est chassé au dehors par l'aspirateur, entièrement purifié.

Le mécanisme nettoyeur est actionné par une poulie, qui fait marcher un arbre horizontal avec un appareil d'avancement. Toutes les huit à dix minutes, cet appareil ferme un clapet tournable, se trouvant dans l'ajutage d'aspiration, appartenant à une paire de tuyaux séparés. Par cette opération, l'action de l'aspirateur cesse pour une paire de tuyaux, pendant que les autres continuent à y être soumis. Au moment où a lieu ce changement, il s'ouvre un passage, qui permet à l'air atmosphérique d'entrer dans les cabines des deux tuyaux en arrêt. Cette introduction est faite à forte pression à cause du vide de la cabine. L'air atmosphérique pénètre à l'intérieur des tuyaux filtreurs par les pores des toiles, en emportant les particules de poussière qui s'étaient déposées sur leur paroi.

Ce nettoyage par une pression contraire, sans l'aide d'aucun appareil spécial, est encore secondé par un secouement mécanique des tuyaux s'effectuant dans le même moment. La poussière alors détachée tombe dans la trémie, au-dessous du filtre, et est transportée en un lieu quelconque par la sortie de poussière (*Staub-Abfallröhre*).

La construction de l'appareil d'avancement permet de réunir jusqu'à vingt-quatre tuyaux filtreurs dans un seul collecteur, sans nettoyer plus d'une paire de tuyaux à la fois. Suivant le besoin, on peut modifier la surface filtrante.

Il est possible de ventiler un grand nombre d'ateliers, machines, avec un seul aspirateur et un seul filtre.

Cases et silos. — Des bluteries, le ciment est transporté dans des hangars soigneusement clos appelés *cases*. Ces hangars sont parfois remplacés par des citernes enterrées ou même des réservoirs métalliques semblables aux réservoirs ordinaires en tôle.

Pour transporter le ciment, on peut se servir du

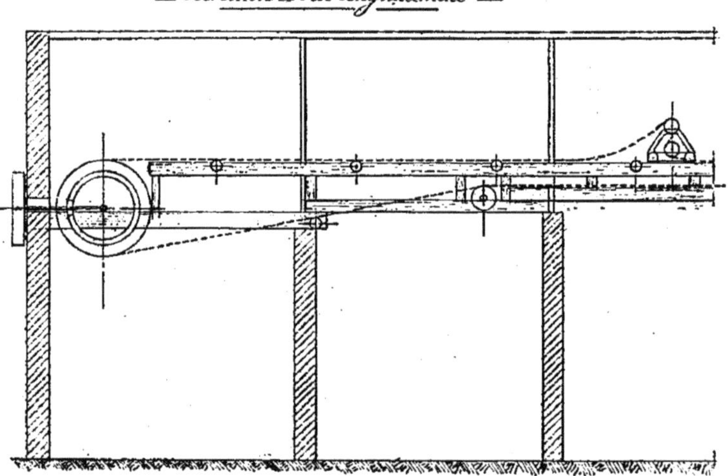

Fig 92. — Transporteur à toile (Carton, de Tournai).

transporteur à toile représenté par la figure 92 qui permet de déverser le produit dans un endroit quelconque. Il suffit de placer un petit chariot mobile, à cylindres, sur l'un desquels la toile s'enroule, en laissant tomber le ciment. Ces transporteurs ont jusqu'à 60 mètres de portée.

Les cases ont un volume plus ou moins considérable contenant jusqu'à 2000 à 3000 tonnes de ciment.

Le portland bien fabriqué pouvant être employé de suite, le silotage n'est pour ce produit qu'un simple

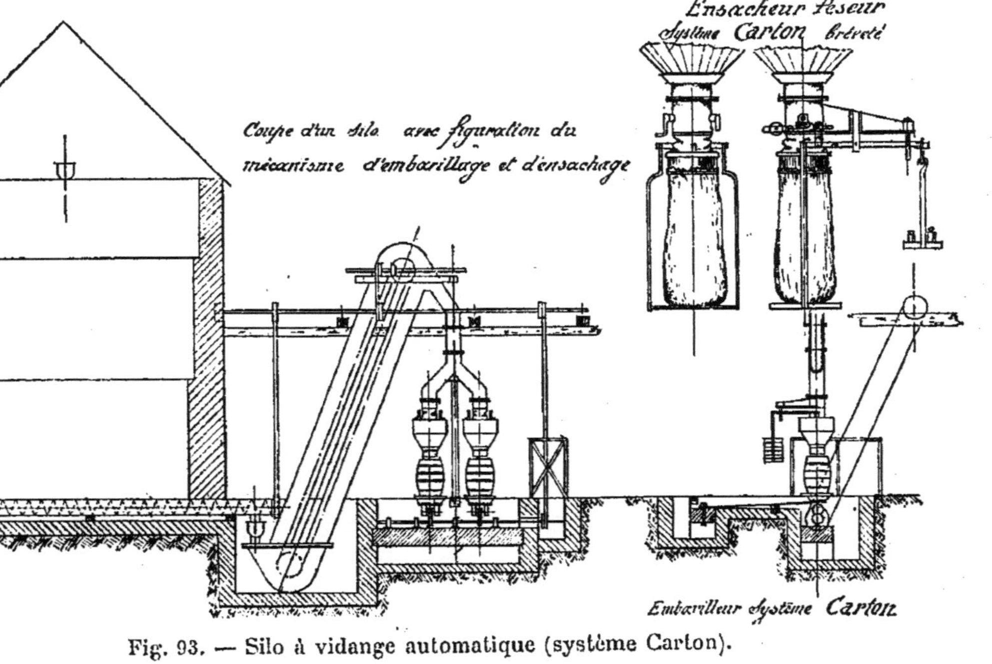

Fig. 93. — Silo à vidange automatique (système Carton).

emmagasinage et n'est pas, comme pour le ciment de grappiers et certains ciments naturels, une opération complémentaire de la fabrication.

Autrefois, et cela se pratiquait surtout dans les usines anglaises, on étalait le ciment sur des aires, et on le laissait au contact de l'air pendant quelque temps en le retournant à la pelle ; on « purgeait » le ciment en hydratant la chaux libre qu'il contenait généralement.

Certaines usines possèdent des silos se vidant automatiquement (fig. 93, page 271). Le fond de ces chambres se compose d'un double plan incliné, dont le milieu est coupé par une hélice-transporteuse. Pour que le fonctionnement de celle-ci ne soit pas empêché par la surcharge de ciment, elle est recouverte de plaques métalliques ajourées en persiennes dont l'inclinaison, et par suite l'ouverture, est réglable de l'extérieur par des leviers à main.

Une hélice collectrice longe extérieurement toute la ligne de silos et peut recevoir les produits de chacun d'eux par son hélice propre. Cette hélice collectrice amène le ciment à un élévateur qui le fait passer par un peseur automatique soit aux sacs, soit aux barils.

On voit qu'ainsi la main-d'œuvre est réduite au minimum. De plus, si, pour une raison quelconque (connue seulement des fabricants) on a été forcé de faire un silo de ciment de qualité inférieure, on pourra, sans main-d'œuvre supplémentaire, le mélanger à l'embarillage à un ciment meilleur et en faire un produit convenable pour certains travaux spéciaux.

Ensachage et embarillage. — Pour mettre les produits en sacs ou en barils, on emploie les ensacheurs et embarilleurs mécaniques, Carton, Krupp, Moustier, etc.

On expédie généralement le ciment en sacs de 50 kilogrammes. L'expédition en barils est faite, suivant les coutumes locales du lieu d'importation, en barils contenant plus ou moins de matière.

EMBARILLEUR MOUSTIER. — Cet embarilleur (fig. 94)

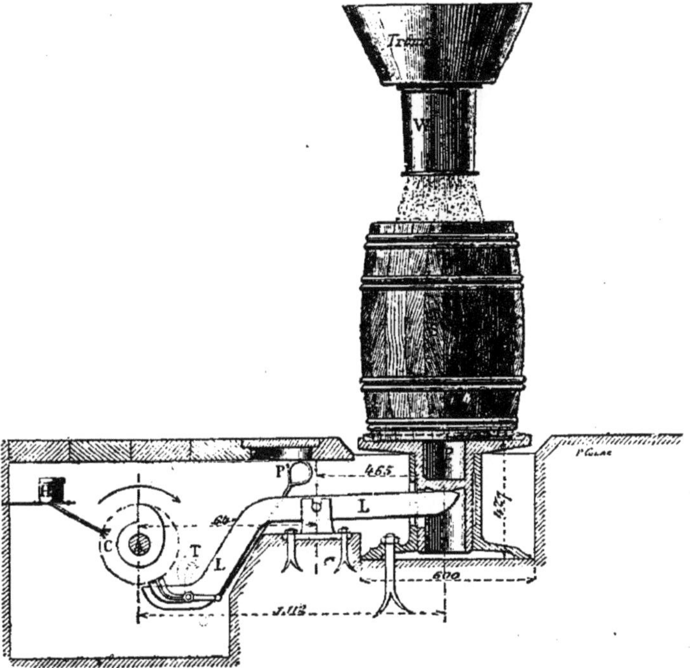

Fig. 94. — Embarilleur Moustier (Maison Négrel-Martini).

construit par la maison Négrel-Martini, de Roquevaire (Bouches-du-Rhône), se compose : 1° d'un plateau à glissière sur lequel repose le baril placé lui-même au-dessous de l'empochoir W. Le mouvement ascendant et descendant est imprimé au baril par la douille P, par l'intermédiaire d'un levier L actionné par la came C.

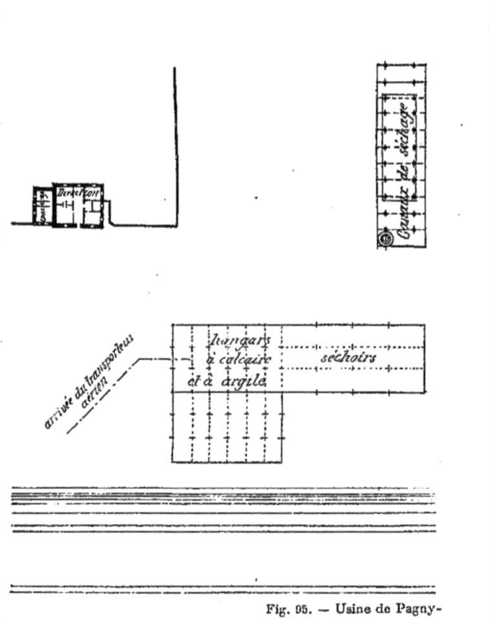

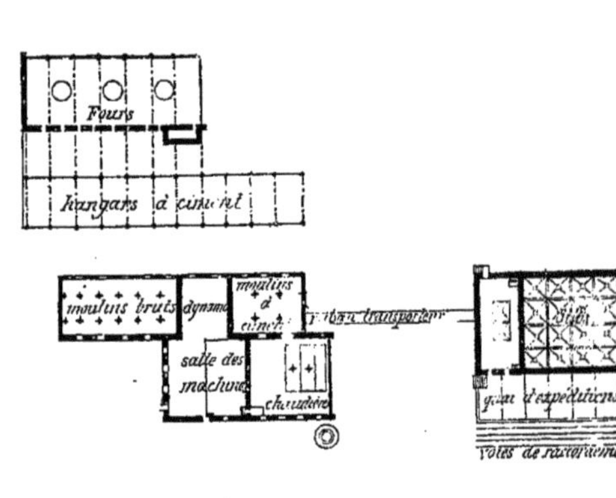

CANAL

Fig. 95. — Usine de Pagny-sur-Meuse. Société des Ciments Portland de l'Est.)

Emploi des écumes de sucrerie. — Parmi les résidus de fabrication susceptibles d'être transformés en portland artificiel, on a proposé l'emploi des écumes de sucrerie.

On sait que, pour la purification du jus de betteraves, on emploie une grande quantité de chaux, qu'on élimine ensuite en la carbonatant. Comme il faut en moyenne 35 kilogrammes de chaux par tonne de betteraves, il s'ensuit qu'une sucrerie travaillant 250 000 tonnes pourrait produire environ 14 000 tonnes de ciment portland.

Les écumes de sucrerie sèches étant composées de carbonate de chaux et de matières organiques il n'est évidemment pas impossible de les transformer en excellent portland. Le principe de cette fabrication n'est du reste pas nouveau.

Nous savons que, dans ces derniers temps, on a fait quelques essais dans ce sens qui, comme les nôtres, ont donné de bons résultats.

Les figures 95, pages 274 et 275, et 96, page 277, représentent le plan de l'usine de Pagny-sur-Meuse et celui d'une usine installée par la maison Carton, de Tournai.

Propriétés. — *Aspect.* — Le ciment portland se présente sous l'aspect d'une poudre gris foncé, assez sèche au toucher.

Composition chimique. — La composition chimique varie fort peu d'une usine à l'autre et est comprise dans des limites assez étroites pour toutes les usines.

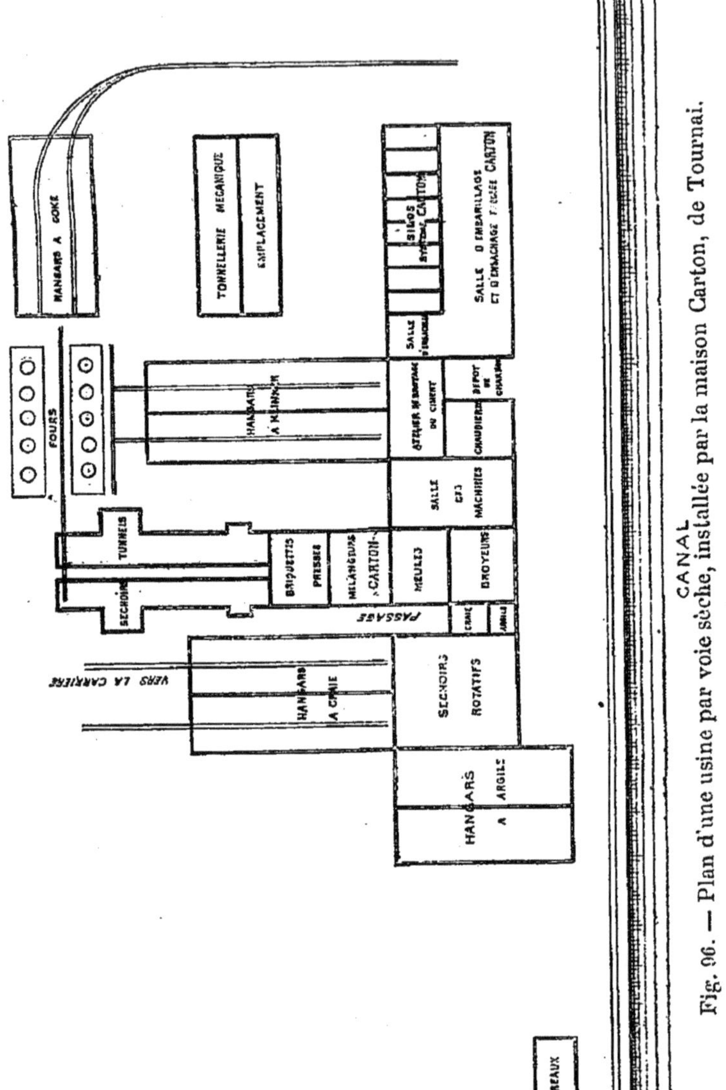

Fig. 96. — Plan d'une usine par voie sèche, installée par la maison Carton, de Tournai.

		SILICE.	ALUMINE.	SESQUIOXYDE de fer.	CHAUX.	MAGNÉSIE.	ACIDE sulfurique.	PERTE au feu.	INDICE d'hydraulicité.
Même usine.....	Maximums.	23,20	8,10	2,80	65,05	1,44	0,83	3,00	0,48
	Minimums.	21,10	6,45	1,60	62,50	1,08	0,60	1,00	0,44
Résultats provenant d'usines diverses (env. 600 échant.).	Maximums.	25,90	10,90	3,	65,10	2,20	2,00	5,70	0,54
	Minimums.	19,80	5,15	1,00	58,20	0,38	0,28	0,50	0,43

Qualité. — Le portland artificiel comporte plusieurs qualités dont le nombre varie suivant les usines. La meilleure qualité est celle dite *administrative*, employée par les grandes administrations. Le ciment dit *dallage*, est spécialement recommandé pour l'emploi qu'il indique. Souvent, pour satisfaire certains clients, les fabricants ajoutent des matières étrangères, telles que du sable, et surtout du laitier de haut fourneau non granulé.

Finesse. — Le portland artificiel de bonne qualité est maintenant et *avec raison* moulu fin.

Nous avons résumé ci-après les résultats obtenus sur près de 400 échantillons :

	POIDS DE MATIÈRE RESTANT SUR LES TAMIS DE			TOTAL.
	324 mailles.	900 mailles.	4 900 mailles.	
Maximums..	6,8	21,0	38,0	54,8
Minimums.......	0,0	0,2	6,4	7,0
Moyennes........	0,4	6,1	24,3	30,8

Le résidu laissé sur le tamis de 324 mailles est par conséquent généralement insignifiant : 88 p. 100 des échantillons essayés donnent une proportion de résidu ne dépassant pas 0,5 p. 100, et 58 p. 100 ne donnent aucun résidu.

Il n'en a pas toujours été ainsi, et il y a une vingtaine d'années, les résidus tolérés par les divers cahiers des charges étaient beaucoup plus considérables.

CONDITIONS DE RÉCEPTION (1) OU PRATIQUES COURANTES.	P. 100 DE RÉSIDU LAISSÉ pour 100 grammes de ciment sur un tamis ayant par centimètre carré (mailles)		
	324	900	4 900
Anciennes règles françaises	— de 10	»	»
Règles allemandes, 1878	«	— de 20	»
Pratiques allemandes, 1878	»	— de 10	»
Pratiques anglaises, 1880	15 à 27	»	»
Règles danoises, 1881	»	— de 25	— de 50
Port de New-York, 1881	— de 10	»	»
Règles suisses, 1883	»	— de 15	»
Port de Leixos (Portugal), 1884	»	— de 15	»
Pratiques françaises, vers 1885	0	5 à 10	25 à 30
Nouvelles règles allemandes, 1886-1887	»	— de 10	»
Pratiques anglaises, 1892	»	»	env. 40
Roumanie, 1893	»	— de 12	»
Compagnie du chemin de fer du Nord	»	»	25 à 30
Divers cahiers des charges belges, 1895-1896	»	— de 10	»

(1) *Chimie appliquée à l'art de l'ingénieur*, 2e partie. Étude spéciale des matériaux d'agrégation, par R. Feret.

Densité. — On a cru pendant longtemps que la densité apparente élevée (c'est-à-dire le poids d'un litre de matière mesuré dans certaines conditions) était un indice de bonne qualité du produit. Cela pouvait être à l'époque, alors que les moyens de pulvérisation étaient peu perfectionnés ; les roches les plus cuites

— les meilleures — et par conséquent les plus dures, étant les plus difficiles à moudre, laissaient un résidu plus considérable que les roches noires cuites, plus tendres (voy. *Influence de la finesse sur les propriétés*). Actuellement cette indication ne fournit *aucun indice de la bonne qualité* du portland ; des roches très cuites peuvent, avec les appareils actuels, être tout aussi finement moulues que les autres.

Pour donner de la densité à un ciment de roche inférieure, on n'a qu'à produire une mouture plus grossière.

Sur 384 échantillons de portland de qualité supérieure, nous avons trouvé 1,364 comme densité maximum et 1,041 comme poids minimum.

Si l'on sépare par tamisage la poudre en deux parties, en opérant avec le tamis n° 200 (4 900 mailles), la densité de la partie ayant traversé les mailles du tamis est abaissée de 100, 200 grammes et même plus.

La densité maximum de la fine poussière, partie ayant traversé les tamis de 4 900 mailles, que nous avons constatée, a été de 1 171 grammes et celle minimum de 824.

Poids spécifique. — On pourrait croire qu'il est possible de tirer de la connaissance du poids spécifique une indication de la plus ou moins grande cuisson des produits. Il n'en est rien. Nous avons obtenu comme poids spécifique :

Roches surcuites.	Roches normales.	Roches grises.
3,12	3,15	3,10
3,14	3,16	3,12
3,15	3,13	3,11

Il en est autrement de l'éventation qui diminue le poids spécifique par suite de l'hydratation et de la carbonatation au contact de l'air. En laissant du ciment à l'air, nous avons obtenu :

PORTLAND A.		PORTLAND B.		PORTLAND C.	
Perte au feu.	Poids spécifique.	Perte au feu.	Poids spécifique.	Perte au feu.	Poids spécifique.
0,900	3,12	0,700	3,14	0,090	3,15
5,000	3,004	2,901	3,06	1,100	3,10
6,600	2,961	5,050	2,999	4,600	3,04

Sur plus de 600 échantillons essayés, nous avons obtenu :

Poids spécifique maximum.. 3,15 avec une perte au feu de 0,70
— minimum.. 3,02 — — 5,30

L'addition de matières étrangères, généralement plus légères, abaisse le poids spécifique.

Proportion d'eau de gâchage. — La proportion d'eau demandée par un ciment est intimement liée à sa finesse. Nous avons eu comme proportion maximum 30 p. 100 avec un ciment donnant 30 p. 100 de résidu total au tamis de 4 900 mailles et 21 p. 100 avec un ciment ayant 40 p. 100 de résidu.

Prise. — Le portland artificiel doit avoir une prise lente. Généralement le commencement de la prise d'un ciment gâché à l'eau de mer et placé dans l'air humide a lieu en moyenne une heure ou deux après le gâchage et la fin demande au moins cinq ou six heures. A l'eau douce les prises sont un peu moins lentes. En pratique, comme nous l'avons dit, on retarde la prise en ajoutant un peu de plâtre.

Déformation. — Avec le ciment de fabrication même

extrêmement défectueuse, les galettes de ciment pur immergées dans l'eau de mer vingt-quatre heures après leur confection sont absolument intactes après trois mois d'immersion.

Expansion. — Le portland artificiel bien fabriqué ne gonfle pas dans l'eau chaude.

Le portland artificiel est le ciment qui donne les mortiers les plus compacts, ce qui est précieux principalement dans les travaux devant donner de grandes résistances et dans ceux à la mer.

VI. — CONTROLE TECHNIQUE DE L'USINE

Il faut bien se persuader que la direction d'une usine à chaux hydraulique ou à ciment demande autant de soins, de qualités, d'expérience technique et administrative que toute autre industrie.

On se plaît souvent à considérer la fabrication de la chaux hydraulique comme celle d'un produit naturel que tout le monde peut produire sans aucune connaissance spéciale. Il est bien évident que cette industrie peut, comme toute autre, être menée très primitivement ; mais il n'en est plus de même si l'usine est susceptible de se développer, ou est d'importance même très moyenne. Il est alors absolument nécessaire de suivre pas à pas les différentes phases de la fabrication, et de se rendre compte des améliorations à apporter, des débouchés à créer, etc., toutes choses qui exigent une comptabilité technique aussi bien tenue que la comptabilité commerciale.

Si l'usine appartient à une société en possédant plusieurs, la comparaison de tous les résultats, qui doivent toujours être traduits graphiquement, permet parfois d'apporter d'heureuses modifications dans leur marche.

Laboratoire.

L'installation d'un laboratoire dont le rôle se borne au contrôle de la fabrication, peut être faite très sim-

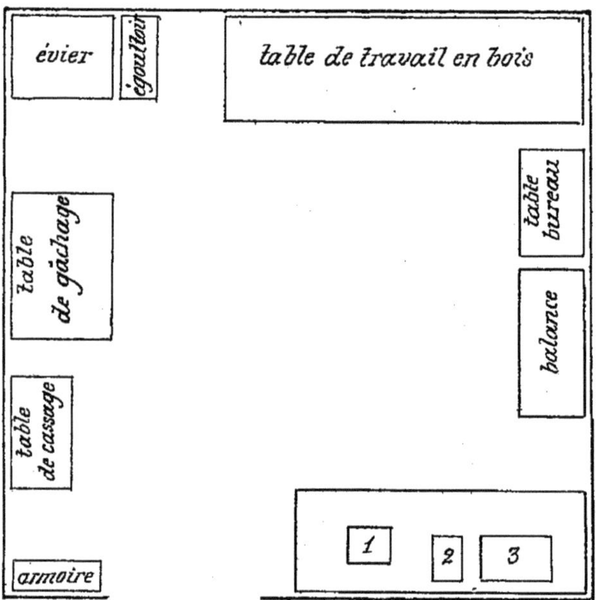

Fig. 97. — Laboratoire de contrôle.

plement. Une pièce d'environ 4 mètres × 4 mètres, contenant le matériel restreint mais nécessaire, constitue un laboratoire dans lequel on peut exécuter avec commodité et rapidité tous les essais utiles.

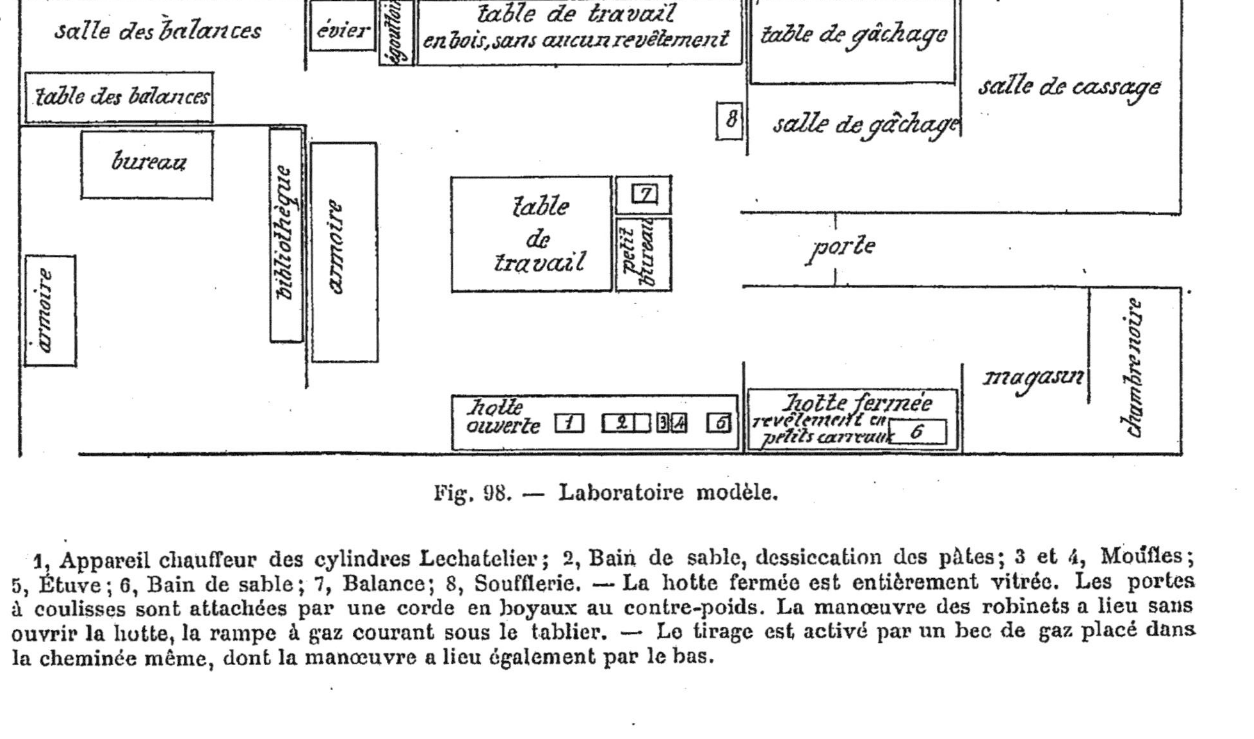

Fig. 98. — Laboratoire modèle.

1, Appareil chauffeur des cylindres Lechatelier; 2, Bain de sable, dessiccation des pâtes; 3 et 4, Moufles; 5, Étuve; 6, Bain de sable; 7, Balance; 8, Soufflerie. — La hotte fermée est entièrement vitrée. Les portes à coulisses sont attachées par une corde en boyaux au contre-poids. La manœuvre des robinets a lieu sans ouvrir la hotte, la rampe à gaz courant sous le tablier. — Le tirage est activé par un bec de gaz placé dans la cheminée même, dont la manœuvre a lieu également par le bas.

L'établissement du laboratoire modèle dans lequel on peut faire toutes les recherches susceptibles d'améliorer, d'éclairer la fabrication, exige une installation particulière et un personnel plus ou moins nombreux.

Nous donnons, à titre d'indication, les plans d'un modeste laboratoire de contrôle et d'un laboratoire de recherches, ce dernier rappelant celui de la Société des Ciments français, à Boulogne-sur-Mer (fig. 97 et 98).

Pour la création d'un laboratoire modèle, on pourra consulter différents rapports de M. Debray, ancien directeur du laboratoire de l'École des Ponts et Chaussées, sur le laboratoire de cette école et sur ceux de Zurich et de Charlottembourg, et visiter ceux des Ponts et Chaussées et du Génie militaire à Boulogne-sur-Mer, ainsi que celui du Conservatoire national des Arts et Métiers à Paris, actuellement en installation.

En dehors des appareils de laboratoire proprement dits, le laboratoire doit posséder un four d'essais et un petit broyeur.

Pour les petits broyeurs, on peut citer le broyeur Davidsen à billes, qui peut servir également de mélangeur, le broyeur Dalbouze, etc., et comme four, celui de Wiesnegg, à gaz ou à huile lourde de pétrole.

ANALYSE DES MATIÈRES PREMIÈRES.

Calcaire argileux. — APPAREILS ET PRODUITS NÉCESSAIRES.

Vases à précipiter droits et à bec, avec partie dépolie permettant d'écrire au crayon, de 250 centimètres cubes et de 500 centimètres cubes........	3
Entonnoirs à analyse.......	3
Bain de sable	1
Creuset en platine de 35 millimètres de hauteur avec couvercle..	1

Bec à gaz Berthelot et support	1
Agitateurs	12
Pissette à eau chaude	1
— à eau froide	1
— à eau froide ammoniacale	1
Lampe d'émailleur ou bec Berzélius	1
Capsule en porcelaine de 250 centimètres cubes à fond plat et à bec	3
Entonnoir de même diamètre que les capsules (D = 100 millimètres)	1
Capsule en platine de 50 millimètres de diamètre	1
Pince à creuset en fer, nickelée, de 0m,50 de long	1
Ballon fond plat de 250 centimètres cubes	1
Mortier d'agate de 11 millimètres avec pilon	1
Ballon jaugé de 1 000 centimètres cubes	1
Balance sensible au demi-milligramme et poids	1
Burette à robinet de 50 centimètres cubes avec support, tablette en porcelaine	1
Moufle à calciner à gaz ou au pétrole	1
Papier à filtrer pour analyses.	
Support avec triangle en fil de platine	1

Eau distillée.
Acide chlorhydrique pur.
Chlorate de potasse.
Carbonate de potasse pur, fondu, pulvérisé, sec.
Carbonate de soude pur, fondu, pulvérisé, sec.
Ammoniaque pure à 22° B.
Acide sulfurique pur à 22° B.
Zinc pur distillé.
Permanganate de potasse.
Fil de clavecin.
Oxalate d'ammoniaque.
Phosphate de soude.
Acide azotique pur.
Chlorure de baryum.
Oxalate de potasse.
Coton de verre.
Carbonate de soude cristallisé.

Dissolution. — On pèse 1 gramme de matière desséchée ou non au bain de sable et finement pulvérisée au mortier d'agate, qu'on place dans un vase à précipité de 250 centimètres cubes, on ajoute quelques centimètres cubes d'eau, puis peu à peu quelques centimètres cubes d'acide chlorhydrique, en même temps qu'un cristal de chlorate de potasse ; lorsque le dégagement d'acide carbonique est terminé, on chauffe à ébullition pendant quelques minutes et on filtre sur un petit filtre dans un second vase à précipité ; on lave soigneusement le premier vase et on ajoute les eaux de lavage sur le filtre. On retire le filtre et on le calcine dans un petit creuset en platine. Lorsque le creuset est refroidi, on ajoute 4 à 5 grammes d'un mélange de cinq parties de carbonate de potasse et quatre parties de carbonate de soude fondus ; on ajoute une pincée d'azotate de potasse, et on opère dans le creuset même le mélange des matières à l'aide d'un petit agitateur bien sec. On place le creuset avec son couvercle sur le triangle du support, et on chauffe à fusion complète soit avec la lampe d'émailleur, ou la lampe Berzélius, pendant une demi-heure au maximum. On retire le creuset et on le plonge à mi-hauteur dans de l'eau froide.

Lorsque le creuset est froid, on le retire, et on en détache le culot qu'on place dans une capsule en porcelaine de 250 centimètres cubes à fond plat et à bec.

On nettoie le creuset avec quelques centimètres cubes d'eau bouillante qu'on ajoute dans la capsule.

On recouvre alors la capsule d'un entonnoir renversé, et on ajoute très doucement le liquide contenu dans le vase à précipité, on rince soigneusement ce dernier, et lorsque la dissolution du culot est terminée, on lave également l'entonnoir, et on place la capsule sur le bain de sable. (Pour plus de sécurité, on doit faire cette opération en double, peser deux fois 1 gramme, faire deux fusions, etc.)

Silice (SiO^2). — Le produit évaporé à sec est repris par quelques gouttes d'acide chlorhydrique ; on chauffe de nouveau au bain de sable, on reprend par de l'eau bouillante, on filtre et on lave. Le précipité calciné dans la capsule en platine et au moufle, pesé, diminué du poids des cendres du filtre (0,002 par exemple) × 100, donne la proportion de silice p. 100. On ne doit pas trouver de différence sensible entre les deux résultats.

Supposons comme nombres trouvés :

$$\left.\begin{array}{l} 0{,}124 - 0{,}002 = 0{,}122 \times 100 = 12{,}20 \\ 0{,}123 - 0{,}002 = 0{,}121 \times 100 = 12{,}10 \end{array}\right\} \text{moyenne} = 12{,}15\ SiO^2\ \text{p. } 100.$$

Sesquioxyde de fer et alumine (Fe^2O^3 et Al^2O^3). — Si, ce qui est préférable, on a effectué l'opération en double, on a deux vases à précipité contenant chacun les éléments à doser moins la silice.

On verse de l'ammoniaque pour précipiter les oxydes de fer et d'alumine jusqu'à ce que le liquide soit alcalin.

On chauffe quelques minutes, on filtre et on lave longtemps à l'eau bouillante ; on reçoit le filtrat dans un vase à précipité de 500 centimètres cubes. On enlève seulement un des deux filtres, on le calcine et on le pèse. Le poids du précipité diminué de celui des cendres × 100 donne la proportion de Al^2O^3 Fe^2O^3, soit : 0,066 — 0,002 = 0,064 × 100 = 6,4 p. 100 $Fe^2O^3 + Al^2O^3$.

Sesquioxyde de fer (Fe^2O^3). — On crève la pointe du second filtre, et, à l'aide d'un jet d'eau bouillante, on le fait tomber dans un petit ballon à fond plat, de 250 centimètres cubes (pour exécuter cette opération, il faut que le précipité soit encore *très humide*) et on ajoute 20 à 25 centimètres cubes d'acide sulfurique à 66° B, qui dissout les oxydes de fer et d'aluminium. On laisse refroidir de nouveau, on fait tomber dans le ballon quelques grammes de zinc pur en grenailles, on bouche le ballon avec un bouchon muni d'un tube effilé, la pointe en l'air, de façon à laisser passer l'hydrogène dégagé, et on laisse ainsi environ douze heures. On fait généralement cette opération le soir.

Deuxième mode opératoire. — Si l'opération a été faite en simple, on détache de la capsule, avec un petit pinceau, les oxydes calcinés $Fe^2O^3 + Al^2O^3$ qu'on vient de peser, et on les fait tomber dans un petit mortier en agate ; on ajoute trois ou quatre gouttes d'eau et on broie la matière (cette addition d'eau a simplement pour but d'empêcher la matière d'être projetée au dehors). Les oxydes broyés sont jetés à l'aide d'un jet de pissette et d'un entonnoir dans un ballon de 250 centimètres cubes, on ajoute la même quantité d'acide sulfurique que dans le premier cas, et on continue l'opération comme il a été décrit.

Le lendemain matin, on filtre rapidement dans un vase à précipité de 500 centimètres cubes, le liquide du ballon sur un peu de coton de verre contenu dans un petit entonnoir, et on titre avec une solution de permanganate de potasse à raison de $0^{gr},400$ par litre.

Pour cela, on verse la solution violacée de permanganate dans une burette, et on la laisse tomber goutte à goutte dans le liquide, jusqu'à ce qu'on obtienne une coloration rose persistante, soit nombre obtenu : $20^{cc},3$.

Dans un même vase, on verse à peu près le même volume d'eau distillée contenant la même quantité d'acide, et on verse goutte à goutte du permanganate de potasse jusqu'à ce qu'on ait la même coloration. Cette opération sert simplement à retrancher du premier volume trouvé, celui nécessaire pour la coloration du liquide : supposons qu'on ait $0^{cc},3$.

La liqueur à $0^{gr},400$ est faite de telle manière que le nombre de centimètres cubes de liqueur divisé par 10 donne exactement le pour 100 de Fe^2O^3 en opérant sur 1 gramme de matière.

Par conséquent, pour l'exemple donné, on a versé $20^{cc},3 - 0^{cc}3 = 20^{cc}$ ou 2 p. 100 Fe^2O^3, soit alumine p. 100 $6,4 - 2,0 = 4,4$ p. 100.

Chaux. — Si l'on a fait l'opération en double on a deux vases. On chauffe la liqueur pour réduire le volume à peu près de moitié, et, après refroidissement, on ajoute 2 grammes d'oxalate d'ammoniaque dissous dans un peu d'eau. La chaux est précipitée à l'état d'oxalate de chaux. Après douze heures de repos, on filtre et on lave à l'eau bouillante au-dessus d'un vase à précipité de 500 centimètres cubes. Le précipité d'oxalate de chaux calciné se transforme d'abord en carbonate de chaux, puis la calcination étant activée, en chaux caustique (CaO) qu'on pèse après refroidissement. Le poids, diminué de celui des cendres du filtre $\times$ 100, donne la proportion de chaux.

$$\text{Soit } \left.\begin{array}{l} 0,432 - 0,002 = 0,430 \\ 0,430 - 0,002 = 0,428 \end{array}\right\} 0,429 \times 100 = 42,90 \text{ CaO p. 100.}$$

Magnésie. — On verse dans la liqueur refroidie du phosphate de soude en solution à 20 p. 100, et une assez grande quantité d'ammoniaque qui précipite la magnésie à l'état de phosphate ammoniaco-magnésien. On laisse reposer environ douze heures et on filtre.

Si, ce qui arrive parfois, les parois du vase retiennent une certaine proportion de précipité, on ajoute quelques gouttes d'acide chlorhydrique qu'on promène tout autour, puis de l'ammoniaque qui reprécipite la petite partie du précipité qu'on vient de dissoudre; on ajoute ce précipité à celui qui est déjà sur le filtre, et on lave avec de l'eau contenant un quart de son volume d'ammoniaque.

On retire le filtre et on le calcine fortement. Par la calcination, le phosphate ammoniaco-magnésien se transforme en pyrophosphate de magnésie. Si, malgré cette calcination, le précipité n'est pas absolument blanc, on ajoute sur le précipité même 1 ou 2 gouttes d'acide azotique, on sèche au bain de sable et on calcine de nouveau.

Le poids du précipité, diminué de celui des cendres $\times$ 100 $\times$ 0,36, donne la proportion de magnésie p. 100.

Soit 0,054 — 0,002 = 0,052 $\times$ 100 $\times$ 0,36 = 1,87 }
0,053 — 0,002 = 0,051 $\times$ 100 $\times$ 0,36 = 1,83 } 1,85 MgO p. 100.

Acide sulfurique. — Pour doser ce corps, on dissout la matière comme il a été dit et on sépare la silice. Dans la liqueur filtrée et chaude, on ajoute du chlorure de baryum en solution à 20 p. 100 qui précipite l'acide sulfurique à l'état de sulfate de baryte; on laisse reposer quelques heures, on filtre, on lave et on calcine.

Le poids du précipité, diminué de celui des cendres $\times$ 100 $\times$ 0gr,343, donne la proportion d'acide sulfurique p. 100.

Soit :
0,028 }
0,026 } moyenne = 0,029 $\times$ 100 $\times$ 0,343 = 0,85 SO^3 p. 100.

Dosage du sable. — Il est important, pour la fabrication du ciment, de déterminer la proportion de sable, car la silice que nous avons dosée est la silice totale, sable compris.

On prend 2 grammes de matière et on les place dans une capsule en porcelaine, avec une grande quantité d'acide sulfurique. On chauffe jusqu'à ce qu'il se dégage d'épaisses vapeurs blanches, et que le volume soit réduit aux deux tiers ; on décante en ayant soin de ne pas entraîner de matières, et on renouvelle l'opération trois fois ; la troisième fois on verse peu à peu la totalité dans un vase à précipité de 1 litre contenant 7 à 800 centimètres cubes d'eau, et on filtre. Après lavage, on crève la pointe du filtre, et on fait tomber le contenu dans un vase à précipité contenant 200 centimètres cubes d'une solution de carbonate de soude cristallisé ; on fait bouillir, on filtre et on lave.

Le poids du précipité, diminué de celui des cendres $\times$ 100, donne directement le p. 100 de sable qui, dans ces conditions, n'a pas été attaqué.

Soit $0{,}014 - 0{,}002 = 0{,}012 \times 100 = 1{,}2$. D'où silice combinée $= 12{,}15 - 1{,}2 = 10{,}95$.

Si la matière est calcaire, on la traite d'abord par l'acide chlorhydrique, et on attaque ensuite le résidu, après filtration et lavage, par l'acide sulfurique, comme il vient d'être dit.

Perte au feu. — On pèse 1 gramme du produit dans une capsule en platine, on calcine au moufle à haute température pendant une heure, et on pèse. La quantité perdue donne la perte au feu sur un gramme.

Soit $0{,}350 \times 100 = 35$ p. 100, perte au feu.

Indice d'hydraulicité. — L'indice est le rapport :

$$\frac{SiO^2 \text{ combiné} + Al^2O^3}{CaO + MgO},$$

ce qui, pour l'exemple choisi, nous donne :

$$\frac{10,95 + 4,40}{42,90 + 1,85} = 0,34.$$

Analyse d'un ciment ou d'une chaux. — On pèse 1 gramme de matière qu'on fait tomber dans une capsule en porcelaine de 250 centimètres cubes ; on délaie avec un peu d'eau, on recouvre la matière d'un entonnoir, et on verse peu à peu 10 à 15 centimètres cubes d'acide chlorhydrique. Après avoir retiré et lavé l'intérieur de l'entonnoir en ajoutant les eaux de lavage dans la capsule, on évapore au bain de sable à sec, on reprend par quelques centimètres cubes d'acide chlorhydrique, on chauffe de nouveau, on ajoute de l'eau et on filtre. Le précipité est la silice.

L'analyse est ensuite continuée comme plus haut.

Dosage de l'acide sulfurique. — On sépare la silice comme il vient d'être dit, mais en opérant sur 5 grammes ; on filtre et dans le liquide on ajoute du chlorure de baryum et on continue l'opération comme plus haut. Le poids du précipité, diminué de celui des cendres $\times$ 0,343 $\times$ 20, donne la proportion p. 100 d'acide sulfurique.

Dosage du sable. — Il peut se faire que le ciment contienne un peu de sable. On opère comme pour le dosage de la silice ; après lavage du précipité, on crève la pointe du filtre, et on fait tomber le précipité à l'aide d'un jet de pissette dans une solution de carbonate de soude cristallisé, on fait bouillir, on filtre et on lave le précipité. Le poids du précipité, diminué de celui des cendres × 100, donne la proportion de sable et de matières insolubles (matières scoriacées), proportion qui est généralement très faible.

Contrôle du délayage. — Matériel nécessaire :

Flacon jaugé à 25 centimètres cubes, à bords ronds avec disque obturateur.

(A) Capsule en nickel de 80 millimètres de diamètre et de 20 millimètres de hauteur, à bords droits.

(B) Capsule en nickel à fond plat, à bec de 50 millimètres de diamètre.

Bain de sable.

Tamis métalliques de 324, 900 et 4900 mailles (nos 50, 80, 200).

Bassin d'environ 300 millimètres de diamètre.

Trébuchet à larges plateaux, sensible à 5 milligrammes.

Finesse. — Pour déterminer la finesse de la pâte, on prélève de temps en temps à la sortie de chaque délayeur, et pour chacun séparément, environ un litre de lait. Les différents échantillons sont mélangés dans un vase quelconque ; on en prélève 25 centimètres cubes en plongeant le flacon jaugé, et en glissant l'obturateur sur le flacon. Le flacon est retiré et lavé extérieurement d'un jet de pissette, puis le contenu est jeté dans une capsule en métal A, dont on a la tare toute faite ; on pèse le tout, et la capsule est placée sur le bain de sable.

Pendant la dessiccation, qui dure au moins une heure, on exécute un second prélèvement ou plusieurs pour avoir un résidu plus appréciable. Le volume prélevé est jeté sur un tamis entièrement métallique de 200 millimètres de diamètre sur 100 millimètres de hauteur, constitué par de la toile métallique de 324, 900 ou 4 900 mailles. Il faut avoir soin de jeter la prise d'échantillon dans le tamis, celui-ci posant aux trois quarts dans l'eau pour éviter que la matière ne colle au fond ; on agite le tamis au-dessous d'un faible courant d'eau, et lorsque le liquide coule clair on renverse le tamis au-dessus du bassin en balayant la matière, on décante, on fait tomber le résidu dans une petite capsule (B), ce qui est très facile et demande une minute. Le résidu est desséché et pesé.

On exécute la même manœuvre en opérant, s'il en est besoin, avec les trois tamis différents.

Poids de la matière sèche (A).....	19 grammes.
Poids du résidu sur le tamis (B)..	3gr,5
Soit résidu p. 100 de matière sèche.	18,4 p. 100.

Dosage de l'eau. — On a :

Poids de la matière avant dessiccation...	37gr,2
Poids de la matière après dessiccation...	19gr,0
Poids de la matière sèche...............	19gr,0
Soit eau évaporée............ 37,2 — 19 =	18gr,2
Soit eau p. 100 de matière sèche.........	95,7

Suivant les résultats donnés, on activera ou on modérera le délayage, on vérifiera les toiles métalliques, on augmentera ou diminuera l'arrivée de l'eau, de manière à obtenir un délayage régulier, le plus fin possible avec le minimum d'eau, toutes choses qu'il est impossible de contrôler sans essais, et nous savons par expérience personnelle qu'une usine marche d'autant mieux que le collaborateur le plus modeste est persuadé qu'on attache assez d'importance à son travail pour s'en rendre compte.

Si, pour le délayage, on se sert de tamis tamiseurs spéciaux, ou si le lait circule dans des canaux désableurs, il est bien évident que ces opérations doivent être faites sur le lait arrivant dans le bassin de repos, ou dans le séchoir ; toutes ces conditions doivent évidemment être déterminées suivant chaque cas particulier.

CONTRÔLE DU DOSAGE. — Matériel nécessaire :

Capsule en nickel de 125 millimètres de diamètre.
Mortier en porcelaine de 130 millimètres intérieur avec pilon.
Bain de sable.
Balance sensible au demi-milligramme et poids.
Capsule en porcelaine de 250 cent. cubes à fond plat et à bec.
Entonnoir à analyse.
Pissette à eau bouillante.
Pissette à eau froide.
Capsule en platine.
Moufle à incinérer.
Papier à filtrer. Ammoniaque pure. Acide chlorhydrique pur.

On verse quelques centimètres cubes de lait dans la capsule en métal, et on dessèche au bain de sable.

La matière desséchée est écrasée dans le mortier, on en pèse 2 grammes, qu'on place dans une capsule en porcelaine, on ajoute quelques centimètres cubes d'eau, on délaie, et on ajoute peu à peu 10 centimètres cubes d'une liqueur composée de :

Acide chlorhydrique pur à 22° B. 400 c. c. + eau = 1000 c. c.

On laisse l'acide carbonique se dégager, puis on verse 10 centimètres cubes d'une liqueur composée de :

Ammoniaque pure à 22° B. 150 c. c. + eau = 1000 c. c.

On attend quelques instants, on filtre, on lave, on calcine et on pèse. Le poids de la matière, diminué de celui des cendres × par 50, = proportion d'argile.

Au lieu d'opérer par pesée, on peut mesurer le volume d'acide carbonique dégagé par l'action d'un acide en se servant d'appareils spéciaux parmi lesquels nous recommandons l'appareil du Dr Lunge (fig. 99), peu utilisé en France, mais qui donne des résultats exacts.

L'appareil se compose de trois tubes gradués A, B, C placés sur des supports mobiles, et contenant du mercure. Le tube A communique à l'aide d'un tube en caoutchouc fort épais avec un petit appareil spécial à décomposition, dans lequel on introduit la matière à

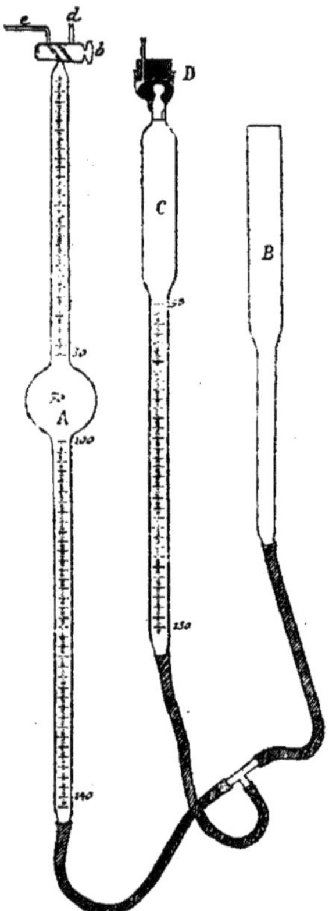

Fig. 99. — Appareil Lunge.

analyser ainsi qu'un fragment de fil d'aluminium, qui, au contact de l'acide chlorhydrique, dégagera de l'hydrogène et lavera le petit appareil (non figuré) de tout l'acide carbonique qu'il pourrait contenir.

L'acide carbonique dégagé et recueilli en A est mesuré en établissant le niveau convenable en descendant les tubes B, C. On fait ensuite passer les gaz dans un petit appareil contenant de la lessive de potasse qui absorbe l'acide carbonique et laisse l'hydrogène. Par différence on a l'acide carbonique dégagé (1).

Ramenage. — Si le lait n'a pas la teneur normale d'argile qu'il doit contenir, on ajoute de l'argile délayée ou un lait de calcaire plus argileux si le lait est trop maigre ; s'il est trop gras on ajoute un lait de calcaire.

Un calcul très simple permet d'arriver à ce résultat. Soit un bassin doseur dont la pâte contient 19 p. 100 d'argile alors que le dosage cherché est 21. La hauteur du lait contenu dans ce bassin est de $1^m,50$.

Le bassin de réserve contient un lait argileux dont la teneur en argile est de 46,6 p. 100.

On a alors :

$$1,5 \times \frac{21,00 - 19,00}{46,50 - 21,00} = 0^m,12$$

de lait à ajouter.

Pour cela, on ouvre la vanne de communication de ce bassin jusqu'à ce que la hauteur soit de $1^m,62$. On met de nouveau les arbres à palettes en mouvement, pour prélever un second échantillon, et vérifier le dosage.

Si, au contraire, le bassin contient un lait trop gras à 23 p. 100 d'argile, et que le maigre contenu dans le bassin de réserve soit dosé à raison de 11 p. 100 d'argile, on aura par un calcul semblable :

$$1^m,5 \times \frac{23 - 21}{21 - 11} = 0^m,30 \text{ à ajouter.}$$

(1) Comme la description de cet appareil nous entraînerait trop loin, nous renvoyons le lecteur à l'ouvrage : *Les Nouveautés chimiques* (1896), par M. C. Poulenc, dans lequel on trouvera toutes les explications désirables.

CONTRÔLE DANS UNE USINE TRAVAILLANT PAR LA VOIE SÈCHE.

Finesse. — Il est facile de déterminer la finesse de la poudre en opérant par tamisage, après séchage. On peut, la poudre argileuse passant parfois difficilement au travers des mailles du tamis de 4 900, opérer par lévigation, en délayant le poids prélevé dans un peu d'eau, et en opérant ensuite comme pour le contrôle du délayage. On peut également opérer avec l'appareil Shone employé pour les analyses d'argile, que M. Feret a modifié pour cet usage.

On doit déterminer la finesse sur chaque matière séparément et après blutage si elles sont pulvérisées complètement à part, ou à la sortie du tube broyeur si les matières ne sont pas blutées. Quoi qu'il en soit on ne doit dans aucun cas briqueter une poudre dont la finesse n'a pas été vérifiée.

Il est facile de prélever automatiquement des échantillons de poudre à la sortie de l'appareil broyeur ou tamiseur, soit à l'aide d'un petit appareil puisant 1 gramme ou un demi-gramme de poudre toutes les heures ou les demi-heures ou avec tout autre système.

Nous nous sommes servi, il y a quelques années, d'un appareil échantillonneur qui nous a donné toute satisfaction.

Sur l'axe du cylindre sur lequel roule la toile sans fin recevant la poudre à briqueter, se trouve fixée une poulie à gorge qui fait tourner, à l'aide d'une corde à boyau servant de courroie, un cylindre sur lequel roule un ruban plus ou moins étroit, qui entraîne dans un récipient la poudre que le transporteur déverse continuellement sur lui.

Le chef d'atelier doit avoir à sa disposition, si cela

est possible, les tamis nécessaires, ou tout au moins celui de 324 mailles sur lequel aucune poudre ne doit laisser de résidu.

Dosage. — A l'entrée des silos ou en tout autre point, il doit être établi des échantillonneurs automatiques (suivant l'installation de l'usine, les échantillons prélevés pour déterminer la finesse peuvent servir pour ce dosage) chargés de prélever un échantillon moyen.

On détermine la teneur d'argile de la poudre desséchée, comme il a été décrit plus haut.

Suivant les indications données par le chimiste, les bascules automatiques sont réglées pour donner le dosage cherché.

Pour vérification on prélève après mélange un nouvel échantillon dans la trémie de la gâcheuse.

Dosage de l'eau dans la poudre crue. — Matériel nécessaire :

Capsule en nickel de 125 millimètres.
Étuve à eau servant d'appareil distillatoire.
Balance sensible au demi-milligramme.

Avant briquetage, on prélève de temps à autre un échantillon dans la trémie de la briqueteuse.

On en pèse 5 grammes, qu'on place une heure au plus à l'étuve, et par différence on en détermine la proportion d'eau.

Contrôle du séchage. — Matériel nécessaire :

Le même que pour l'essai précédent.

Lorsque, pour le séchage des briquettes ou des matières avant pulvérisation, on utilise des séchoirs spéciaux, il est utile de connaître la quantité d'eau évaporée, en dosant l'eau dans les produits avant et après séchage, par la même méthode que pour le dosage de l'eau dans la poudre crue. D'après le nombre de briquettes séchées, et leur poids, on détermine facilement la quantité d'eau totale évaporée, et la quantité d'eau évaporée par kilogramme de houille, cette dernière devant être pesée exactement.

CONTRÔLE DE LA CUISSON.

On doit peser la pâte introduite ainsi que le charbon. Au défournement, les roches doivent être pesées séparément, suivant la qualité qu'elles représentent.

Il faut bien se persuader que ce n'est qu'en scindant toutes les opérations qu'on arrive à réduire les pertes au minimum, et que ce qui peut paraître une complication au début, devient un travail facile lorsque le pli en est pris.

Il serait utile, lorsque l'on utilise les fours continus, d'analyser les gaz s'échappant de chaque four, à l'aide des appareils que nous décrirons au *Contrôle des générateurs*.

Sur un échantillon de roches bien cuites, on déterminera, après broyage, l'expansion du ciment à l'aide de l'appareil Le Chatelier (voy. *Essais d'expansion*).

Matériel nécessaire :

Appareil Le Chatelier.
Récipient métallique pouvant contenir de l'eau.
Fourneau à gaz ou à pétrole.

CONTRÔLE DE LA MOUTURE. — Matériel nécessaire :

Tamis de 324, 900 et 4900 mailles.
Trébuchet sensible à 5 milligrammes.

On prendra un échantillon automatiquement à l'aide de l'appareil décrit ou par tout autre moyen.

Le chef d'atelier devra également avoir un matériel semblable à sa disposition (voy. *Essai de finesse de mouture*).

Prise. — Matériel nécessaire :

Truelle.
Sonde Tetmajer.
Boîte à prise.
Aiguille Vicat.

L'essai de prise sera fait sur les différents lots de la journée, sur les silos en expédition, etc. (voy. *Essai de prise*).

Résistance. — Matériel nécessaire :

Sonde Tetmajer.
Truelle.
Sable normal.
Moules à briquettes.
Appareil de rupture Michaëlis.
Bacs de conservation.

Suivant l'importance du laboratoire, on peut confectionner plus ou moins de briquettes. Pour la vérification de l'usine, on peut faire un essai de résistance à la traction, flexion ou compression, et dans des conditions quelconques, pourvu qu'elles soient toujours les mêmes. En pratique, nous conseillons de faire l'essai de traction, qui est l'essai courant, en employant du mortier plastique 1 : 3 gâché et immergé dans l'eau douce; ce qui n'empêchera pas le chimiste de faire les essais spéciaux imposés par les cahiers des charges, qui exigent des essais en pâte pure, en mortier sec, l'eau de mer comme eau de gâchage, etc.

A la fin de la journée, on fera douze briquettes en mortier plastique 1 : 3, en se servant du même échantillon que celui ayant servi à l'essai de finesse de la mouture. On cassera six briquettes après deux jours et six après une semaine.

Tous les échantillons de la même semaine ou quinzaine pourront être réunis, et sur le lot on fera un certain nombre de briquettes pour pouvoir les casser à quatre et douze semaines et plus loin s'il est possible.

Ces essais constituent le contrôle de l'usine au point de vue de la production journalière, mais il est bien entendu qu'on doit suivre les produits qui ont donné des résultats peu favorables, en renouvelant les essais de prise et d'expansion sur le ciment en silo, pour ne jamais livrer un produit qui ne réponde aux conditions spéciales du marché, ou dont on ne soit certain de sa qualité.

ÉPURATION DES EAUX D'ALIMENTATION.

Il est bien rare qu'on puisse alimenter les générateurs avec de l'eau non épurée. L'eau étant généralement chargée de sels, il arrive que par leur concentration ces sels forment une épaisse croûte dans les bouilleurs, amenant un ralentissement dans la vitesse d'évaporation et pouvant même causer des accidents.

Le sulfate de chaux est le plus nuisible; une eau qui en contient $0^{gr},100$ par litre doit être épurée.

Le carbonate de chaux dissous à la faveur d'un peu d'acide carbonique est moins nuisible; il incruste peu, mais forme une boue qu'il faut évacuer de temps à autre.

Matériel nécessaire :

Burette hydrotimétrique.
Flacon hydrotimétrique.
Liqueur hydrotimétrique.
Solution de chlorure de baryum pur, cristallisé ($0^{gr},550$ + eau = 1 000 centimètres cubes.

Carbonate de soude } tels qu'on les emploiera pour l'épuration,
Soude caustique } par conséquent plus ou moins purs.
Verres à pied de 250 centimètres cubes, 2 douzaines.
Papier tournesol sensible.
Entonnoirs de 250 centimètres cubes, 2 douzaines.
Ballon jaugé de 1000 centimètres cubes.
Burettes de 25 centimètres cubes, à robinet, 2.
Ballon de 200 centimètres cubes.
Ballon de 100 centimètres cubes.
Capsules de 250 centimètres cubes, 8.

Liqueur hydrotimétrique. — On la prépare en dissolvant 50 grammes de savon blanc de Marseille pur dans 800 grammes d'alcool à 90°. Après filtration, on ajoute 500 centimètres cubes d'eau distillée.

Pour la vérifier, on introduit de la solution de chlorure de baryum jusqu'au trait 40 du flacon hydrotimétrique; on remplit la burette hydrotimétrique jusqu'au trait 0, et on ajoute goutte à goutte de la liqueur hydrotimétrique dans le flacon jusqu'à ce qu'après agitation énergique il se forme 1/2 centimètre de mousse persistant au moins pendant 5 minutes. Le nombre de degrés lus sur la burette est l'indication du degré hydrotimétrique ; si la liqueur est exacte, le degré doit être 23°. La burette est graduée de telle façon que $2^{cc},4 = 23$ divisions ; la 1re division est comptée pour faire mousser 40 centimètres cubes d'eau distillée.

Si le degré lu est plus ou moins que 23°, on modifiera la liqueur en ajoutant un peu de savon dissous si elle est trop faible, d'alcool si elle est trop forte.

Pour obtenir le degré hydrotimétrique d'une eau, on opère de la même manière, en remplaçant la solution de chlorure de baryum par l'eau.

Si l'eau est trop chargée de sels et forme de gros grains en versant la liqueur hydrotimétrique, ou que le contenu entier de la burette soit insuffisant, on opérera sur 20 ou 10 centimètres cubes d'eau en complétant le volume 40 centimètres cubes avec de l'eau distillée. Dans ce cas le degré hydrotimétrique lu devra être multiplié par 2 ou par 4 suivant le volume d'eau employé.

Épuration. — Pour l'épuration, on peut se baser sur l'analyse de l'eau, opération fort délicate. On y arrive plus rapidement et plus simplement en employant le procédé suivant dû à M. H. Pellet, méthode que nous avons eu l'occasion d'appliquer plusieurs fois.

On prépare, avec les produits qu'on emploiera pour l'épuration, deux solutions à 10 p. 100 de soude caustique et de carbonate de soude.

On verse 200 centimètres cubes d'eau dans les verres à expériences et on ajoute :

Nos des verres.	Solution ajoutée.	
1	4	c. c. de solution de soude.
2	6	
3	8	
4	10	
5	4	c. c. de solution de carbonate de soude.
6	6	
7	8	
8	10	

On agite et on laisse reposer une demi-heure. On élimine tous les essais donnant une réaction alcaline au papier de tournesol sensible.

Supposons que ce soit le cas des nos 3, 4, 7 et 8. On filtre les essais nos 1, 2, 5, 6 et on en détermine le degré hydrotimétrique. Si les nos 2 et 6 donnent le même degré hydrotimétrique que les nos 1 et 5, on les élimine, dans le cas contraire, on opère comme suit :

	On ajoute :		
	Solution de soude.		Solution de carbonate de soude.
1	4 c. c.	+	1 c. c.
2	4 c. c.	+	2 c. c.
3	4 c. c.	+	3 c. c.
4	4 c. c.	+	4 c. c.
5	6 c. c.	+	1 c. c.
6	6 c. c.	+	2 c. c.
7	6 c. c.	+	3 c. c.
8	6 c. c.	+	4 c. c.

On agite, on laisse reposer une demi-heure, et on élimine tous les essais donnant une réaction alcaline ; on note le degré hydrotimétrique des autres.

On exécute la même opération sur les solutions à 4 et 6 centimètres cubes de carbonate de soude et en ajoutant 1, 2, 3 et 4 centimètres cubes de soude caustique. On élimine comme plus haut les solutions alcalines et on détermine le degré hydrotimétrique des autres, de sorte qu'on a en fin d'opération quelques essais seulement. On prélève 100 centimètres cubes de chaque liquide, on les place dans une capsule et on les réduit au bain de sable à quelques centimètres cubes ; on élimine les solutions alcalines. Finalement, on adopte comme dosage celui qui, avec la moins grande quantité de réactifs, a donné la meilleure épuration sans donner de *solution alcaline*.

Pour cette épuration, il existe différents modèles d'épurateurs (épurateur Howaston, etc.).

ESSAI DES GAZ DE LA CHEMINÉE.

En brûlant au contact de l'oxygène de l'air, le carbone du combustible peut produire deux combinaisons : la première a lieu lorsqu'il y a insuffisance d'oxygène et par conséquent d'air, sous forme du gaz oxyde de carbone (CO), en dégageant 2 474 calories. La deuxième, lorsqu'il y a assez d'oxygène et par conséquent d'air en produisant l'acide carbonique et dégageant 8 080 calories.

Par conséquent, un chauffeur qui ferait arriver trop peu d'air sur la grille de ses foyers et ne transformerait son charbon qu'en oxyde de carbone perdrait 8 080 — 2 474 = 5 606 calories.

En pratique, c'est le contraire qui se produit; généralement, on fait arriver beaucoup plus d'air qu'il n'en faut pour la combustion, excès qui, en s'échauffant, emporte par la cheminée sous forme de chaleur une partie plus ou moins considérable du charbon employé.

Théoriquement, en admettant une houille pure, le gaz d'échappement devrait contenir 20,8 p. 100 d'acide carbonique. En pratique, on doit se considérer comme satisfait lorsque le gaz en contient 16 p. 100 avec une température aussi peu élevée que possible.

Par conséquent, on doit contrôler la marche des générateurs :

1° Par l'analyse du gaz, pour éviter d'introduire un excès d'air sous la grille des chaudières ;

2° Par la mesure de la température des gaz d'échappement, pour éviter d'enlever de l'air trop chaud.

Dans une note présentée à l'Association des chimistes de sucrerie et de distillerie, M. Dupont évalue les pertes suivantes pour une houille à 7 500 calories :

TEMPÉRATURE DES GAZ.	TENEUR EN ACIDE CARBONIQUE DES GAZ.					
	5 p. 100	7 p. 100	9 p. 100	11 p. 100	13 p. 100	15 p. 100
	PERTE EN CHARBON P. 100.					
200°	27,2	19,4	15,1	12,4	10,5	9,6
250°	34,0	24,3	18,8	15,5	13,0	11,3
300°	40,8	29,0	22,6	18,5	15,7	13,3
350°	47,6	34,0	26,4	21,6	18,0	15,8
400°	54,4	35,5	30,2	27,7	21,0	18,0

D'après une communication faite à l'assemblée générale de l'Association de l'industrie sucrière tenue à Berlin les 29 et 30 janvier 1898, M. le Dr Volquartz aurait obtenu, en soumettant les chauffeurs au régime du contrôle :

	Acide carbonique p. 100.
Janvier	13,6
Février	14,2
Mars	15,4
Avril	15,4

avec une température des gaz se maintenant entre 180 et 200°.

Suivant la richesse du gaz, les chauffeurs avaient une petite prime.

Avant le contrôle, la quantité d'eau vaporisée était de 8^{kg},900 contre 9^{kg},400 pendant le contrôle.

Analyse des gaz. — Matériel nécessaire :

Échantillonneur Ridder.
Burette de Hempel.
Lessive de potasse à 36° B.

Échantillonneur Ridder. — L'échantillonneur se compose d'un petit gazomètre qui aspire automatique-

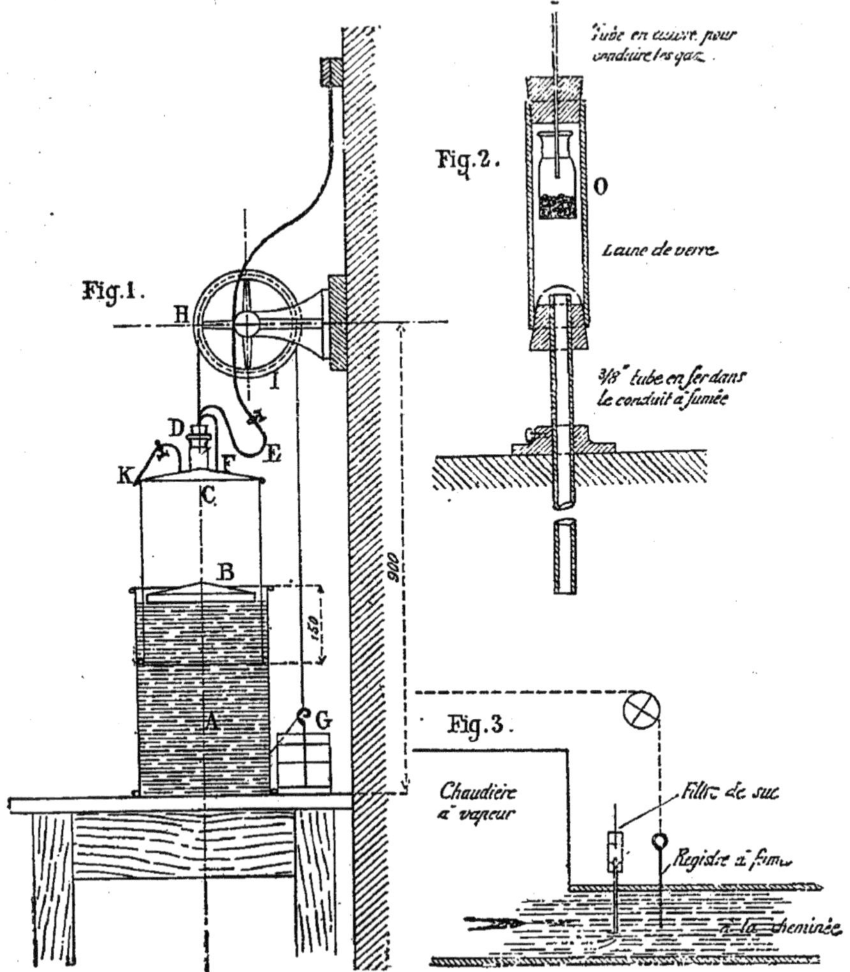

Fig. 100. — Échantillonneur Ridder.

ment le gaz, le filtre à travers un tampon d'amiante et l'emmagasine. Le fonctionnement de chaque appareil est réglé pour marcher pendant douze heures, c'est-à-dire la durée d'un poste.

L'appareil (fig. 100) se compose d'un vase rempli d'eau, A, dans lequel plonge une cloche C formant un gazomètre. La cloche C est soulevée à l'aide du contrepoids G, et forme ainsi un léger vide qui aspire les gaz. Les gaz arrivent par le conduit E et débouchent dans le petit flacon B où ils barbotent. Un flotteur en cuivre B empêche le contact des gaz et de l'eau et, par conséquent, la dissolution d'acide carbonique.

Les gaz sont aspirés dans le carneau du générateur par un petit tube, à la suite duquel se trouve un petit filtre à suie comme le montre la figure.

Pour l'analyse, on enlève le contrepoids G, et le poids de la cloche refoule les gaz, dont on détermine la composition.

Pour cette opération, on peut se servir de bien des appareils, dont la burette de Hempel.

Burette de Hempel. — Cet appareil (fig. 101) se compose de deux burettes *a* et *b* de 100 centimètres cubes chacune, reliées entre elles par un petit tube en caoutchouc. La burette *a* est ouverte à son extrémité, tandis que la burette *b* est fermée à l'aide d'une pince et peut être mise en communication avec la pipette P, par son extrémité qui est effilée et recourbée. Pour prélever l'échantillon de gaz, on ouvre la pince *d* et on verse de l'eau dans la burette *a* jusqu'à ce que toutes deux soient à peu près à moitié remplies.

On place la burette *a* sur le petit banc que figure le croquis. La pince *d* étant ouverte, par suite de la différence de niveau, la burette *b* se remplit. Lorsque l'eau s'écoule par le tube *c*, on ferme la pince *d*, on met ce tube en communication avec la tubulure de l'appareil Ridder, on abaisse la burette *a* au-dessous de *b*, on ouvre *p*, et la burette *b* se remplit. Lorsque la burette *b*

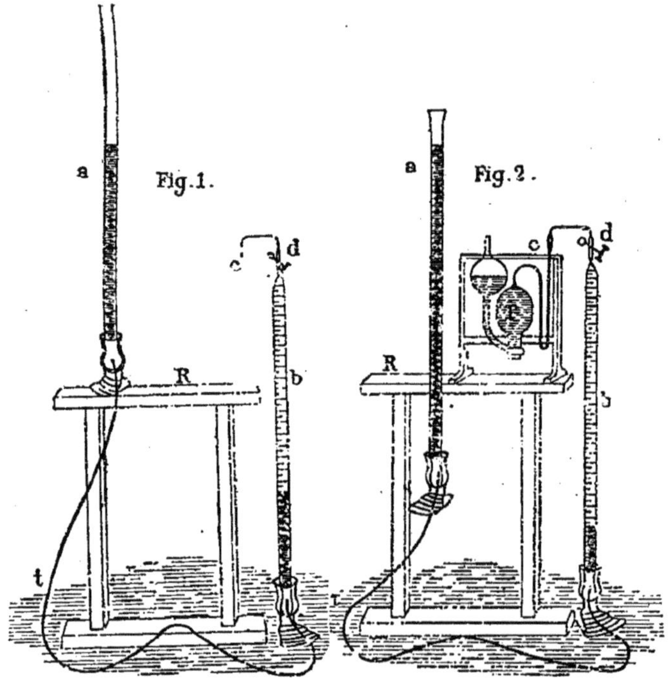

Fig. 101. — Burette de Hempel.

est pleine, on ferme *d* et on supprime la communication. On place les deux burettes sur la table et on amène en ouvrant *d* le niveau de l'eau exactement à *o* ; on serre alors le tube de caoutchouc entre les doigts et on ouvre *d* pour laisser échapper la petite quantité d'air qui était comprimée. On a alors 100 centimètres cubes de gaz à la pression atmosphérique. Pour doser l'acide carbonique, on place la pipette P contenant de la lessive de potasse sur le petit bain, et on la met en communication avec *b* ; on soulève la burette *b* et on ouvre *d* ; le gaz contenu s'échappe et vient barboter dans la lessive de potasse qui absorbe l'acide carbonique. Lorsque l'eau s'échappe par le tube capillaire, on ferme la pince *d* et on attend quelques instants. On abaisse alors la burette *a* et on ouvre *d* de manière à aspirer le gaz contenu dans la pipette en s'arrêtant lorsque la lessive a rempli le tube de la pipette P. On ferme *d* et on supprime la communication. On amène alors les deux colonnes d'eau au même niveau, et on lit dans la burette *b* le volume absorbé qui correspond à la proportion d'acide carbonique pour 100 centimètres cubes.

Détermination du tirage. — L'indicateur de tirage est l'appareil qui indique au chauffeur s'il est en marche normale ou s'il s'en écarte, lorsque le meilleur tirage a été déterminé par l'expérience.

Si, par exemple, à l'aide de l'analyse des gaz on a reconnu que le meilleur tirage était donné par une dépression de 7 millimètres d'eau, il est évident que le tirage sera trop élevé lorsqu'il indiquera 20 millimètres et trop faible s'il indique moins.

L'indicateur Ridder très simple est basé sur le principe des baromètres anéroïdes, et affecte la forme d'un manomètre. Chaque division correspond à une dépression de 1 millimètre d'eau.

Détermination de la température. — Pour cette détermination, on se sert de pyromètres dont on plonge la tige dans le carneau. Il en existe des modèles multiples. Un des plus simples est le pyromètre Richard à mercure. Le meilleur est sans contredit le pyromètre Le Chatelier.

ANALYSE DU COMBUSTIBLE. — Matériel nécessaire :

Balance sensible au demi-milligramme.
Capsule en platine.
Moufle à incinération.
Alcool à 90°.

L'analyse du combustible est très importante, car sa valeur dépend de sa teneur en carbone.

L'essai le plus scientifique, et qui donne en même temps la valeur exacte du produit, est la détermination du pouvoir calorifique qui, malheureusement, demande un appareil coûteux.

Le dosage de la proportion de cendres, sans donner un renseignement aussi exact, est très suffisant en pratique.

Pour avoir un échantillon moyen, nous conseillons la méthode suivante, qui est également bonne pour obtenir un échantillon moyen d'un lot de ciment ou de toute autre matière.

On prélève sur chaque manne ou wagonnet de combustible quelques morceaux pris à la pelle (il est en effet à remarquer que, lorsqu'on prélève à la main, on prend toujours les morceaux les plus apparents), et lorsque le déchargement du lot est terminé, on broie le tout, ce qui est facile dans une usine à ciment.

On forme avec la totalité une pyramide tronquée, on la divise en deux parties, et on opère de même avec une des deux parties. pour recommencer l'opération jusqu'à ce qu'on ait seulement 1 ou 2 kilogs de matière.

Dosage des cendres. — On pèse 2 grammes de l'échantillon final très finement pulvérisé dans une capsule de platine et on porte au moufle qu'on maintient à basse température (au rouge à peine naissant), pendant une heure à une heure et demie, pour éviter la formation de coke; on active peu à peu, sans toutefois chauffer assez fort pour fondre les cendres, qui doivent rester spongieuses.

Pour s'assurer que tout le carbone est brûlé, on retire la capsule, on la laisse refroidir et on verse quelques gouttes d'alcool; s'il reste du charbon, les particules non brûlées viennent surnager à la surface; on évapore alors doucement l'alcool et on incinère de nouveau.

Le poids des cendres multiplié par 50 donne le p. 100 contenu dans le combustible.

FEUILLE JOURNALIÈRE.

Nous indiquons comme type de feuille journalière à établir par le chimiste ou le chef de fabrication, celle que nous avons imaginée (page 318) pour une usine travaillant par la voie sèche et employant les fours continus. Toutes ces indications sont évidemment modifiables suivant les conditions particulières de l'exploitation, et le point de vue spécial auquel chacun se place.

A titre d'exemple, nous indiquons le graphique d'un atelier de séchage (fig. 102).

En plus de toutes ces indications, nous croyons qu'il est bon de placer un manomètre enregistreur aux générateurs, et un compteur de tours automatique à la machine motrice, ainsi que des ampèremètres et des voltmètres à la génératrice électrique; un compteur d'eau sur la conduite d'alimentation des générateurs recevant l'eau de retour des machines.

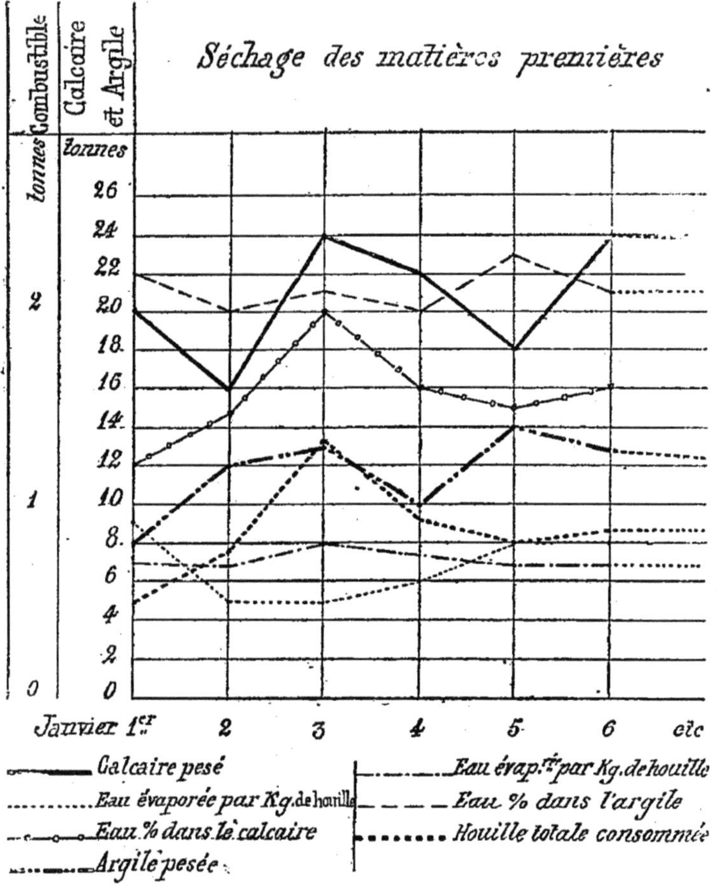

Fig. 102. — Graphique d'un atelier de séchage.

Pour chaque poste, on relève la quantité d'eau évaporée et celle de houille consommée.

ORGANISATION DE L'USINE.

Nous avons déjà fait voir que les usines à chaux doivent autant que possible être disposées de telle façon que les produits descendent continuellement.

Il n'en est pas tout à fait de même dans une usine à ciment qui n'a pas à s'occuper de l'extinction, et dont bien souvent l'une des deux matières premières se trouve assez loin de l'usine.

On doit poser en principe qu'il faut le plus possible remplacer la main-d'œuvre par une installation mécanique appropriée, ce qui est maintenant relativement facile par la combinaison des transporteurs dont l'industrie dispose, avec la force électrique qu'on peut répandre partout dans l'usine tout en ne provenant que d'une seule même géneratrice.

On doit également s'astreindre à remplacer la main-d'œuvre par des systèmes automatiques chaque fois que cela est possible ; c'est ainsi qu'on est arrivé à charger automatiquement les grilles des générateurs, et à les alimenter de même, ce qui supprime le travail pénible du chauffeur, et rend la bonne marche des appareils indépendants de sa volonté.

Il n'est pas dans notre intention de décrire l'organisation d'une usine, nous nous arrêterons seulement sur quelques points dont notre expérience personnelle nous a montré qu'ils étaient souvent négligés.

Magasinier. — Toute usine bien ordonnée doit comprendre un ouvrier chargé par le comptable du service du magasin dans lequel tout doit être soigneusement classé .par espèces et inventorié minutieusement, les pièces de rechange des machines soigneusement classées et graissées. Rien ne doit sortir ni entrer sans une inscription immédiate après une inspection minutieuse.

Le magasin doit être tenu de telle sorte que rien dont l'absence puisse être une cause d'arrêt ne manque jamais. Il ne faut pas, détail qui ne semblera puéril qu'à ceux qui n'ont jamais dirigé d'usine, qu'un ouvrier puisse dire qu'il ne peut convenablement travailler parce qu'il lui manque un objet quelconque, ne serait-ce qu'un balai.

Rien ne doit sortir sans un bon délivré par le chef de fabrication.

MÉCANICIEN. — Un des facteurs du bon fonctionnement d'une usine est le mécanicien, modeste auxiliaire qu'on regarde souvent à rémunérer. Toutefois faut-il, pour qu'un mécanicien capable puisse rendre les services qu'on est en droit d'attendre de sa collaboration, qu'il ait à sa disposition un atelier de mécanique convenable, alors que bien souvent il est d'installation par trop rudimentaire.

REGISTRE TECHNIQUE. — Toute usine bien organisée doit posséder un registre dans lequel toutes les opérations techniques de l'usine sont décrites, tous les organes croqués et cotés, en sorte qu'en ouvrant le chapitre relatif à la mouture, on doit avoir, avec le plan de l'atelier, le nombre de dents du pignon de tel engrenage, ses dimensions, etc., renseignements qu'il est parfois fort difficile d'obtenir la pièce montée.

Ce registre, qui doit être tenu constamment à jour, nous a toujours rendu les plus grands services.

Feuille journalière du contrôle d'une usine travaillant par la voie sèche et employant les fours continus.

Extraction. 1

Nombre de wagonnets d'argile = A ce jour (1) =
Nombre de wagonnets de calcaire = Id. =
Temps de marche du transporteur aérien

Séchage. 2

Calcaire desséché pesé = A ce jour =
Argile desséchée pesée = Id. =
P. 100 d'eau du calcaire avant séchage = Après séchage =
P. 100 d'eau de l'argile avant séchage = Id. =
Eau évaporée par kg. de houille (calcaire) =
Eau évaporée par kg. de houille (argile) =
Houille totale consommée = A ce jour =

Mouture. 3

	FINESSE AUX TAMIS DE			ARGILE P. 100. Dans la pâte.	
	324	900	4900		
1............				1 =	5 =
2............				2 =	6 =
3............				3 =	7 =
				4 =	8 =

Briquetage. 4

Briques façonnées = A ce jour =
Eau 0/0 dans la poudre humectée 1er essai = 2e = 3e =

Séchage (Canaux). 5

Briques séchées = A ce jour =
Eau 0/0 avant séchage = Après séchage =
Eau évaporée par kilogramme de houille
Houille totale employée = A ce jour =

Mouture. 7

	RÉSIDU P. 100 AUX TAMIS DE								
	324	900	4900	324	900	4900	324	900	4900
	Administratif (1).			Dallage (2).			A maçonner (3).		
1....									
2....									

PRISE.		EXPANSION
Début.	Fin.	

Production. 1 = A ce jour =
2 = Id. =
3 = Id. =

Cuisson. 6

Briques enfournées = A ce jour =
Roches défournées (total) = Id. =
Roches bien cuites défournées = Id. =
Roches de rebut défournées = Id. =
Rebut p. 100 de roches bien cuites =
Houille consommée par tonne de roches bien cuites =
Houille totale consommée = A ce jour =

Silos. 8

Silo 1.
— 2.
— 3.
— 4.
— 5.

Générateurs. 9

Degré hydrotimétrique avant épuration = Après épuration =
Richesse du gaz en acide carbonique
Houille consommée = A ce jour =
Eau évaporée.

Machine motrice. 10

Heures de marche de la machine

Main-d'œuvre par atelier.

	1	2	3	4	5	6	7	8	9	10	Total.	A ce jour.
Ouvriers de jour.												
Aides de jour...												
Ouvriers de nuit.												
Aides de nuit...												

Manutention, par qualités (1, 2, 3).

	DE LA JOURNÉE.			A CE JOUR.		
	1	2	3	1	2	3
Fabriqué.....						
Expédié......						
En magasin..............						

Consommation.

Houille = A ce jour =
Huile = Id. =

Divers Réparations.

(1) *A ce jour* signifie le total général jusqu'à ce jour.

Feuille journalière du contrôle d'une usine travaillant par la voie sèche et employant les fours continus.

Extraction. 1

Nombre de wagonnets d'argile = A ce jour (1) =
Nombre de wagonnets de calcaire = Id. =
Temps de marche du transporteur aérien

Séchage. 2

Calcaire desséché pesé = A ce jour =
Argile desséchée pesée = Id. =
P. 100 d'eau du calcaire avant séchage = Après séchage =
P. 100 d'eau de l'argile avant séchage = Id. =
Eau évaporée par kg. de houille (calcaire) =
Eau évaporée par kg. de houille (argile) =
Houille totale consommée = A ce jour =

Mouture. 3

	FINESSE AUX TAMIS DE			ARGILE P. 100. Dans la pâte.	
	324	900	4900		
1...........				1 =	5 =
2...........				2 =	6 =
3...........				3 =	7 =
				4 =	8 =

Briquetage. 4

Briques façonnées = A ce jour =
Eau 0/0 dans la poudre humectée 1er essai = 2^e = 3^e =

Séchage (Canaux). 5

Briques séchées = A ce jour =
Eau 0/0 avant séchage = Après séchage =
Eau évaporée par kilogramme de houille
Houille totale employée = A ce jour =

Mouture. 7

	RÉSIDU P. 100 AUX TAMIS DE								
	324	900	4900	324	900	4900	324	900	4900
	Administratif (1).			Dallage (2).			A maçonner (3).		
1....									
2....									

PRISE. Début.	PRISE. Fin.	EXPANSION

Production. { 1 = A ce jour = ; 2 = Id. = ; 3 = Id. = }

Cuisson. 6

Briques enfournées = A ce jour =
Roches défournées (total) = Id. =
Roches bien cuites défournées = Id. =
Roches de rebut défournées = Id. =
Rebut p. 100 de roches bien cuites =
Houille consommée par tonne de roches bien cuites =
Houille totale consommée = A ce jour =

Silos. 8

Silo 1.
— 2.
— 3.
— 4.
— 5.

Générateurs. 9

Degré hydrotimétrique avant épuration = Après épuration =
Richesse du gaz en acide carbonique
Houille consommée = A ce jour =
Eau évaporée.

Machine motrice. 10

Heures de marche de la machine

Main-d'œuvre par atelier.

	1	2	3	4	5	6	7	8	9	10	Total.	A ce jour.
Ouvriers de jour.												
Aides de jour..												
Ouvriers de nuit.												
Aides de nuit...												

Manutention, par qualités (1, 2, 3).

	DE LA JOURNÉE.			A CE JOUR.		
	1	2	3	1	2	3
Fabriqué.....						
Expédié......						

En magasin..............

Consommation.

Houille = A ce jour =
Huile = Id. =

Divers. Réparations.

(1) *A ce jour* signifie le total général jusqu'à ce jour.

VII. — ESSAIS ET PROPRIÉTÉS GÉNÉRALES

FINESSE DE MOUTURE

Il peut sembler très simple de déterminer avec exactitude les proportions différentes de grains entrant dans un ciment.

En réalité, la séparation exacte est impossible. Par l'effet des secousses imprimées au tamis, les grains arrivent à écarter les mailles, à se pousser, et finalement à passer, en sorte qu'en réalité il passe constamment des grains (1).

Numéros d'ordre	2024		2025	
Tamis (mailles par cent. carré).	900	4900	900	4900
	Poids p. 100 des grains passant à travers les mailles des tamis après 25 tours de bras (opération considérée comme terminée).			
	gr. 0,095	gr. 0,085	gr. 0,053	gr. 0,052
Ayant ensuite fait 10 tamisages successifs de 1 minute chacun on a obtenu les poids ci-après après chaque opération :	0,200	0,660	0,123	0,658
	0,175	0,507	0,145	0,367
	0,143	0,405	0,097	0,218
	0,132	0,287	0,099	0,218
	0,106	0,146	0,088	0,185
	0,088	0,078	0,086	0,110
	0,094	0,097	0,083	0,108
	0,082	0,115	0,083	0,104
	0,075	0,152	0,088	0,168
	0,065	0,092	0,068	0,208

Pour rendre l'opération plus exacte, certains opérateurs ont proposé diverses machines qui ne donnent

(1) Voir : Note sur diverses expériences concernant les ciments, par R. Féret (*Annales des Ponts et Chaussées*).

pas de résultats plus concordants que le tamisage à la main : machines Feret, Tetmajer, des Ponts et Chaussées, etc.

On emploie des tamis à toiles n°s 50, 80, 135 et 200, correspondant à 324, 900, 2025 et 4900 mailles par centimètre carré.

Le numéro du tamis indique le nombre de fils compris dans un pouce français ou 0^{m},027 de la chaîne de la toile, ce qui, ramené au centimètre linéaire, donne :

Toile n° 50......	18,52 fils	ou	343 mailles	par centimètre carré.
— 80......	29,53	—	878	—
— 135......	50,00	—	2500	—
— 200......	74,07	—	5487	—

Mais, comme les diamètres des fils employés par suite des difficultés de fabrication ne sont pas toujours les mêmes, M. Durand-Claye (1) a trouvé que pour un même numéro les toiles présentaient entre elles des différences considérables, allant de 272 mailles à 342 pour le tamis n° 50, de 708 à 900 pour le n° 80 ; un essai de la toile n° 135 a donné 2585 mailles, et la toile n° 200 a montré des variations allant de 4291 à 5837 mailles.

La finesse des ciments influe beaucoup sur la plupart de leurs propriétés, comme le montrent les nom breux essais que nous avons exécutés.

Influence de la finesse sur la densité. — Si, par sa définition même, le poids spécifique d'un corps ne varie pas, quel que soit son volume, il n'en est pas de même de la densité apparente, c'est-à-dire du poids d'un litre de poudre mesurée dans certaines

(1) Durand-Claye, *Sur les essais de tamisage*. Rapport présenté à la Commission des méthodes d'essai.

conditions. La finesse du produit a une action directe sur la densité apparente. Plus un ciment est grossièrement moulu, plus sa densité apparente est élevée, ce que MM. Guillain, Vétillard, Candlot, Féret et nous-même avons démontré.

Les essais ci-après exécutés avec une même fine poussière, à laquelle il a été ajouté les proportions successives de résidus aux tamis de 900 et 4 900 mailles, mettent cette loi en évidence :

	Ciment A. Densité du mélange de fine poussière et de résidu aux tamis de : 900 mailles.	4 900 mailles.
Mélanges contenant 0 0/0 (fine poussière)...	973	973
— 10 — ...	1 132	1 043
— 20 — ...	1 203	1 120
— 25 — ...	1 249	1 156
— 30 — ...	1 287	1 192
— 40 — ...	1 354	1 248
— 50 — ...	1 411	1 308
— 60 — ...	1 455	1 357
— 70 — ...	1 454	1 374
— 75 — ...	1 463	1 386
— 80 — ...	1 449	1 377
— 90 — ...	1 416	1 370
— 100 (résidus)......	1 408	1 360

La particularité, qui n'est peut-être pas la moins curieuse, est que la densité apparente d'un mélange de 25 parties de fine poussière de densité 973, et de 75 parties de résidu au tamis 900, de densité apparente 1 408, accuse une densité apparente de 1 463, supérieure à la plus élevée des densités des corps mélangés.

Cette augmentation de poids tient à ce qu'une certaine partie de la fine poussière vient boucher les vides laissés par les grains de résidu, augmentant le poids du mélange sans en changer le volume.

Cette fine poussière elle-même n'est pas de composition granulométrique uniforme, on peut la séparer en deux parties en la tamisant au tamis de soie, et confectionner des mélanges qui accuseront les densités les plus différentes, tout en n'étant que de la fine poussière, comme on peut s'en rendre compte par les essais que nous avons exécutés :

			Densité apparente de mélanges de poudre ayant traversé le tamis de soie, et de résidu sur ce tamis.
Mélange contenant	0 p. 100	de résidu.	810
—	10	—	926
—	20	—	995
—	25	—	1 033
—	30	—	1 058
—	40	—	1 115
—	50	—	1 172
—	60	—	1 228
—	70	—	1 266
—	75	—	1 272
—	80	—	1 285
—	90	—	1 310
—	100	—	1 304

Ces essais montrent que des ciments peuvent posséder la même proportion de résidu au tamis de 4 900 mailles et avoir une densité apparente extrêmement différente, ce qui est facile à vérifier, et ce que font voir les essais ci-après pris parmi un grand nombre d'autres :

USINES.	NUMÉROS.	RÉSIDU TOTAL.	DENSITÉ APPARENTE.
A	1962	32,1	1181
	1952	32,5	1245
	1965	33,8	1127
B	1832	40,6	1331
	1956	41,1	1237
	1884	34,0	1252
	1944	34,3	1101
C	1976	30,1	1206
	1977	29,7	1110
	1982	32,5	1274
	1999	32,5	1157
	1983	33,8	1274
	2007	33,4	1181

Pour mettre encore mieux en évidence l'influence de la composition granulométrique de la partie dite *fine poussière*, sur la densité apparente des ciments, les ciments cités plus haut pouvant contenir une certaine proportion de poussières de fours, nous avons confectionné avec les mêmes produits les quatre mélanges suivants, contenant chacun 5 p. 100 de résidu au tamis de 900, 20 p. 100 à celui de 4900, et 75 p. 100 de fine poussière contenant elle-même de 0 à 75 p. 100 de résidu au tamis de soie :

COMPOSITION DES MÉLANGES.				DENSITÉ APPARENTE.
REFUS AUX TAMIS DE			POUSSIÈRE ayant traversé le tamis de soie.	
900 mailles.	4900 mailles.	soie.		
5 p. 100.	20 p. 100.	0 p. 100.	75,00 p. 100.	1108
5 —	20 —	18,75 —	51,25 —	1197
5 —	20 —	37,50 —	37,50 —	1298
5 —	20 —	51,25 —	18,75 —	1367

On voit combien la densité apparente de ces quatre mélanges est différente, *quoique donnant les mêmes résultats aux tamis employés pour la détermination de la finesse de mouture.*

En définitive, on peut donc donner à deux ciments, provenant de la mouture des mêmes roches, des densités extrêmement différentes, même en leur donnant les mêmes proportions de résidu aux tamis de 900 et de 4900 mailles par centimètre carré.

Influence de la finesse sur la proportion d'eau de gachage. — Les grains fins présentant une plus grande surface et une plus grande facilité d'hydratation exigent une plus grande quantité d'eau de gâchage, ce que les essais ci-après mettent en évidence :

Fine poussière additionnée de proportions variables de résidu au tamis de 4900 mailles.

		Proportion d'eau de gâchage.	
Fine poussière seule........	»	33,70	
Mélange contenant : résidu..	5 p. 100.	32,70	
— — ..	10 —	31,70	
— — ..	15 —	30,70	
— — ..	20 —	29,40	Résidu au 900.
— — ..	25 —	28,40	26,80
— — ..	30 —	27,20	
— — ..	35 —	26,00	
— — ..	40 —	25,00	
— — ..	45 —	24,00	
— — ..	50 —	23,60	19,80
— — ..	75 —	22,20	

On voit que la proportion d'eau de gâchage est influencée par celle des grains et par leur grosseur. C'est pour cette raison que les chaux exigent une quantité d'eau de gâchage aussi considérable ; elles contiennent une quantité de poudre impalpable dont la connaissance de la partie passant au tamis le plus fin ne donne aucune idée, les chaux étant par leur hydratation réduites à une finesse que les moyens mécaniques employés pour la pulvérisation du ciment ne peuvent leur donner.

INFLUENCE DE LA FINESSE SUR L'HYDRATATION DES GRAINS. — De quelques essais exécutés sommairement, il a semblé à M. H. Le Chatelier que les grains ayant plus de un dixième de millimètre de diamètre n'étaient pas encore hydratés après une année d'exposition sous l'eau.

Nous avons essayé de nous rendre compte de l'influence de la grosseur des grains sur leur hydratation.

Nous avons opéré sur des roches pures bien cuites que nous avons broyées et tamisées, de façon à avoir une série de grains :

Passant au tamis de.	2 millim.	et retenus par celui de	1 millim.
—	1 —	—	324 mailles.
—	324 mailles	—	900 —
—	900 —	—	4900 —
—	4900 —	—	de soie.
—	de soie, donnant de la farine.		

Ensuite, les mélanges suivants ont été gâchés à l'eau distillée, et les boules obtenues immergées dans des flacons contenant de la même eau, bouchés et paraffinés :

1. Farine.....	100 grammes				
2. —	75 + 25 gr. de résidu sur le tamis de soie.				
3. —	50 + 50	—	—	—	
4. —	25 + 75	—	—	—	
5. —	25 + 75	—	—	de	4900 mailles.
6. —	25 + 75	—	—	de	900 —
7. —	25 + 75	—	—	de	324 —
8. —	25 + 75	—	—	de	1 millim.

Après six mois et quatorze mois d'immersion, il a été prélevé un morceau de chaque essai, qui a été pulvérisé et laissé sous la cloche à acide sulfurique jusqu'à poids constant. La matière a été ensuite définitivement pulvérisée et tamisée au tamis de soie, et la chaux mise en liberté par l'effet de la prise a été dosée au moyen de l'eau sucrée, en opérant sur un gramme de poudre placée en digestion une demi-heure dans 100 centimètres cubes d'eau sucrée à 10 p. 100, et en titrant au tournesol.

Les résultats obtenus après six et quatorze mois de durcissement, en représentant par 100 le pouvoir hydraulisant de la farine de ciment (d'après les proportions de chaux mises en liberté à six et quatorze mois), nous ont donné :

	A 6 mois.	A 14 mois.
Farine	100	100
Résidu au tamis de soie	100	100
— 4900	37,2	54,2
— 900	15,8	14,3
— 324	13,3	6,6
— 1 millim	6,38	2,5

Ces essais montrent nettement que la partie des ciments appelée *fine poussière* s'hydrate entièrement, tandis que le résidu au tamis de 4 900 mailles ne joue en grande partie qu'un rôle inerte.

Influence de la finesse sur la prise. — Des expériences que nous venons de montrer, il doit résulter : 1° que la prise doit être d'autant plus rapide que le ciment est plus fin ; 2° que les grains de ciment refusés au tamis de 4 900 mailles n'y doivent jouer aucun rôle.

C'est, en effet, ce que l'expérience confirme. Si, à de la fine poussière, on ajoute les mêmes *volumes réels* de résidu au tamis de 4900 mailles, et de sable de même grosseur, on constate que la vitesse de prise est la même dans les deux cas.

En réalité, on constate souvent une fin de prise un peu plus rapide pour les mélanges de fine poussière et de résidu ; cela doit tenir à la plus grande facilité d'agglomération des gros grains de ciment retenant toujours à leur surface une certaine proprotion de fine poussière, comme il est facile de s'en assurer en agitant des grains de ciment dans un liquide neutre (alcool, benzine, pétrole, etc.).

Influence de la finesse sur la résistance. — M. Michaelis a cherché à montrer l'influence d'une mouture de plus en plus fine, en faisant varier le poids de sable, pour un même poids de ciment de plus en plus fin. Le tableau résumant ces essais montre qu'une partie de ciment passé au tamis de 4900 mailles donne des mortiers de même résistance que ceux composés de deux parties de ciment, pour la même proportion de sable :

CIMENT EMPLOYÉ.	PROPORTION de sable ajouté.	RÉSISTANCE A LA TRACTION.		
		30 jours.	90 jours.	180 jours.
	parties.	kil.	kil.	kil.
Ciment tel quel............	5,0	7,44	9,59	11,29
Passé au tamis de 900 mailles.	6,5	7,92	8,93	11,14
— 2500 —	8,5	7,92	8,34	12,34
— 4900 —	10,3	6,90	9,42	11,46

Pour nous rendre compte de l'influence de la finesse des ciments sur leur résistance, nous avons, parmi les ciments de première qualité satisfaisant aux conditions du cahier des charges d'une grande administration, choisi tous ceux ayant de 16 à 25 p. 100 de résidu total au tamis de 4 900 mailles, d'une part, et, d'autre part, ceux ayant de 36 à 45 p. 100 de résidu, opérant ainsi sur un assez grand nombre d'échantillons de différentes usines. Les résultats forment le tableau ci-après :

NATURE DES CIMENTS ESSAYÉS.		RÉSISTANCE A LA TRACTION APRÈS				
		1 semaine.	4 semaines	12 semaines.	6 mois.	1 an.
		Pâte pure. Eau de mer.				
Résidu p. 100.	16 à 25.....	37	51	59	48	18
—	36 à 45.....	33	48	57	45	56
		Pâte pure. Eau douce.				
—	16 à 25.....	31	39	47	50	43
—	36 à 45.....	30	42	48	55	55
		Mortier sec 1 : 3. Eau de mer.				
—	16 à 25.....	17	23	25	30	37
—	36 à 45.....	13	18	19	24	29
		Mortier sec 1 : 3. Eau douce.				
—	16 à 25.....	17	23	29	34	46
—	36 à 45.....	13	17	23	28	26

D'autres exemples nous sont fournis par les produits d'une usine qui, donnant des ciments expansifs, a remédié dans une certaine mesure à ce défaut, en produisant des ciments très fins, démontrant ainsi la supériorité des ciments fins au point de vue des résistances.

	RÉSISTANCE A LA TRACTION. Moyennes de trois ciments ayant respectivement 39,2-35,6-37,5 de résidu au tamis de 4900 mailles (résidu moyen : 37,4 p. 100). Nos 1871, 1872, 1873.			
	Pâte pure.		Mortier sec $\frac{1}{3}$.	
	Eau de mer.	Eau douce.	Eau de mer.	Eau douce.
1 semaine.......	23	20	10	9
4 —	32	36	14	17
12 —	50	47	18	21
6 mois..........	58	53	21	23
1 an............	58	55	26	25
2 ans...........	59	59	30	27

	RÉSISTANCE A LA TRACTION. Moyennes de quatre ciments ayant respectivement 7,0-7,7-7,3-7,3 de résidu au tamis de 4900 mailles (résidu moyen : 7,3 p. 100). Nos 1879, 1880, 1881, 1882.			
	Pâte pure.		Mortier sec $\frac{1}{3}$.	
	Eau de mer.	Eau douce.	Eau de mer.	Eau douce.
1 semaine.......	26	26	21	22
4 —	52	40	29	30
12 —	56	44	26	33
6 mois..........	·31	46	29	38
1 an...........	23	43	31	37
2 ans...........	41	45,5	38	39

Les résultats donnés par des mortiers plastiques 1 : 1 fabriqués avec les mêmes ciments donnent les mêmes conclusions :

NUMÉROS.	PROPORTION de résidu au tamis de 4 900.	RÉSISTANCE A LA TRACTION. Mortier plastique 1 : 1.					
		1 semaine.	4 semaines.	12 semaines.	6 mois.	1 an.	2 ans.
		Eau de mer.					
1873	Résidu total... 37,5	7	22	33	18	19	40
1880	— ... 7,7	25	38	35	41	38	43
		Eau douce.					
1873	Résidu total... 37,5	8	25	35	21	23	42
1880	— ... 7,7	22	35	42	49	44	51
1882	— ... 7,3	20	27	39	42,5	38,5	52

On peut donc dire d'après ces essais que les mortiers de ciment fin, gâchés à l'eau de mer comme à l'eau douce, donnent à la traction des résistances supérieures à celles données par les mortiers de ciment moins finement moulus. Il en est de même à la compression.

Pour les mortiers de pâte pure, c'est parfois l'inverse qui se présente : les ciments grossièrement moulus donnent, principalement dans les essais à l'eau de mer, des résistances supérieures aux pâtes de ciments fins.

Cela provient de ce que les cristaux développés par les réactions chimiques de la prise doivent avoir peine à se développer dans des pâtes aussi compactes, et aussi parce que les ciments fins demandant beaucoup plus d'eau de gâchage que les ciments gros, il entre moins de matière dans un même volume de mortier pur de ciment fin que de ciment gros. Aussi, peut-on considérer les mortiers de pâte pure de ciments gros comme des mortiers extrêmement riches de ciment fin, les gros grains jouant le rôle de sable.

Si, en effet, on ajoute à du ciment des proportions de sable allant de $\frac{1}{10}$ à la $\frac{1}{2}$ du poids de ciment, on constate que les résultats sont supérieurs à ceux donnés par le mortier de ciment pur :

	RÉSISTANCE A LA TRACTION. — EAU DOUCE.				
POIDS DE CIMENT.. / POIDS DE SABLE...	= 1 / = 0	10 / 1	9 / 1	8 / 1	7 / 1
APRÈS					
1 semaine.......	18,5	22,6	21,1	23,3	22,3
4 —	26,8	32,0	29,3	29,5	31,3
12 —	35,6	40,1	38,8	38,3	39,0
26 —	41,0	49,3	46,1	49,1	45,0
1 an...........	43,3	49,6	48,8	47,6	46,3

	RÉSISTANCE A LA TRACTION. — EAU DOUCE.				
POIDS DE CIMENT.. / POIDS DE SABLE...	= 6 / = 1	5 / 1	4 / 1	3 / 1	2 / 1
1 semaine.......	22,6	22,8	21,5	20,5	20,0
4 —	30,6	28,3	29,3	26,8	29,0
12 —	37,3	35,6	36,6	35,6	34,8
26 —	43,1	43,6	46,0	44,1	41,1
1 an...........	45,6	46,8	42,8	43,1	45,1

Influence de la finesse sur l'adhérence au fer. — La finesse a également de l'influence sur l'adhérence au fer, mesurée comme nous l'expliquons plus loin.

Nous avons exécuté (85) les quelques essais ci-après avec un ciment ayant 33 p. 100 de résidu au tamis de 4 900 mailles, et avec la fine poussière de ce ciment :

	CIMENT TEL QUEL.					
	Mortier plastique 1 : 1.		Mortier plastique 1 : 2.		Mortier plastique 1 : 3.	
	Adhérence. Résistance totale.	Traction par centimètre carré.	Adhérence. Résistance totale.	Traction par centimètre carré.	Adhérence. Résistance totale.	Traction par centimètre carré.
1 semaine....	445	21,8	265	15,5	230	10,6
6 mois.......	1230	45,6	840	32,8	680	27,8
1 an.........	1465	52,0	1170	41,6	1280	35,5
	FINE POUSSIÈRE.					
	Mortier plastique 1 : 1.		Mortier plastique 1 : 2.		Mortier plastique 1 : 3.	
	Adhérence. Résistance totale.	Traction par centimètre carré.	Adhérence. Résistance totale.	Traction par centimètre carré.	Adhérence. Résistance totale.	Traction par centimètre carré.
1 semaine....	630	26,3	440	22,3	480	15,6
6 mois.......	1550	45,1	1240	43,0	980	38,6
1 an.........	1745	52,5	1740	52,0	1315	42,3

L'essai d'adhérence a été exécuté en noyant une lame ronde d'acier doux de 50 centimètres de développement dans un cube normal, et en décollant ensuite la tige à l'aide d'un effort exercé par compression sur l'extrémité de la tige.

INFLUENCE DE LA FINESSE SUR L'EXPANSION. — L'expansion d'un ciment peut être réduite par une finesse plus grande. C'est ainsi qu'une usine fournissant des ciments expansifs grossièrement moulus a remédié à ce défaut par une mouture plus énergique.

NUMÉROS.	RÉSIDU au 4 900.	EXPANSION en millimètres.
1871	39,2	13,0
1872	35,6	31,0
1873	37,5	31,0
1879	7,0	1,0
1880	7,7	1,3
1881	7,3	1,3
1882	7,3	1,3

Il semble même qu'il existe une certaine relation entre la cuisson, et par conséquent l'expansion, et la production de la mouture de grains restant sur les tamis de 900 et de 4 900 mailles.

Si, en effet, on examine les rapports de la proportion de résidu au tamis 4 900 (la proportion de résidu au 900 déduite) à celle donnée par le tamis 900, on trouve que, généralement, les produits expansifs donnent un rapport faible.

Si, par exemple, une usine fournit deux ciments ayant l'un 20 p. 100 de résidu au tamis 4 900 et 15 p. 100 au 900, l'autre 20 p. 100 de résidu au 4 900 et 5 p. 100 au 900, donnant respectivement des rapports $\frac{4\,900}{900} = 1{,}3$ et 5, on peut en déduire souvent que le ciment ayant le rapport 1,3 sera expansif (1).

D'après tous ces essais, il semble bien que la production de ciments fins soit préférable à celle de ciments grossiers. Néanmoins, comme il entre dans cette question d'autres éléments d'appréciation que ceux que nous avons exposés, et entre autres ceux concernant la résistance des mortiers à la lévigité et aux sels magnésiques de l'eau de mer, il s'ensuit qu'il n'est peut-être pas encore absolument possible de déterminer en toute connaissance de cause si, pour tous les cas d'emploi, il est préférable de faire usage de mortiers de ciments très fins, au lieu des ciments de mouture moyenne employés actuellement.

Personnellement, nous pensons que les ciments fins sont préférables aux mêmes ciments grossièrement moulus, et nous ne croyons pas, si, comme le disent certains ingénieurs, ce qui du reste est loin d'être prouvé, les ciments fabriqués actuellement sont moins bons que les ciments anciens, que la faute en soit à la finesse qui est plus grande.

Flouromètre Goreham. — Cet appareil se compose d'un réservoir à air formant compresseur, relié par un tube en caoutchouc à une éprouvette en verre contenant le ciment à essayer. En mettant les deux parties de l'appareil en communication, le courant d'air dont on peut régler la vitesse enlève la poussière du ciment.

Essai normal. — Nous indiquons ci-après les conclusions formulées par la Commission des méthodes d'essai des matériaux de construction, commission instituée par décret en date du 9 novembre 1891 :

(1) E. Leduc, *Congrès de Budapest*, 1901.

a. Pour déterminer la finesse de mouture des ciments, on fractionnera l'échantillon en quatre lots à l'aide des trois tamis à mailles carrées définis ci-après :

1° Tamis de 324 mailles, soit 18 par centimètre linéaire, avec fils de 0 millim. 20 de diamètre (1).

2° Tamis de 900 mailles, soit 30 par centimètre linéaire, avec fils de 0 millim. 15 de diamètre (2).

3° Tamis de 4 900 mailles, soit 70 par centimètre linéaire, avec fils de 0 millim. 05 de diamètre (3).

b. Les essais auront lieu sur un essai de 100 grammes.

c. Le tamisage à la main sera considéré comme terminé, lorsqu'il passera moins de 0 gr. 1 de matière sous l'action de vingt-cinq tours de bras.

d. L'emploi d'une machine à secousses est recommandé pour éliminer rapidement la plus grande partie de la fine poussière.

e. Le tamisage complet à la machine est également recommandé, mais il ne peut faire l'objet d'une prescription tant que les conditions auxquelles doit satisfaire la machine ne sont pas rigoureusement arrêtées.

f. On exprimera les résultats, pour chaque tamis, en totalisant les résidus qui ne sont pas susceptibles d'y passer.

DENSITÉ APPARENTE

La densité apparente est le poids d'un litre de matière mesurée dans certaines conditions. On conçoit aisément que les conditions de remplissage ne sont pas les mêmes s'il s'agit de remplir une mesure de 1 litre ayant $0^m,10$ de hauteur, et une autre de 1 mètre. Les deux mesures de 1 litre cubique $0^m,10 \times 0^m,10$ ou cylindrique donnent les meilleurs résultats en les remplissant avec l'entonnoir de la Commission. Le mode de remplissage a du reste une influence assez faible, qu'on remplisse les mesures à la main, à l'aide de l'ancien plan incliné ou avec l'entonnoir à tamis.

(1) Largeur des côtés des jours $0^{mm},36$.
(2) Id. $0^{mm},18$.
(3) Id. $0^{mm},09$.

On a vu, à propos de la finesse des ciments, que l'influence de cette finesse sur la densité du ciment est si considérable, que le renseignement donné par la densité du ciment tel quel n'a aucune utilité.

En séparant les gros grains par un tamisage au tamis de 4 900 mailles, la densité de la fine poussière peut parfois donner une indication lorsque le ciment est additionné de poussières des fours, qui, très fines, passent entièrement à travers les mailles du tamis et abaissent la densité de la poudre, si on la compare à celle obtenue par le broyage de roches pures — sans addition de poussières — avec les mêmes appareils de l'usine. Malgré cette constatation, nous ne doutons pas qu'on puisse enlever toute importance à cet essai par un broyage en conséquence. Cet essai n'a pour nous aucun intérêt.

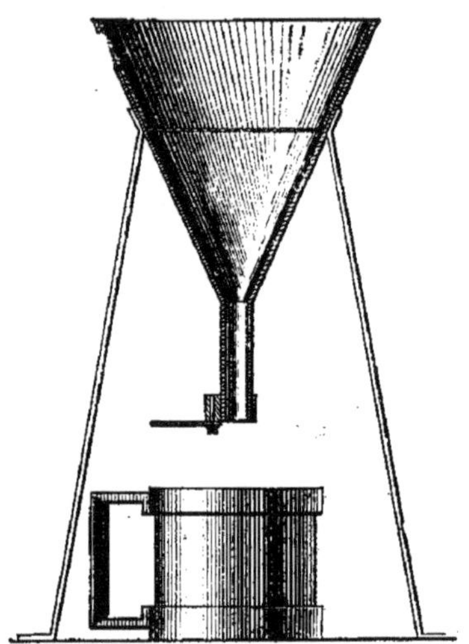

Fig. 103. — Entonnoir à tamis et litre normal (Ponthus et Terrode).

Essai normal. — Les conclusions de la Commission sont :

a. La densité apparente d'un ciment sera déterminée en pesant une mesure de forme cylindrique ayant un litre de capacité et 0 m. 10 de hauteur, remplie au moyen de l'entonnoir à tamis.

b. Cet appareil se compose d'un entonnoir vertical, dont la section circulaire a 0 m. 02 de diamètre à la base et 0 m. 15 de diamètre à une hauteur de 0 m. 15 au-dessus de cette base, hauteur à laquelle est placée une tôle perforée ayant, par décimètre carré, 1 050 trous environ de 0 m. 002 de diamètre (cette tôle se trouve dans le commerce). L'entonnoir se prolonge par un ajutage cylindrique de 0 m. 02 de diamètre et de 0 m. 10 de hauteur. L'appareil est supporté par un bâti en forme de trépied.

c. On placera tout d'abord la mesure à 0 m. 05 en contre-bas de l'extrémité inférieure de l'ajutage.

On versera ensuite le ciment dans l'entonnoir, par petites masses de 300 à 400 grammes, que l'on forcera à passer par le tamis en y promenant une spatule en bois de 0 m. 04 de largeur.

On arrêtera le remplissage quand la base du cône qui se sera élevé peu à peu au-dessus de la mesure aura atteint le bord supérieur. On enlèvera alors l'excès de ciment, en faisant glisser sur ce bord une lame bien droite, tenue dans un plan vertical.

Pendant toute l'opération, on n'aura fait subir à la mesure aucune trépidation ni autre chose.

d. On adoptera comme poids du litre la moyenne des résultats obtenus dans cinq opérations successives.

e. Il est utile de faire porter les essais sur le ciment tel qu'il est livré, et sur la fine poussière ayant passé au tamis de 4 900 mailles. Dans tous les cas, on indiquera, en même temps que la densité apparente, le degré de finesse de mouture de l'échantillon sur lequel on aura opéré.

POIDS SPÉCIFIQUE

Le poids spécifique ne donne, comme nous l'avons vu (voy. *Propriétés du ciment portland artificiel*), aucune indication sur la cuisson du portland, mais, en consultant les tableaux résumant les propriétés des différents produits étudiés, on peut voir que le poids spécifique est différent suivant les produits ; de plus, il peut révéler certaines additions (voy. *Recherche de matières étrangères*), et est affaibli par l'éventation (voy. *Propriétés du portland artificiel*).

En dehors des méthodes classiques du flacon et des aréomètres, plusieurs appareils ont été imaginés pour la détermination du poids spécifique, qui, tous, si les appareils sont bien jaugés et les méthodes bien appliquées, donnent de bons résultats : appareils de Mann. de Keate, de Schumann, de Candlot, et enfin celui de MM. Le Chatelier et Candlot, très pratique, dont nous décrirons l'emploi (fig. 104) :

Emplir l'appareil de benzine ou de pétrole jusqu'au trait inférieur; placer l'appareil dans une grande masse d'eau de façon qu'il plonge jusqu'au trait supérieur, et le laisser assez de temps pour qu'il prenne la température de l'eau, qui ne devra pas varier pendant tout le temps de l'expérience.

Fig. 104. — Densimètre (Ponthus et Terrode).

Peser 65 grammes du produit, et après s'être de nouveau assuré que l'affleurement du liquide au trait inférieur est exact, faire tomber légèrement, et toujours petit à petit, la matière en se servant d'un petit agitateur aplati à son extrémité jusqu'à ce que la masse du liquide atteigne le trait placé au-dessus de l'ampoule. On pèse le poids restant et la différence donne le poids de ciment entrant dans un volume de 20 centimètres cubes.

Si le poids de ciment employé est de 62 grammes, le poids spécifique est de

$$0,062 \times 50 = 3,10.$$

Si, ce qui arrive parfois, on depasse le trait, on continue l'opération jusqu'à l'affleurement exact à une des divisions supplémentaires, soit jusqu'au trait 0,3; on a employé $62^{\text{gr}},3$ de matière, le poids spécifique est de

$$\frac{0,0623 \times 1\,000^{\text{cc}}}{20^{\text{cc}},3} = 3,06.$$

Essai normal. — Conclusions de la Commission :

a. Pour déterminer le poids spécifique des ciments, on pourra employer l'une des méthodes actuellement en usage, pourvu qu'elle permette d'obtenir la première décimale avec certitude, et la deuxième avec une approximation de deux unités;

b. Les précautions à prendre dans l'exécution de l'expérience sont les suivantes :

1° On s'assurera que le ciment est bien franchement pulvérulent; les parties retenues par le tamis de 900 mailles par centimètre carré, ainsi que celles agglomérées par l'humidité, après qu'elles auront été réduites en poudre et passées à ce tamis, seront mélangées intimement avec le reste de l'échantillon, sur la totalité duquel doit porter l'essai;

2° Le liquide dont on se servira sera la benzine ou l'essence minérale;

3° La température devra rester constante pendant toute la durée de l'opération; elle ne devra pas être supérieure à + 15°.

ANALYSE CHIMIQUE

Nous avons donné, à la partie traitant de l'analyse des matières premières, la méthode à employer pour analyser un ciment ou une chaux.

Conclusions de la Commision :

a. Il y a lieu de laisser aux opérateurs la liberté des méthodes à employer pour déterminer la composition chimique des ciments.

b. Les analyses complètes sont recommandées ; tous les éléments dosés devront être indiqués, sans groupement, au procès-verbal de l'opération.

c. A défaut d'analyse complète, le dosage des matières volatiles peut fournir des renseignements utiles.

ESSAIS D'HOMOGÉNÉITÉ. — RECHERCHE DES MATIÈRES ÉTRANGÈRES

Par l'analyse. — Le ciment étant une matière parfaitement homogène, tous les grains doivent présenter la même composition; aussi, si l'on sépare du ciment en deux parties à l'aide d'un tamis quelconque (en pratique celui de 4900 mailles), la fine poussière doit présenter la même composition que le résidu. Toutefois nous avons remarqué que le résidu présentait assez souvent une proportion un peu plus élevée d'alumine :

NUMÉROS d'ordre.	FINE POUSSIÈRE (1).						
	Silice.	Alumine.	Sesquioxyde de fer.	Chaux.	Magnésie.	Acide sulfurique.	Perte au feu.
1814	21,55	7,95	2,10	63,00	0,46	0,36	5,00
1815	21,60	7,50	2,45	63,45	0,46	0,36	4,70
1817	20,25	9,30	1,55	61,30	1,18	1,35	4,50
1820	21,90	8,80	2,10	62,50	0,79	0,66	2,25
1821	23,05	8,55	2,55	60,90	0,66	0,75	2,70
NUMÉROS d'ordre.	**RÉSIDU.**						
	Silice.	Alumine.	Alumine de fer.	Chaux.	Magnésie.	Acide sulfurique.	Perte au feu.
1814	21,15	9,55	1,60	65,05	0,57	0,32	2,00
1815	21,05	9,45	1,50	64,45	0,57	0,27	2,00
1817	19,95	9,60	2,65	61,00	1,26	1,01	1,80
1820	20,95	9,45	2,45	63,95	0,88	0,42	2,00
1821	22,65	10,10	2,50	61,20	0,75	0,48	1,30

Il n'en est plus de même si le ciment est additionné de matières étrangères.

Pour assurer le mélange parfait, ces matières sont ajoutées comme nous l'avons vu pendant le broyage. Aussi, si l'on ajoute du gypse très friable, la presque

(1) Quelques-uns de ces ciments ont été additionnés d'une faible quantité de plâtre.

totalité sera réduite en poudre fine et se trouvera dans la fine poussière qui, à l'analyse, accusera plus d'acide sulfurique que le résidu :

Proportion d'acide sulfurique p. 100.

NUMÉROS d'ordre.	CIMENT.	FINE POUSSIÈRE.	RÉSIDU.
1853	1,27	1,45	0,92
1854	1,27	1,45	0,94
1860	1,24	1,46	0,82
1817	1,33	1,35	1,01
1864	0,87	1,06	0,50
1862	0,86	1,03	0,49
1923	0,80	0,94	0,68
2292	1,06	0,91	0,80
2293	1,36	1,72	1,19
2294	1,04	1,24	0,63

Le contraire se présente avec le ciment additionné de laitier non granulé. Ce produit étant plus résistant que la roche de ciment, on le retrouvera en plus grande abondance dans le résidu que dans le ciment. De plus, suivant la proportion de laitier ajoutée, le poids spécifique du ciment est abaissé.

Il est évident que, pour éviter ces différences dans les analyses de la fine poussière et du résidu, on pourrait ajouter ces corps moulus d'avance et à la même finesse que le ciment; mais en pratique il n'en est pas ainsi; l'addition a lieu à la mouture. Toutefois, s'il en était comme nous venons de le dire, la recherche des matières étrangères ajoutées en serait tout aussi facile à l'aide de l'iodure de méthylène.

La présence de chaux hydraulique est facilement décelée par la perte au feu du produit tel quel et la proportion de chaux soluble de l'eau sucrée qu'il contient en opérant comme nous l'avons dit au chapitre de la *Constitution des chaux hydrauliques*; de plus, la proportion de chaux serait plus élevée dans la fine poussière que dans le résidu. Une addition de chaux abaisse également le poids spécifique.

L'addition de sable est facilement décelée en traitant la silice provenant de l'analyse du ciment par une solution de potasse. La silice provenant de la décomposition des silicates du ciment se dissout, tandis que le sable reste insoluble.

		MATIÈRES insolubles.	SILICE.	NATURE de l'addition.
1831	Ciment	»	31,70	Laitier.
	Fine poussière	»	29,10	
	Résidu	»	36,10	
1911	Ciment	14,34	18,96	Sable.
	Fine poussière	8,98	20,02	
	Résidu	22,46	18.09	
2014	Ciment	»	37,30	Laitier.
	Fine poussière	»	33,30	
	Résidu	»	42,80	
1915	Chaux hydraulique.	14,36	19,04	Brique pilée.
	Fine poussière	10,14	15,66	
	Résidu	25,60	23,50	
2133	Ciment	»	28,00	Laitier.
	Fine poussière	»	26,90	
	Résidu	»	30,00	
2134	Ciment	»	27,30	Laitier.
	Fine poussière	»	25,70	
	Résidu	»	31,70	

Méthode Frésénius. — Pour déceler la présence du laitier, Frésénius a proposé une méthode basée sur la réaction du permanganate de potasse sur les sels ferreux et ferriques. Le fer contenu dans le ciment, étant en général à l'état de peroxyde, ne doit pas par conséquent décolorer une solution de permanganate de potasse, tandis que le fer du laitier, étant à l'état de protoxyde, s'emparera de l'oxygène du permanganate de potasse, pour passer à l'état de peroxyde en décolorant la solution de caméléon.

Malheureusement on a reconnu que cette méthode n'était pas toujours exacte, certains ciments contenant du fer à l'état de protoxyde par suite de l'atmosphère plus ou moins réductrice du milieu de cuisson.

Essai a l'iodure de méthylène. — La méthode analytique que nous venons de décrire ne permet pas de séparer les différentes matières.

Les grains de ciment étant de poids spécifique plus élevé que les matières inertes ajoutées, il est facile de les séparer à l'aide d'une solution lourde. On emploie avec succès l'iodure de méthylène (CHI).

Ce liquide ayant un poids spécifique de 3,10, on l'amène à l'aide d'un peu de benzine à celui de 2,93. Pour cette opération on procède ainsi : on sépare en deux parties la totalité de l'iodure dont on dispose. Dans l'un des deux verres, on place un petit cristal d'aragonite et on ajoute peu à peu de la benzine jusqu'à ce que le cristal d'aragonite descende au fond du verre. On corrige alors la densité du liquide qui est trop faible en ajoutant peu à peu assez d'iodure de méthylène avec celui placé en réserve, jusqu'à ce que le cristal flotte dans le liquide. La densité du liquide est alors égale à celle de l'aragonite 2,93 et propre à l'usage auquel on le destine. On place le liquide dans un flacon pour éviter l'évaporation de la benzine.

Pour l'examen du ciment suspect, on en pèse 2 grammes ; on verse 5 à 10 centimètres cubes du liquide dans un petit tube à décantation dont le tampon a été au préalable mouillé avec un peu d'eau et on fait tomber le ciment dans le liquide; on agite en remuant avec un petit fil de platine et on laisse reposer une heure.

Toutes les matières étrangères que nous avons citées plus haut, ayant un poids spécifique plus faible que celui du ciment (Gypse = 2,33. Sable = 2,60 environ. Chaux hydraulique = 2,33 à 2,85. Laitier = 2,90), viennent surnager à la surface. Il est alors assez facile de les séparer, en soulevant légèrement le tampon. Si l'on tient à avoir les produits parfaitement séparés, on peut ajouter de l'iodure dans le tube même, pour effectuer une seconde décantation. La décantation achevée, on lave la partie séparée à l'aide d'un peu de benzine, on dessèche et on l'analyse s'il y a lieu.

Cette méthode très simple, introduite par M. Le Chatelier, est absolument à recommander. L'iodure de méthylène a encore actuellement le défaut de coûter fort cher (200 francs le kilogramme), mais pour un essai qualitatif, généralement fort suffisant, on en perd à peine 1 ou 2 centimètres cubes. Il en est évidemment autrement si l'on tient à effectuer une séparation complète et à opérer sur plusieurs grammes de matière.

Pour un essai qualitatif et lorsque l'on soupçonne la présence du laitier, il est préférable d'opérer sur le résidu au tamis de 4900, on a alors une séparation bien plus rapide.

Nous avons fait avec cette méthode quelques essais synthétiques qui montrent qu'on peut arriver à une grande précision.

CIMENT PROVENANT DE ROCHES CHOISIES ET ADDITIONNÉ DE			
5 p. 100 de laitier.		50 p. 100 de laitier.	
Ciment..........	9gr,500	Ciment..........	5gr,000
Laitier..........	0gr,500	Laitier..........	5gr,000
	10gr,000		10gr,000
Parties surnageantes recueillies :			
0gr,415 Retrouvé 4,15 p. 100		4gr,750 Retrouvé 47,50 p. 100	

Influence sur le poids spécifique. — Les matières étrangères ayant, comme nous venons de le voir, un poids spécifique inférieur à celui du ciment, il est évident que, suivant les matières ajoutées et leur proportion, le poids spécifique sera plus ou moins abaissé.

En additionnant de laitier de haut fourneau et de sable du ciment pur, nous avons obtenu :

	Poids spécifique.
Ciment pur..............................	3,12
— additionné de 25 p. 100 de laitier..	3,055
— — 50 — — ..	2,960
— — 25 — de sable...	2,990
— — 50 — — ...	2,830

Examen a la loupe. — Cet examen préconisé par M. Féret demande une assez grande pratique pour pouvoir être utilisé avec succès.

En plaçant le résidu sur le tamis de 324 mailles, on peut discerner, en les examinant à la loupe, le grain de gypse, de laitier, de sable, etc.

Conclusions de la Commission :

a. La loupe peut être utilement employée pour donner des indications sur le degré d'homogénéité des ciments.

b. Il convient de faire les observations sur la matière retenue par le tamis de 4 900 mailles par centimètre carré, en opérant successivement avec des grossissements d'environ 3 diamètres pour l'examen d'ensemble, et huit pour l'examen de détail.

c. Si l'examen révèle la présence de grains qu'on puisse soupçonner provenir de matières étrangères au ciment, on en vérifiera la nature, soit par l'analyse chimique complète ou partielle du produit brut ou fractionné, soit par tout autre moyen qu'on jugerait plus propre à mettre ces matières étrangères en évidence.

CONFECTION DES PATES ET MORTIERS

Proportion d'eau à ajouter. — Pendant longtemps, on s'est contenté, pour déterminer la consistance normale d'une pâte de ciment ou de chaux, d'observer l'aspect physique par certaines appréciations dépendant de la volonté de l'opérateur ; avec la pâte supposée de bonne consistance, on formait une boule qu'on roulait dans le creux de la main, on la jetait sur la table de gâchage et elle devait tomber sans se crevasser ; elle ne devait pas non plus adhérer à la main. Cette méthode avait le défaut de donner lieu parfois à des appréciations différentes. On se sert maintenant d'un appareil spécial dit *sonde de Tetmajer* (fig. 105). A la vérité, l'ancienne méthode consciencieusement appliquée par un opérateur exercé donne des résultats concordant avec la nouvelle méthode, mais l'emploi d'un appareil a le grand avantage de ne pouvoir donner lieu à aucune contestation.

Pour que l'appareil donne des indications exactes, on ne doit enfoncer la sonde qu'une seule fois, et au centre de la boîte. En répétant l'essai sur une pâte donnant $5^{mm},5$, nous n'avons plus obtenu que 4 millimètres au second essai. Une pâte qui nous donnait exactement 6 millimètres, ne nous a donné que 4^{mm},5 en opérant sur le bord de la boîte.

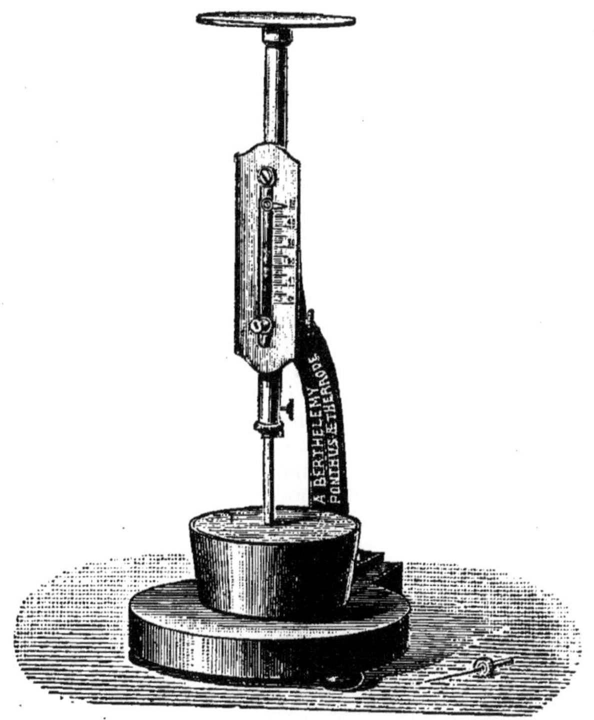

Fig. 105. — Aiguille Vicat avec sonde de Tetmajer (Ponthus et Terrode, constructeurs.)

Essai normal. — Les conclusions de la Commission sont :

A. *a*. Pour confectionner la pâte normale de ciment, on opérera sur un kilogramme de ciment qu'on étalera sur une table de marbre, en formant une couronne au centre de laquelle on versera, d'un seul coup, le volume d'eau nécessaire pour satisfaire aux conditions ci-après (1).

(1) Ce volume doit évidemment être déterminé à l'aide de tâtonnements successifs.

Suivant la nature des essais, cette eau pourra être soit de l'eau potable, soit de l'eau de mer.

Le mélange sera gâché fortement à la truelle pendant cinq minutes, comptées à partir du moment où l'eau aura été versée;

b. Avec une partie de la pâte obtenue, on emplira immédiatement une boîte métallique à fond plat, de forme tronconique, ayant 0 m. 08 de diamètre à la base inférieure, 0 m. 09 à la base supérieure et 0 m. 04 de profondeur; on lissera la surface en faisant glisser la truelle sur le bord supérieur du moule et en évitant tout tassement et toute trépidation.

c. Au centre de la masse ainsi formée, on fera descendre normalement à la surface de la pâte, avec précaution, et sans lui laisser acquérir de vitesse, une sonde cylindrique de 0 m. 010 de diamètre et du poids de 300 grammes, en métal poli, propre et sèche, terminée par une section nette et d'équerre. L'appareil dit *sonde de consistance* devra être construit de manière à pouvoir indiquer exactement l'épaisseur de pâte restant entre le fond de la boîte et l'extrémité inférieure de la sonde. On ne fera jamais deux essais sur la pâte contenue dans une même boîte.

d. On considérera comme normale la pâte dont la consistance sera telle que l'épaisseur de la couche restant entre le fond de la boîte et l'extrémité de la sonde, au moment où celle-ci cessera de s'enfoncer sous l'action de son propre poids, sera de 6 millimètres.

B. Pour les ciments à prise rapide, la quantité de ciment sur laquelle on devra opérer sera réduite à 500 grammes, et la durée du gâchage à une minute.

Mortiers normaux. — Pour la confection du mortier normal on s'est servi, comme sable, pendant longtemps, et certains laboratoires s'en servent encore, de quartzite de Cherbourg convenablement broyé; le quartzite a été remplacé par du sable naturel, tamisé comme il sera expliqué, provenant de la plage de Leucate (Aude) (1), plus facile à se procurer.

Les résistances données par ces deux sables sont à peu près identiques.

(1) A moins d'indication contraire, ce sable est celui dont nous nous sommes servi dans tous nos essais.

RÉSISTANCE A LA TRACTION (chaque résultat représente la moyenne donnée par six briquettes).

NUMÉROS d'ordre.	EAU DOUCE.											
	SABLE DE LEUCATE.						SABLE DE CHERBOURG.					
	1 semaine.	4 semaines.	12 semaines.	6 mois.	1 an.	2 ans.	1 semaine.	4 semaines.	12 semaines.	6 mois.	1 an.	2 ans.
1845	13,3	17,3	25,3	27,3	33,3	31,0	15,6	20,7	27,3	30,6	33,3	30,7
1846	13,3	19,6	22,3	28,6	33,0	31,0	14,6	20,7	25,3	31,0	34,0	32,3
1847	15,6	21,6	25,0	29,1	32,3	30,3	13,6	19,3	23,3	32,3	34,3	33,7
	Moyenne = 25						Moyenne = 26,1					

NUMÉROS d'ordre.	EAU DE MER.											
	SABLE DE LEUCATE.						SABLE DE CHERBOURG.					
	1 semaine.	4 semaines.	12 semaines.	6 mois.	1 an.	2 ans.	1 semaine.	4 semaines.	12 semaines.	6 mois.	1 an.	2 ans.
1845	17,0	21,3	23,0	27,0	3,0	32,6	14,0	18,3	21,3	27,3	28,0	31,0
1846	18,3	19,6	25,0	27,3	3,0	31,3	14,6	18,7	23,0	27,0	31,0	32,7
1847	16,3	20,3	24,6	25,3	2,6	34,6	12,7	18,7	21,3	26,0	30,3	34,6
	Moyenne = 25,1						Meyenne = 25,8					

Il n'en est pas ainsi pour tous les sables normaux employés dans les divers pays. D'après M. Gary, chef de section du laboratoire de Charlottembourg, en rapportant à 100 les résultats donnés par le sable normal allemand, les sables normaux employés dans les différents pays ont donné :

	Traction.	Compression.
Sable allemand	100	100
— du Rhin	104	114
— de Leucate (sable normal français)	106	111
— autrichien	108	104
— anglais	98	102
— suisse	111	81
— de Cherbourg (ancien sable normal français)	110	81
— américain	112	80
— norvégien	90	80
— prussien	72	85

Mortiers secs et plastiques. — Pour les essais de chaux et ciments, on confectionne deux espèces de mortiers : 1° des mortiers secs gâchés avec une faible quantité d'eau et exigeant un damage énergique ; 2° des mortiers plastiques, gâchés avec une proportion d'eau un peu plus élevée, mais beaucoup plus maniables.

Les mortiers secs ont l'avantage, par suite du damage auquel ils sont soumis, de donner des résistances plus élevées que les mortiers plastiques, mais ils ont l'inconvénient de demander un tour de main pour leur confection, et d'être influencés suivant l'énergie du battage, ce qu'on peut voir dans les essais du tableau ci-après :

NUMÉROS d'ordre.	MORTIER SEC. EAU DE MER.								
	Battu normalement.			Battu légèrement.			Battu fortement.		
	1 semaine.	4 semaines.	12 semaines.	1 semaine.	4 semaines.	12 semaines.	1 semaine.	4 semaines.	12 semaines.
2133	10,2	14,3	24,5	6,8	11,5	17,6	11,3	18,5	25,5
2134	13,0	20,1	27,1	11,0	18,5	23,6	13,1	18,7	30,8
2137	12,8	21,1	24,0	11,1	17,7	24,0	14,3	22,5	28,8
Moy.	12,0	18,5	25,2	9,6	15,9	21,7	12,9	19,9	28,4

NUMÉROS d'ordre.	MORTIER SEC. EAU DOUCE.								
	Battu normalement.			Battu légèrement.			Battu fortement.		
	1 semaine.	4 semaines.	12 semaines	1 semaine.	4 semaines.	12 semaines.	1 semaine.	4 semaines.	12 semaines.
2133	7,5	13,5	20,1	6,3	10,7	16,6	9,8	15,0	22,0
2134	14,0	20,0	27,3	10,3	15,8	25,3	13,1	20,4	27,8
2137	13,3	21,3	24,8	12,0	18,3	23,8	14,3	21,8	30,8
Moy.	11,6	18,3	24,1	9,5	14,9	21,9	12,4	19,1	26,9

Moyennes générales.		
	Battu normalement..	18,3
	— légèrement....	15,6
	— fortement.....	19,9

Les mortiers plastiques ont l'avantage d'une grande facilité de fabrication, aussi faut-il espérer que les mortiers plastiques finiront par remplacer complètement les mortiers secs, qui ne présentent aucun avantage sur les mortiers plastiques.

Avec les mortiers plastiques, on peut remplir les éprouvettes tout simplement avec le pouce, et les éprouvettes sont rapidement faites, tandis que les mortiers secs exigent un véritable pilonnage, et beaucoup plus de temps.

Beaucoup d'expérimentateurs, et principalement à l'étranger, croient à tort que les mortiers secs battus donnent des résultats plus réguliers que les mortiers plastiques.

Dans une communication que nous avons présentée au Congrès de Budapest de 1901, nous avons montré que la moyenne des différences absolues données par tous les résultats d'un même gâché de 6 briquettes, avec la moyenne générale, était de

$1^k,16$	pour le mortier sec.	1 : 3	gâché	à l'eau douce
1 ,61	— plastique.	1 : 1	—	—
1 ,28	— —	1 : 3	—	—

Ces essais ayant porté sur 20 échantillons de ciments différents essayés après 1,4 et 12 semaines de conservation, on voit qu'au point de vue de la régularité des résultats, on peut avoir toute confiance dans les mortiers plastiques qui, à notre avis, sont uniquement à recommander.

Proportion d'eau de gachage. — Avec le sable normal de Leucate — sable n° 2 (voy. Conclusions de la Commission, page 356), — la quantité d'eau nécessaire pour le gâchage des mortiers secs est déterminée à l'aide de la formule ci-après due à M. Féret :

$Q = 45^{gr} + \frac{2}{3} nP$, dans laquelle P = poids d'eau nécessaire (ou plus généralement *volume nécessaire*) pour amener 1 kilogramme d'agglomérant à l'état de pâte normale, n = la fraction de 1 kilogramme d'agglomérant entrant dans la composition du mortier.

Volume d'eau à employer pour la confection des mortiers

d'après la formule Féret : $Q = 45 \text{ gr.} + \frac{2}{3} nP.$

n = portion de ciment entrant dans 1 kilogr. de mélange sec,
P = poids d'eau pour 1 000 gr. de ciment (sable de Leucate).

PROPORTION p. 100 d'eau nécessaire pour amener 1 kilogramme de ciment à l'état de pâte normale.	MORTIER PLASTIQUE 1/1	MORTIER PLASTIQUE 1/2	MORTIER 1/3		MORTIER 1/5	
	Ciment. 500 gr. Sable... 500 gr.	Ciment. 333 gr. Sable .. 666 gr.	Ciment. 250gr. Sable.. 450gr.		Ciment. 167gr. Sable.. 833gr.	
	Volume d'eau à employer p. 100.	Volume d'eau à employer p. 100.	Volume d'eau p. 100.		Volume d'eau p. 100.	
			Sec.	Plastique.	Sec.	Plastique.
20^{cc}	12,6	10,4	7,8	9,3	6,7	8,2
21	13,0	10,6	8,0	9,5	6,8	8,3
22	13,3	10,9	8,1	9,6	6,9	8,4
23	13,6	11,1	8,3	9,8	7,0	8,5
24	14,0	11,3	8,5	10,0	7,1	8,6
25	14,3	11,5	8,6	10,1	7,2	8,7
26	14,6	11,8	8,8	10,3	7,4	8,9
27	15,0	12,0	9,0	10,5	7,5	9,0
28	15,3	12,2	9,1	10,6	7,6	9,1
29	15,6	12,4	9,3	10,8	7,7	9,2
30	16,0	12,6	9,5	11,0	7,8	9,3
31	16,3	12,9	9,6	11,1	7,9	9,4
32	16,6	13,1	9,8	11,3	8,0	9.5
33	17,0	13,3	10,0	11,5	8,1	9,6
34	17,3	13,5	10,1	11,6	8,2	9,7
35	17,6	13,8	10,3	11,8	8,4	9,9
36	18,0	14,0	10,5	12,0	8,5	10,0
37	18,3	14,2	10,6	12,1	8,6	10,1
38	18,6	14,4	10,8	12,3	8,7	10,2
39	19,0	14,6	11,0	12,5	8,8	10,3
40	19,3	14,9	11,1	12,6	8,9	10,4
41	19,6	15,1	11,3	12,8	9,0	10,5
42	20,0	15,3	11,5	13,0	9,1	10,6
43	20,3	15,5	11,6	13,1	9,2	10,7
44	20,6	15,8	11,8	13,3	9,4	10,9
45	21,0	16,0	12,0	13,5	9,5	11,0
46	21,3	16,2	12,1	13,6	9,6	11,1
47	21,6	16,4	12,3	13,8	9,7	11,2
48	22,0	16,6	12,5	14,0	9,8	11,3
49	22,3	16,9	12,6	14,1	9,9	11,4
50	22,6	17,1	12,8	14,3	10,0	11,5
51	23,0	17,3	13,0	14,5	10,1	11,6
52	23,3	17,5	13,1	14,6	10,2	11,7
53	23,6	17,8	13,3	14,8	10,4	11,9
54	24,0	18,0	13,5	15,0	10,5	12,0
55	24,3	18,2	13,6	15,1	10,6	12,1
56	24,6	18,4	13,8	15,3	10,7	12,2
57	25,0	18,6	14,0	15,5	10,8	12,3
58	25,3	18,9	14,1	15,6	10,9	12,4
59	25,6	19,0	14,3	15,8	11,0	12,5
60	26,0	19,3	14,5	16,0	11,1	12,6

Exemple. — Si le poids total, sable et ciment, de la gâchée est de 800 gr., il faut pour un ciment demandant 26 p. 100 d'eau :
$14^{cc},6 \times 8 = 116^{cc},8$ pour faire du mortier plastique 1/1
$7^{cc},4 \times 3 = 59^{cc},2$ pour faire du mortier sec 1/5

Pour les dosages ci-dessous, la formule devient :

1 : 2	Q = 45 gr. + 2/9 P
1 : 3	Q = 45 gr. + 1/6 P
1 : 5	Q = 45 gr. + 1/9 P

Pour passer du mortier sec au mortier plastique, il suffit d'ajouter généralement 60 grammes d'eau au lieu de 45. Le tableau précédent a été calculé pour des variations de 20 à 60 p. 100 d'eau.

La formule ci-dessus donne bien la consistance d'un mortier plastique, prenant facilement corps dans les moules. Certains opérateurs ont pensé qu'il convenait de lui ajouter une proportion d'eau un peu plus élevée. Cette addition ne donne aucun avantage à la plasticité du mortier et a l'inconvénient d'abaisser la résistance. comme le montrent les essais ci-après :

NUMÉROS d'ordre.	MORTIER PLASTIQUE 1 : 3					
	NORMAL Q = 60 + 1/6 P			MOUILLÉ Q = 75 + 1/6 P		
	RÉSISTANCE A LA TRACTION APRÈS					
	1 semaine.	4 semaines.	12 semaines.	1 semaine.	4 semaines.	12 semaines.
2426	5,0	10,1	15,1	4,1	9,5	12,5
2427	5,3	10,6	16,6	3,3	8,1	13,8
2428	7,3	11,1	21,5	6,1	12,3	16,8
2429	9,3	16,5	18,6	5,8	13,0	17,1
2430	4,6	9,8	16,8	3,5	8,0	14,0
Moyennes générales.	Mortier normal.... 11k,8					
	Mortier mouillé.... 9k,86					

Essai normal. — Conclusions de la Commission :

A. a. Pour la confection des mortiers normaux, on fera usage du sable naturel provenant de la plage de Leucate (Aude) convenablement tamisé, qui sera dit *sable normal.*

On emploiera suivant les cas, ainsi qu'il sera expliqué ci-dessous, le sable normal simple ou le sable normal composé.

b. Le sable normal simple sera formé de grains ayant passé au tamis en tôle perforée de trous de 1 millim. 5 de diamètre, et ayant été retenus par le tamis à trous de 1 millimètre.

c. Le sable normal composé sera formé par un mélange, par poids égaux, des sables ci-après :

N° 1, dont les grains ayant passé au tamis de 2 millimètres ont été retenus par le tamis de 1 millim. 5.

N° 2, dont les grains ayant passé au tamis de 1 millim. 5 ont été retenus par le tamis de 1 millimètre.

N° 3, dont les grains ayant passé au tamis de 1 millimètre ont été retenus par le tamis de 0 millim. 5.

B. *a*. Il sera fait usage pour les essais autres que ceux de rupture, d'un mortier normal plastique, et, pour les essais de rupture, d'un mortier normal sec.

b. Les mortiers normaux seront divisés en poids, à raison d'une partie de ciment pour trois parties de sable, et seront gâchés, suivant la nature des essais, à l'eau potable ou à l'eau de mer.

On opérera sur 1 kilogramme de matières (250 grammes de ciment et 750 grammes de sable) qu'on mélangera intimement à sec. On formera ensuite sur une table de marbre, une couronne, au centre de laquelle on versera, d'un seul coup, la quantité d'eau à employer, et le mélange sera gâché fortement à la truelle pendant cinq minutes.

c. Pour la confection du mortier normal sec, on emploiera du sable normal simple. La quantité d'eau employée au gâchage sera de 45 grammes, augmentés du sixième de celle nécessaire pour amener 1 kilogramme de ciment à l'état de pâte normale de ciment.

d. Pour la confection du mortier plastique, on se servira du sable normal composé. La quantité d'eau à employer au gâchage sera telle que le mortier obtenu ait une consistance plastique.

Pour s'assurer que cette consistance est bien réalisée, on emplira avec une partie du mortier obtenu, la boîte métallique destinée aux essais de consistance, et on dérasera et lissera la surface à la truelle, la consistance sera considérée comme satisfaisante si, après le lissage, le mortier ressue légèrement sous l'effet de quelques coups de truelle frappés sur les côtés de la boîte.

C. Pour les ciments à prise rapide, la quantité de matières sur laquelle on devra opérer sera réduite à 500 grammes, et la durée du gâchage à une minute.

D. On recommande pour les essais des mortiers autres que les essais normaux, d'employer de préférence à tous autres, les dosages en poids de une partie de ciment pour deux de sable normal (mortier riche) et une partie de ciment pour cinq de sable normal (mortier maigre). Le premier de ces dosages est particulièrement utile pour les ciments à prise rapide, en vue de compléter les renseignements fournis par le mortier normal dosé 1 : 3.

E. La Commission exprime le vœu qu'après une entente internationale, un mortier normal plastique soit employé pour les essais de toute nature, à l'exclusion du mortier normal sec.

Rendement. — On appelle *rendement* le volume occupé par 1 kilogramme de matières sèches (liant seul, ou liant + sable) gâchées à la consistance voulue.

Le rendement est important à connaître pour déduire du volume de mortier à employer, le poids de ciment et de sable à se procurer. Ce rendement varie suivant la nature du liant, du sable et le dosage du mortier.

Plus le liant est fin, plus le rendement est élevé ; la différence s'affaiblit avec la proportion de sable ajoutée ; très sensible avec le liant employé pur, la différence est peu élevée avec un mortier maigre, 1 : 5 par exemple.

Le rendement d'une pâte ne répond pas entièrement au volume total des volumes ciment + sable + eau, à cause des nombreux vides du mortier.

Conclusions de la Commission : Essai normal.

A. *a*. On détermine le rendement en constatant le volume occupé dans une éprouvette cylindrique en verre, graduée, de 0 m. 06 environ de diamètre, par la pâte ou le mortier qu'on y introduit aussitôt après le gâchage, avec les précautions nécessaires pour éviter, autant que possible, l'emprisonnement de bulles d'air.

b. On peut, s'il y a lieu, déterminer le rendement avec plus de précision, en moulant la pâte ou le mortier suivant un bloc de forme quelconque, et en constatant, après durcissement, la différence de poids dans l'air et dans l'eau, de ce bloc préalablement enduit de suif.

B. L'essai normal de rendement portera sur la pâte normale de ciment et sur le mortier normal plastique.

Composition volumétrique d'un mortier. — Si l'on détermine les volumes réels des matières employées, d'après leur poids spécifique on aura pour l'unité de volume des matières, $V = 1 - (C + S + e)$, formule dans laquelle $V =$ volume des vides, $C =$ volume du ciment, $S =$ volume du sable et $e =$ volume de l'eau.

Ces volumes définissent la composition volumétrique élémentaire d'un mortier *frais*.

M. Féret a appelé *compacité* d'un mortier, la somme $C + S$ *dont l'influence sur les propriétés du mortier est capitale.* Si l'on fabrique différents mortiers avec le même ciment et deux mêmes sables, l'un fin et l'autre gros, de manière que, dans un même volume de mortier, il entre la même quantité de ciment, on peut néanmoins avoir des résultats très différents d'après la composition volumétrique des mortiers (tableau ci-après). Après de nombreuses expériences, l'auteur auquel nous empruntons ce tableau a pu formuler la loi suivante : « Pour toute une série de mortiers plastiques, faits avec un même liant et des sables inertes, les résistances à la compression, après une même durée de conservation dans des conditions identiques, sont uniquement fonction du rapport $\frac{C}{e+V}$ ou $\frac{C}{1-(C+S)}$ quelles que soient la nature et la grosseur du sable et les proportions des éléments : liant, sable inerte et eau, dont chacun est composé. »

Composition du mortier en volumes réels.	Poussière de ciment.	2,46	2,40	2,35	2,10	1,94	1,82	1,74	
	Sable très fin........	5,54	4,60	3,65	2,90	2,06	1,18	0,26	8
	Sable très gros......	0	1	2	3	4	5	6	
Volume réel de ciment par litre de mortier..........		0,158	0,161	0,166	0,160	0,160	0,160	0,162	
Résistance à la compression par centim. carré atteinte après un an......		70	77	96	98	121	160	180	

PRISE

Détermination de la prise. — La détermination a lieu à l'aide de l'aiguille Vicat. Le début de la prise est le moment où la pâte de ciment essayée ne se laisse plus traverser entièrement par l'aiguille. La fin de prise, l'instant où l'aiguille ne laisse plus de trace appréciable sur la surface de la pâte. S'il est facile de déterminer le début de la prise, il n'en est pas de même de la fin, dont le moment peut varier suivant l'appréciation de l'opérateur, surtout lorsqu'on opère sur un produit à prise très lente, placé sous l'eau. Il se forme alors à la surface une boue légère qui peut laisser subsister des doutes sur la fin de l'opération. Cet inconvénient est, en réalité, de peu d'importance.

Si la fin de prise était déterminée au même moment sur tous les produits, les produits essayés devaient à ce même moment présenter la même résistance. En opérant sur des petits cylindres de ciment pur, soumis d'abord à la détermination de la prise, puis ensuite à compression, nous avons vu qu'en réalité il y avait des différences sensibles.

En fait, on ne doit accepter la fin de prise d'un produit que comme un terme de comparaison, car en réalité la prise doit durer des années.

Si après plusieurs années de durcissement, on pulvérise de nouveau un bloc de ciment, la poudre gâchée durcit encore. En pulvérisant un bloc de ciment gâché depuis plus de trois années et laissé à l'air libre, nous avons eu après gâchage de la poudre obtenue plus de 150 kilogrammes de résistance par centimètre carré à la compression après 12 semaines.

Il est probable que ce second durcissement provient de ce que la pulvérisation a réduit en poudre fine et par conséquent active, les gros grains non hydratés lors du premier gâchage et restés inertes pendant toute la période de durcissement.

Chaleur dégagée pendant la prise. — Il est facile de reconnaître en gâchant un ciment à prise rapide que la réaction chimique dégage une grande quantité de chaleur, parfaitement mesurable sur ces ciments. Nous avons constaté parfois des élévations de 20°.

Avec le ciment portland cette réaction n'est généralement pas mesurable (on rencontre néanmoins des ciments dont l'échauffement est sensible au toucher), mais en opérant sur de grandes masses de béton, on a constaté des augmentations de température dépassant 45°.

Rétrogradation de la prise. — Il arrive parfois qu'un ciment essayé quelques jours après sa fabrication et ayant une prise normale, donne une prise très rapide après un ou plusieurs mois de silotage.

Nous avons pu faire les constatations suivantes :

NUMÉROS d'ordre.	DATES des essais.	GACHAGE. EAU DE MER.			
		Sous l'eau.		Air libre.	
		Début.	Fin.	Début.	Fin.
		h.	h.	h.	h.
2028	29 août..........	3,10	10,5	2,45	9,45
Id.	7 novembre....	0,15	0,30	0,15	0,30
2058	18 octobre.......	1,5	4,20	0,50	4,5
Id.	17 novembre....	0,10	0,30	0,10	0,30

Nous avons donné (p. 52) l'explication de ce phénomène.

Influence de la proportion d'eau et de la température. — On doit déterminer la prise sur la pâte normale; une addition d'eau, en *noyant* le mortier, retarde le phénomène de la prise. Il est également important d'opérer à une température constante, comprise autant possible entre 15 et 18°, un abaissement de température diminuant la rapidité de la prise et une augmentation l'augmentant.

Essai normal. — Conclusions de la Commission :

A. *a*. Les essais de prise des pâtes de ciment comporteront la détermination du début et de la fin de la prise.

b. Au moment du gâchage, les températures du ciment, de l'eau et de l'air devront être comprises entre 15 et 18° C.

Immédiatement après sa confection, la pâte sera, avec les précautions indiquées précédemment, introduite et dérasée dans une boîte semblable à celle déjà décrite (*Confection des pâtes et mortiers*).

Aussitôt remplie, la boîte sera immergée dans un bac contenant de l'eau dont la température sera maintenue entre 15 et 18°. La boîte ne sera extraite du bac que pendant le temps nécessaire pour chaque constatation.

c. On emploiera pour les essais une aiguille en métal, dite *aiguille Vicat*, cylindrique, lisse, propre, sèche, terminée par une section nette et d'équerre d'un millimètre carré (diamètre : $1^{mm},13$) et pesant 300 grammes.

On appellera *début de la prise* l'instant où cette aiguille, descendue normalement à la surface de la pâte, avec précaution, et sans qu'on lui laisse acquérir de vitesse, ne pourra plus pénétrer jusqu'au fond de la boîte.

On appellera *fin de prise* l'instant à partir duquel la surface de la pâte pourra supporter la même aiguille, sans qu'elle y pénètre d'une quantité appréciable.

Les durées correspondantes seront comptées à partir du moment où l'eau de gâchage aura été mise au contact du ciment.

d. Dans les cas où l'on voudra déterminer la prise dans l'air, on opérera comme il vient d'être indiqué, à cette différence près que la boîte, aussitôt remplie, sera maintenue dans l'air à une température comprise entre 15 et 18° ; on aura soin de vider, au fur et à mesure, l'eau qui pourra remonter à la surface de la pâte et s'en séparer.

B. L'essai normal de prise portera sur la pâte normale de ciment immergée, ainsi qu'il est dit ci-dessus (A. *b*).

C. Les dispositions qui précèdent s'appliquent aux ciments à prise rapide comme aux ciments à prise lente. Pour les premiers, au moins, l'emploi du thermomètre peut fournir d'utiles indications ; la Commission exprime le vœu qu'il soit procédé à des études sur ce sujet.

Prise des mortiers. — A cause de la grosseur des grains de sable, il n'est pas très facile de déterminer la prise des mortiers comme celle de la pâte de ciment pur, et les essais auxquels nous nous sommes livré nous ont donné des résultats peu concordants.

Les conclusions de la Commission sont identiques à celles concernant l'essai de prise de la pâte pure, avec cette différence que l'essai normal a lieu sur du mortier normal plastique ; que la fin de prise est déterminée par le moment où la surface du mortier peut supporter sans déformation la pression du pouce, ou par celui à partir duquel la sonde de consistance, chargée de 5 kilogrammes, descendue avec précaution sans lui laisser acquérir de vitesse, ne pénètre plus d'une quantité appréciable.

ESSAIS DE RUPTURE

Pour l'étude des matériaux d'agrégation, on a été tout naturellement amené à chercher à mesurer la résistance qu'ils peuvent offrir aux différentes sortes d'efforts : traction, flexion, compression, poinçonnage, cisaillement, choc, usure, adhérence, etc.

Pour pouvoir être comparées, ces expériences demandent à être conduites de la même manière, avec des appareils semblables. Malgré toutes les précautions qu'on puisse prendre, il entre dans les expériences un certain coefficient d'erreur qui fait que ces essais sont extrêmement délicats. Il est possible que, si l'on pouvait se mettre complètement à l'abri de toutes les causes d'erreur connues et inconnues, on pourrait, de la connaissance d'un résultat à un certain effort, en déduire tous les autres ; mais on n'en est pas encore là.

Traction. — Cet essai, dans lequel la forme des éprouvettes et l'état des surfaces influent considérablement sur les résultats, est néanmoins celui le plus employé.

Comme l'a démontré M. Durand-Claye, dans une très savante étude parue dans les *Annales des Ponts et Chaussées*, en 1888, l'effort exercé par les moyens de rupture dont on dispose est plus élevé sur les bords qu'au centre de la briquette, ce qui fait que lorsque les parties extérieures ont atteint leur maximum de tension, la rupture générale de la masse se produit, alors que la limite maximum de la partie intérieure n'est pas encore atteinte.

La résistance donnée est donc plus faible que la résistance réelle. Suivant la forme des briquettes, la répartition des tensions est différente. C'est ce qui explique qu'en opérant avec des briquettes de seize centimètres carrés de section (anciennes briquettes), on a des résultats différents et ne donnant que les deux tiers de ceux obtenus avec les briquettes de cinq centimètres carrés de section (briquettes allemandes employées aujourd'hui).

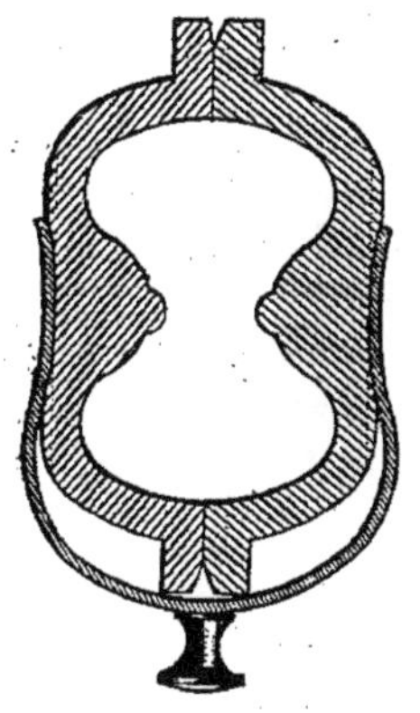

Fig. 106. — Moule à briquette normale.

Par suite des imperfections de confection, des erreurs dues à la machine, les résistances varient dans une mesure assez grande pour une même série de briquettes confectionnées dans des conditions semblant identiques, et par le même gâcheur.

Les valeurs extrêmes présentent un écart sensiblement égal à 20 p. 100.

Forme et confection des éprouvettes. — On se sert maintenant, en général, de la briquette dite *allemande* présentant une section de cinq centimètres carrés (fig. 106), qui a remplacé la grosse briquette dont on se servait autrefois en France, de seize centimètres carrés de section.

Les moules dont on se sert présentent en creux la forme de la briquette. Chaque moule est composé de deux parties s'assemblant à tenons, et maintenues à l'aide d'un ressort comme le montre la figure citée.

Pour confectionner des briquettes en pâte pure ou en mortier plastique, on remplit le moule de matière, en le frappant sur les côtés, et on dérase avec la truelle : pour la pâte de ciment pur, on attend qu'elle soit suffisamment prise.

La confection des éprouvettes en mortier sec demande un damage énergique pour lequel on a construit plusieurs machines.

La machine Böhme (fig. 107) comprend un ou plu-

Fig. 107. — Machine Böhme (1).

sieurs marteaux, suivant le nombre de briquettes qu'on désire préparer à la fois. Ces marteaux sont soulevés à l'aide d'une came actionnée par une manivelle.

M. Tetmajer a imaginé une machine avec laquelle le damage est obtenu par le poids d'un mouton tombant d'une certaine hauteur.

M. Candlot se sert d'un appareil beaucoup plus simple, consistant en un pilon épousant la forme de la briquette, se maniant dans un couloir placé sur le moule.

(1) Ponthus et Terrode, constructeurs.

Appareils de rupture. — Pour rompre les briquettes on se sert généralement de l'appareil Michaëlis. Il se compose essentiellement de deux leviers dont les efforts sont multipliés par 10 et par 5. L'effort total exercé à l'extrémité du grand levier, par un seau dans lequel coule un jet de plomb, est donc multiplié par 50.

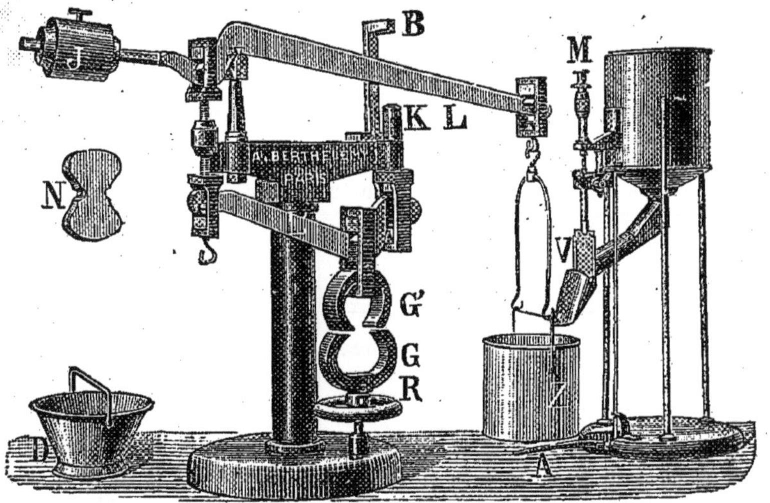

Fig. 108. — Machine Michaëlis (Ponthus et Terrode).

La figure 108 dispense de donner d'autres explications.

Par la rupture de la briquette l'équilibre est rompu et le seau tombe sur un petit levier actionnant une vanne qui ferme automatiquement l'arrivée du plomb. On place le seau sur un peson (force dix kilogrammes) et en multipliant le poids par 10, on a directement la résistance de la briquette par centimètre carré.

Exemple : poids du plomb $3^{kg} \times 50 = \frac{150}{5^{cm^2}} 30^{kg}$.

Les appareils Guillot frères, Biugnet, etc., sont moins employés que l'appareil Michaëlis.

ÉPOQUE DES ESSAIS. — Pour plus de facilité dans la tenue des registres, on compte généralement le temps en semaines jusqu'à la cinquante-deuxième semaine, et au delà en années. Pour inscrire les essais, il est utile d'avoir un registre dont chaque feuille représente une semaine, feuille divisée en six compartiments comme l'indique le croquis ci-après :

Année 1901. — Semaine n° 2

du 7 au 12 janvier.

Lundi 7		Jeudi 10	
Mardi 8		Vendredi 11	
Mercredi 9		Samedi 12	

Le classement des éprouvettes est alors très simple ; exemple : un ciment gâché le lundi de la deuxième semaine (7 janvier) pour être essayé après une semaine, sera cassé le lundi de la troisième semaine ; pour être essayé après vingt-six semaines, il sera cassé le lundi de la vingt-huitième semaine. Après un an, il sera cassé le premier jour de la deuxième semaine 1902, et après dix ans, le lundi de la deuxième semaine 1911, etc.

Pour immerger les briquettes, on les suspend entre deux règles en bois dans des bacs contenant de l'eau douce ou de l'eau de mer, ou tout autre liquide.

ESSAI NORMAL. — Conclusions de la Commission :

A. *a.* Pour les essais de rupture par traction on fera usage d'éprouvettes en forme de 8, dites *briquettes normales*, ayant une section, au milieu, de 5 centimètres carrés.

b. Les moules présentant en creux la forme des briquettes, seront placés sur une plaque de marbre ou de métal poli, après avoir été, ainsi que la plaque, bien nettoyés et frottés d'un linge gras.

On remplira d'une même gâchée six moules à la fois, s'il s'agit de ciment à prise lente, et quatre s'il s'agit de ciment à prise rapide, en mettant du premier coup dans chaque moule assez de matière pour qu'elle déborde. On tassera avec le doigt pour ne laisser aucun vide, et on frappera quelques coups de truelle sur les côtés du moule pour compléter le tassement et faciliter le dégagement des bulles d'air. Puis, on dérasera en faisant glisser une lame de couteau bien droite, presque horizontalement, sur les bords du moule, de manière à enlever tout l'excédent, sans exercer aucune compression. On procédera enfin au lissage de la surface en y promenant le couteau appuyé toujours sur les bords.

Si l'on opère sur de la pâte de ciment, on attendra, pour déraser, qu'elle ait pris une consistance suffisan

c. On procédera au démoulage en faisant glisser les moules sur la plaque, en les desserrant et en les éloignant des briquettes, sans les soulever, au bout de vingt-quatre heures, comptées à partir du commencement du gâchage, et avant, s'il est nécessaire, au cas où la prise serait certainement terminée.

Dans tous les cas, pendant ce délai de vingt-quatre heures, les briquettes seront conservées sur leur plaque, dans une atmosphère saturée d'humidité, à 'abri des courants d'air et des rayons directs du soleil, à une température comprise, autant que possible, entre 15 et 18°. Le délai de vingt-quatre heures sera réduit à une heure pour les pâtes de ciment à prise rapide, et à trois heures pour les mortiers du même ciment.

d. Il est recommandé de peser les briquettes après le démoulage, si l'on veut s'assurer de la régularité de leur confection.

e. A l'expiration des délais fixés ci-dessus au paragraphe c, on exposera les briquettes dans le milieu choisi pour leur conservation.

Si les briquettes sont immergées dans l'eau douce, la profondeur de l'eau dans le bac ne dépassera pas 1 mètre, et cette eau sera renouvelée toutes les semaines.

Si elles sont immergées dans 'eau de mer, le renouvellement aura lieu tous les deux jours pendant la première semaine, et ensuite toutes les semaines. Pendant la première semaine, le volume occupé par l'eau dans le bac devra être égal à quatre fois, au moins, celui des briquettes.

On spécifiera dans tous les cas la nature de l'eau de conservation. Si les briquettes sont conservées à l'air, l'état hygrométrique sera tenu aussi voisin que possible de la saturation, et elles seront placées à l'abri des courants d'air et des rayons directs du soleil.

La température du milieu (eau ou air) sera maintenue, autant que possible, entre 15 et 18°.

f. L'appareil de rupture sera disposé de telle sorte, que l'effort de traction exercé sur une briquette puisse être continu et croître à raison de 5 kilos par seconde. La forme et le mode d'attache des griffes devront être conformes au croquis (fig. 108) qui reproduit les dispositions actuellement en usage.

g. Les ruptures seront faites au bout de sept jours, vingt-huit jours, trois mois, six mois, un an, deux ans, à compter du gâchage.

Elles seront faites, en outre, au bout de vingt-quatre heures pour les mortiers de ciment à prise rapide, et au bout de trois et vingt-quatre heures pour les pâtes de ciment de cette nature.

h. Les briquettes provenant d'une même gâchée seront, autant que possible, réparties entre les diverses séries de six, qui seront rompues aux périodes des essais fixées au paragraphe précédent.

Les résultats obtenus dans chaque essai seront produits pour chacune des six briquettes; on formulera leur moyenne et on signalera les anomalies, le cas échéant.

On exprimera les résultats en disant que la résistance à la traction, mesurée en opérant sur des briquettes normales en 8, de 5 centimètres carrés de section, est de tant de kilogrammes par centimètre carré.

B. *a*. Les essais normaux de rupture par traction porteront sur la pâte normale de ciment et sur le mortier normal sec, conservés dans l'eau douce. On se conformera, pour ces essais, aux dispositions générales ci-dessus (A) et aux dispositions spéciales ci-après, en ce qui concerne la confection des briquettes.

b. Au moment du mélange, le ciment, le sable, l'eau et l'air, seront à des températures comprises entre 15 et 18°.

Le mortier normal sec sera damé dans le moule avec une spatule en fer, longue de 35 centimètres environ, manche compris, présentant une surface de battage de 25 centimètres carrés et pesant 250 grammes. On procédera d'abord par petits coups répétés sur le pourtour de la briquette, puis au centre; on frappera ensuite plus énergiquement, en suivant toujours le même chemin, et en continuant le damage jusqu'à ce que la masse commence à prendre un peu d'élasticité et que l'eau sue à la surface. On procédera ensuite au dérasement et au lissage, comme il a été expliqué plus haut (A, *b*).

Compression. — Cet essai permet de dégager beaucoup mieux les résultats obtenus des influences extérieures, carbonatation, détérioration des angles, etc., que les essais de traction et de flexion, principalement dans les essais à longue période.

De plus, dans cet essai, l'effort est exercé uniformément sur tous les points de la partie pressée ; « on constate toujours que l'augmentation de résistance résultant de la substitution de ciment pur à des zones de mortier symétriques par rapport à l'axe de la compression, est proportionnelle à la section de ces zones, qu'elles soient au centre du bloc ou le long de ses parois », ce qui ne se présente pas pour les autres modes d'essais.

Lorsque l'éprouvette a été soumise à l'effort de compression, « la matière, écrit M. Durand-Claye, n'est pas désagrégée dans son ensemble, et la cohésion des molécules n'est pas détruite partout. Des fissures s'ouvrent dans divers sens, et le bloc se sépare en plusieurs fragments qui conservent chacun sa cohésion, seulement un peu altérée par les efforts considérables auxquels les molécules ont été soumises.

« Quand on examine ces fragments, on voit, par la poudre qui reste adhérente à certaines de leurs faces, que ces faces ont glissé les unes sur les autres sous une pression énergique.

« L'affaiblissement du bloc a donc lieu par suite de la production des fissures et d'un glissement dans le plan de ces fissures. »

On opère généralement sur des cubes ou des cylindres dont la hauteur est égale à la largeur ou au diamètre.

Suivant la hauteur des objets à écraser, la rupture

se présente différemment : lorsque la hauteur du prisme est notablement supérieure à la largeur de la base, il se forme un cône ayant pour base la face supérieure de l'objet qui se sépare en plusieurs fragments glissant les uns sur les autres.

Si la hauteur de l'objet diminue, il se forme deux troncs de cône.

Plus la hauteur de l'éprouvette est faible, plus l'effort de rupture doit être considérable. En opérant avec des liants en couche mince, il arrive que la matière s'écrase, se tasse, et, comme les grains ne peuvent entrer les uns dans les autres, on a, lorsque le tassement maximum est obtenu, une résistance indéfinie. C'est ce qui explique la résistance des joints fabriqués avec des matériaux qui, employés en grosse masse, donneraient parfois des résistances dérisoires.

M. Tourtay, ingénieur des ponts et chaussées, a fait des expériences intéressantes à ce sujet (1).

En opérant avec des cylindres de plus en plus plats, nous avons obtenu :

	HAUTEUR DES CYLINDRES					
	30 millim.	25 millim.	20 millim.	15 millim.	10 millim.	5 millim.
	RÉSISTANCE EN KILOGRAMMES PAR CENTIMÈTRE CARRÉ.					
a	293	288	350	358	442	Indéfinie.
b	103	96	127	141	194	Id.
c	26	35	34	45	54	Id.
d	»	28	29	47	Indéfinie.	Id.

a = ciment pur. — *b* = mortier plastique 1 : 1. — *c* = mortier plastique 1 : 2. — *d* = pâte pure de chaux.

(1) Influence des joints dans la résistance à l'écrasement des maçonneries de pierre de taille (*Annales des Ponts et Chaussées*, 1885, t. II, p. 582).

Au lieu d'opérer sur des cubes de 50 centimètres carrés de section, avec lesquels on exécute généralement les essais de compression, on opère souvent sur les deux moitiés des briquettes séparées par l'essai de traction.

Les résultats sont alors supérieurs à ceux donnés en écrasant des cubes, les briquettes étant plates, ce qui n'est pas un inconvénient, les résultats étant toujours comparables entre eux. De plus, ce mode d'opérer a l'avantage de ne pas nécessiter la fabrication d'éprouvettes spéciales, et surtout aussi encombrantes que les cubes employés. L'inconvénient provient de ce qu'il n'est pas toujours facile d'obtenir des faces parfaitement parallèles, ce qui fausse les résultats. Pour les cubes eux-mêmes, M. Féret a montré que les résultats étaient différents suivant la face écrasée et qu'on devait les placer en délit, c'est-à-dire le cube reposant sur une de ses faces latérales, ce qu'on ne peut faire avec une briquette.

On ne peut non plus employer de briquettes lorsqu'on utilise des sables à grain volumineux.

Quoi qu'il en soit, cette méthode est actuellement assez employée et à recommander.

La surface totale d'une briquette est de : $31^{cm^2},3$.

Pour la fabrication des cubes, on se sert d un moule se composant de quatre plaques d'acier s'assemblant exactement et maintenues assemblées entre elles par un second moule cylindrique en fonte. Pour la confection des mortiers secs, on ajoute sur le moule un couloir dans lequel on manœuvre un pilon qui vient damer le mortier. On peut aussi se servir de la machine à marteau. Avec les mortiers plastiques, on remplit tout simplement le moule de mortier peu à peu, en le tassant avec les doigts.

Machine Schickert. — Pour a rupture on se sert parfois de la machine Schickert, à leviers, rappelant par sa construction la machine Michaëlis employée pour les essais de traction. Cette machine a l'inconvénient d'être brutale, et de ne pas fixer l'opérateur sur la fin de l'expérience. Par contre, elle est de construction fort robuste et très puissante pouvant donner 50 000 kilogrammes de force totale. Par la manœuvre même de cette machine, qui consiste à ajouter des poids ou mieux à faire tomber un jet de plomb dans un seau placé à l'extrémité d'un grand levier, on a des résultats toujours rop élevés, comme nous l'avons constaté bien souvent en comparant les résultats donnés par cette machine avec ceux obtenus à l'aide de la machine Le Chatelier, tarée spécialement pour l'essai.

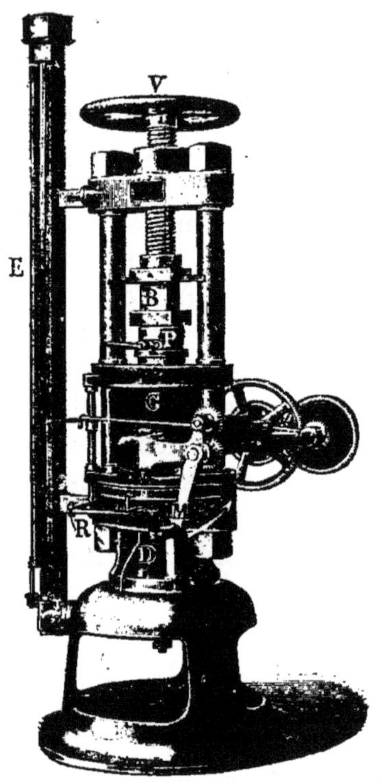

Fig. 109. — Presse Amsler-Laffon, constructeur à Schaffouse (Suisse).

Presse Amsler-Laffon. — Cette presse (fig. 109) est considérée par tous les expérimentateurs comme une machine excellente ; sa force est de 30 000 kilogrammes.

Dans cette machine il n'y a ni cuir embouti, ni presse-étoupe. L'étanchéité est assurée par un liquide visqueux : de l'huile de ricin.

L'éprouvette à essayer est placée sur le plateau soutenu par le piston P', et est serrée à l'aide du volant V. En tournant la manivelle M, le piston P s'élève du cylindre C, contenant de l'huile de ricin, et comprime l'éprouvette. Par l'effort exercé, le mercure contenu dans le cylindre D est comprimé et monte dans le tube manométrique E, dans lequel va et vient un flotteur restant en place quand la rupture se produit. Le même constructeur construit également une presse de 5 tonnes, très commode pour la détermination des faibles résistances (chaux hydraulique par exemple).

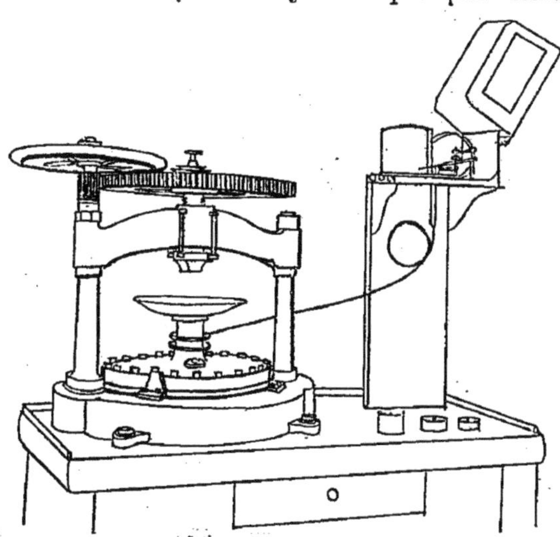

Fig. 110. — Machine Le Chatelier.

MACHINE H. ET L. LE CHATELIER (fig. 110). — Cette machine, construite par la maison Carpentier, à Paris, est excellente, mais est de puissance trop faible (4000 kilogrammes), ne permettant pas d'écraser les demi-briquettes ni même de les poinçonner dans tous les cas avec le poinçon de 3 centimètres de section.

Elle peut rendre de grands services pour des essais ne demandant pas une grande résistance. Dans cette machine hydraulique, tout frottement est supprimé, grâce à l'emploi d'une membrane en caoutchouc, système Galy-Cazalat.

Le socle, en fonte, circulaire, est muni de deux oreilles permettant de fixer l'appareil.

Deux colonnes de fer portent une traverse robuste, dans le milieu de laquelle se meut la vis de pression.

Le pas de cette vis est de 4 millimètres.

Faisant corps avec la vis, une roue de 140 dents, engrène avec un pignon de 14 dents. (Rapport : 10.)

Ce pignon, à frottement doux sur le prolongement d'une des colonnes, est commandé à la main au moyen d'un volant de 25 centimètres de diamètre.

Un tour de ce volant produit un abaissement de la vis égal à 4/10 de millimètre.

La pression de la vis est transmise au témoin d'essai par l'intermédiaire d'une chape en acier trempé. Cette chape ne tourne pas avec la vis. Des ressorts la supportent et l'appliquent constamment sur le bout de la vis (ce bout est trempé).

La pression exercée par le témoin est supportée par une presse hydraulique dont le plateau mobile est guidé par une tige centrale glissant à frottement doux dans une cavité cylindrique en bronze, rapportée dans le socle.

Une feuille de caoutchouc est fixée, d'une part au socle, d'autre part à la circonférence extérieure du plateau.

Un tuyau réunit la presse à un manomètre enregistreur destiné à mesurer et inscrire la pression.

La surface du plateau qui transmet la pression à l'eau contenue dans la presse est de 500 centimètres carrés.

Le manomètre est gradué jusqu'à 8 atmosphères.

Il permet donc de mesurer $500 \times 8 = 4000$ kilogrammes environ ; si la surface d'appui sur le témoin est de 5 centimètres carrés, on obtient par centimètre carré une pression de 800 kilogrammes.

Le cylindre de l'enregistreur est relié par un fil de laiton à l'une des poulies qui surmontent la vis de pression, de manière à tourner comme cette dernière.

Un ressort antagoniste placé dans le cylindre assure une tension constante de ce fil.

Le témoin est placé sur une rondelle d'acier entourée d'une coupelle en laiton. Des cales de 10, 20 et 40 millimètres permettent de faire varier la hauteur du support suivant l'épaisseur des témoins. Une vis, sur la tête de laquelle sont placées les cales, sert à obtenir des variations de hauteur moindres que 10 millimètres.

Un contre-écrou la fixe après le réglage.

Essai normal. — Conclusions de la Commission :

A. *a*. Pour les essais de rupture par compression, on prendra comme éprouvettes les demi-briquettes séparées par la traction. Chaque demi-briquette sera écrasée isolément, mais on totalisera les résultats fournis par les deux demi-briquettes jumelles.

A défaut de demi-briquettes, on pourra se servir d'éprouvettes cylindriques de 45 millimètres de diamètre et de 22 millimètres de hauteur, confectionnées et conservées comme des briquettes destinées aux essais de rupture par traction.

b. Les éprouvettes qui présenteront des rugosités ou des soulèvements apparents seront aplanies par un léger frottement à la main sur une table de grès.

c. L'appareil de rupture sera disposé de telle sorte que l'effort de compression puisse croître d'une manière continue et assurer l'écrasement d'une demi-briquette au bout d'une à deux minutes.

d. Les essais seront faits aux époques fixées pour ceux de rupture par traction, et porteront, comme eux, sur une série de six briquettes.

e. Les résultats seront produits pour chacune des six éprouvettes doubles (deux demi-briquettes jumelles) soumises aux essais en même temps, on formulera leur moyenne et on signalera les anomalies.

On exprimera les résultats en disant que la résistance à l'écrasement, mesurée en opérant sur des demi-briquettes normales en 8, est de tant de kilogrammes par centimètre carré.

B. Les essais normaux de rupture par compression porteront sur la briquette de pâte normale de ciment et de mortier normal sec qui auront servi aux essais normaux de rupture par traction. A défaut de demi-briquettes, on pourra employer des demi-briquettes cylindriques de 45 millimètres de diamètre et de 22 millimètres de hauteur, confectionnées et conservées dans les conditions indiquées pour ces essais.

C. Pour les essais ayant pour objet la comparaison de mortiers à d'autres matériaux, on recommande provisoirement l'emploi du cube de 50^{cm2} de face, placé en délit. On se conformera, d'une manière générale, pour ces essais, aux règles adoptées pour les autres matériaux.

Poinçonnage. — L'effort de poinçonnage diffère de celui de compression, en ce que la pression de l'éprouvette reposant complètement sur la face inférieure n'a lieu que sur une partie de la face supérieure. Pou cet essai on se sert des demi-briquettes.

Cet effort, étant à la fois un effort de compression et de cisaillement qui s'exerce sur tout le pourtour du poinçon, il y a donc une certaine proportionnalité entre l'effort au poinçonnage et celui à la compression.

La résistance au poinçonnage, par centimètre carré, dépend de la surface du poinçon, et elle est d'autant plus élevée que la section est plus faible.

Résistance au poinçonnage par centimètre carré.

RÉSISTANCE à la compression. — Machine Le Chatelier.	SURFACE DES POINÇONS.					
	1 cent. carr.	2 cent. carr.	3 cent. carr.	4 cent. carr.	5 cent. carr.	8 cent. carr.
	RÉSISTANCE PAR CENTIMÈTRE CARRÉ.					
11,5 (1)	25	24	20	20	19	16
34 (2)	90	71	62	59	52	48
Env. 280 (3)	744	556	499	455	468	382
13 (4)	87	59	44	39	38	34
129 (5)	351	267	229	216	210	186
173 (6)	446	348	299	279	285	242
88 (7)	146	119	118	109	108	108

(1) Pâte pure de chaux hydraulique essayée après 1 semaine.
(2) — — — — 4 —
(3) — de portland artificiel — 1 —
(4) Matières plastiques 1:1, sable de Leucate, essayé après 1 semaine.
(5) Matières plastiques 1:1, sable de dunes, essayé après 12 semaines.
(6) Matières plastiques 1:1, sable de Leucate, essayé après 12 semaines.
(7) Matières plastiques 1:3, sable de dunes, essayé après 1 semaine.

On voit dans ce tableau que, pour une matière tendre, la résistance varie peu, tandis qu'il n'en est plus de même pour une matière dure, comme le montre l'essai sur le ciment pur.

Cisaillement. — Dans l'étude citée plus haut, M. Durand-Claye a montré que l'essai de compression d'une pierre donnait « la mesure de la résistance au cisaillement, c'est-à-dire aux efforts tranchants ».

M. Féret (1), qui a étudié particulièrement cette

(1) Féret, *Recherches sur les résistances à la rupture des matériaux isotropes non ductiles..*

question, a montré que les résultats obtenus dépendaient du dispositif adopté.

Nous avons comparé les résultats obtenus entre l'essai au cisaillement et celui au poinçonnage, en employant dans les deux cas des demi-briquettes provenant de la même série, poinçonnées et cisaillées à la machine Le Chatelier. Dans les deux cas, les aires étaient de 5 centimètres carrés.

Les résultats obtenus ne nous ont pas conduit à une conclusion bien nette.

Flexion. — L'essai de flexion, employé par Vicat pour l'essai des matériaux, a été pendant longtemps abandonné et remplacé par les essais à la traction. L'essai de flexion demande à être interprété par le calcul ; il ne frappe pas les yeux comme les essais de traction et de compression.

Fig. 111. — Moule à prismes pour essais de flexion (Ponthus et Terrode).

La confection des éprouvettes est certainement plus simple, mais, comme dans l'essai à la traction, les résultats sont influencés par les conditions extérieures de l'éprouvette, par la carbonation entre autres.

L'essai de flexion fait double emploi avec celui de traction, les résultats étant proportionnels entre eux. Dans bien des cas, on peut le préférer aux essais de traction, les moules étant plus simples, moins coûteux, et l'effort s'exécutant plus normalement.

Le mieux est d'employer des prismes assez gros,

d'au moins 4 centimètres sur 4, avec lesquels on peut employer des sables de chantier, et dont les deux moitiés servent après rupture à l'essai de compression, en les plaçant en croix sur une plaque de fer ayant 4 centimètres de largeur ; sur le demi-prisme on applique une plaque de fer de même largeur, correspondant à la plaque inférieure, en sorte qu'on écrase ainsi un cube de 4 centimètres sur 4. Cette méthode, préconisée par M. Féret, est très pratique.

Les prismes de 2 centimètres que nous avons employés ont l'inconvénient d'être de trop faible section.

Ces petits prismes, ainsi que ceux de 4 centimètres sur 4, peuvent être très facilement cassés avec la machine Michaëlis, à l'aide d'un petit système très simple. La confection d'éprouvettes a lieu à l'aide du moule représenté par la figure 111. La charge de rupture, multipliée par le coefficient 1,875, donne la résistance par centimètre carré.

D'après M. Féret, en employant des prismes de 4 centimètres sur 4 posés sur deux couteaux distants de 10 centimètres, on peut déduire la résistance à la traction par centimètre carré (briquettes de 5 centimètres carrés de section) en multipliant la charge totale nécessaire pour rompre le prisme par 0,1154.

D'après M. Durand-Claye, le rapport de la flexion à la traction, en employant des prismes de $0{,}02 \times 0{,}02 \times 0{,}10$ et les briquettes de 5 centimètres de section, est égal à $\frac{\text{flexion}}{\text{traction}} = 1{,}90.$

Les nombreux essais que nous avons executés sont résumés ci-après (1) :

(1) On peut consulter sur ce sujet une note présentée par M. Mercier, au congrès de Budapest de 1901.

MORTIERS essayés.	MILIEU de conservation.	Flexion / Traction — TEMPS ÉCOULÉ DEPUIS LE GACHAGE					
		1 semaine.	4 semaines.	12 semaines.	26 semaines.	1 an.	2 ans.
Ciment pur...	Eau de mer.	1,86	1,70	1,82	1,81	1,95	1,60
Sec 1 : 3......	Id.	1,66	1,63	1,75	1,80	1,70	1,81
Ciment pur...	Eau douce.	1,93	1,98	1,98	1,90	1,89	1,92
Sec 1 : 3......	Id.	1,65	1,71	1,75	1,67	1,70	1,80
Plastique 1 : 1.	Id.	1,94	1,94	2,04	1,90	2,00	1,70
Plastique 1 : 3.	Id.	2,30	2,10	1,83	1,91	1,90	2,20

Rapport moyen = 1,85

Essai normal. — Conclusions de la Commission :

A. *a*. Pour les essais de rupture par flexion, on emploiera des éprouvettes en forme de prisme de 0m,12 de longueur, à section carrée de 0m,02 de côté.

b. Les dispositions précédemment indiquées pour les essais à la traction, quant à la confection, au démoulage, à la pesée et à la conservation des éprouvettes, ainsi qu'aux périodes des essais, sont applicables aux essais à la flexion.

c. L'éprouvette à rompre reposera, par une de ses faces latérales qui ont été au contact du moule, sur deux couteaux distants de 0m,10 ; la charge sera appliquée au milieu, à l'aide d'un couteau ayant un tranchant légèrement arrondi.

L'appareil de rupture sera disposé de manière que l'effort exercé sur l'éprouvette puisse croître d'une manière continue, à raison d'un kilogramme par seconde.

d. Les résultats seront, comme pour les essais de rupture, par traction et par compression, produits pour chacune de ces éprouvettes soumises aux essais, en même temps on formulera leur moyenne, et on signalera les anomalies constatées. On exprimera les résultats en disant que la charge de rupture par flexion est de tant de kilogrammes, pour une éprouvette prismatique à section carrée de 0m,12 de côté, posée sur deux appuis distants de 0m,10.

B. Les essais normaux de rupture par flexion porteront sur des pâtes et matières confectionnées et conservées, ainsi qu'il a été indiqué pour les essais normaux à la traction

Adhérence. — Dans la liaison des matériaux, l'adhérence joue un rôle important. On trouve assez peu de résultats sur ce genre de recherches. On a cherché à la mesurer, en employant des morceaux de briques, de marbre, de verre, sur lesquels on faisait adhérer le mortier de ciment à étudier, qu'on arrachait par un procédé de traction quelconque. La difficulté dans cet essai consiste à exercer l'effort absolument dans le plan de liaison ; si l'effort n'est pas absolument normal, les deux pièces, par suite de la flexion imprimée, se décollent.

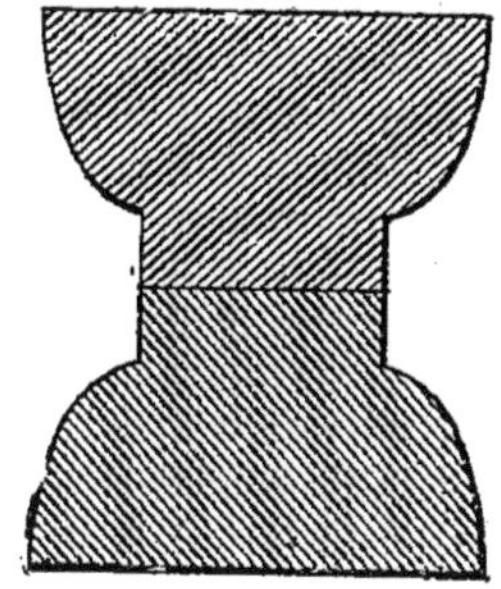

Fig. 112. — Éprouvette pour essai d'adhérence.

M. Candlot a imaginé un petit appareil avec lequel on peut mesurer l'adhérence d'un liant à un autre produit à l'aide du dispositif indiqué par la figure 112, qui présente l'inconvénient signalé plus haut, mais dont nous nous sommes néanmoins servi pour exécuter quelques essais.

Le moule est indiqué par la figure 113. Pour confectionner la première demi-briquette sur laquelle on fera adhérer le mortier, on place sur le fond une plaque mobile en cuivre, et on remplit la cavité de mortier qui, après durcissement, constituera l'éprouvette d'adhérence. Pour exécuter l'essai d'adhérence, on retire la plaque de cuivre, et on place le bloc en *a b c d*, comme il est indiqué, puis on remplit la cavité du mortier à essayer, et après durcissement on démoule, et on essaie à l'aide de la machine Michaëlis. La surface d'adhérence présentant 10 centimètres carrés, le résultat est donc moitié de celui correspondant à un essai de traction. Nous avons exécuté quelques essais sur du mortier plastique 1 : 3 de chaux hydraulique, que nous avons fait adhérer sur des blocs de ciment en mortier 1 : 2.

Dans un grand nombre d'éprouvettes, la rupture s'est produite dans la masse même du bloc de chaux, au lieu de se produire au joint d'adhérence, donnant ainsi la mesure de l'effort à la traction avec une éprouvette de 10 centimètres de section, au lieu de la résistance à l'adhérence, ce qui montre que la résistance à l'adhérence du mortier de chaux est supérieure à sa résistance à la traction. C'est même probablement en raison de ce fait, joint à celui de la résistance à la compression de couches minces, que des chaux qui ne présentent à la traction qu'une résistance insignifiante, trouvent néanmoins à s'employer dans les constructions ordinaires.

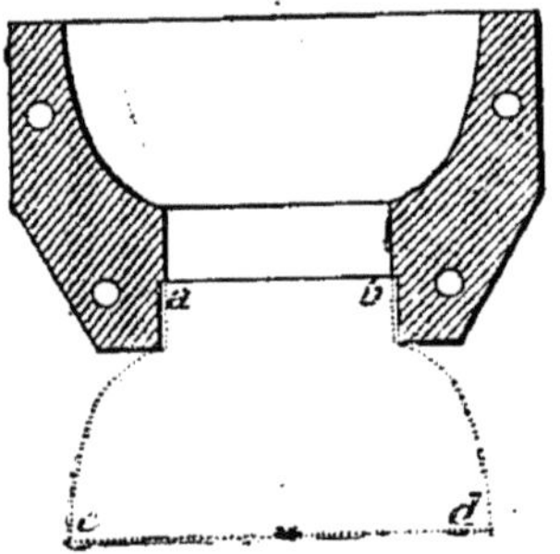

Fig. 113. — Moule pour essai d'adhérence.

Nous avons essayé également de déterminer la résistance à l'adhérence de mortier plastique de ciment 1 : 1 sur du mortier plastique de chaux 1 : 3 très frais, c'est-à-dire âgé seulement de 1, 2, 4 et 7 jours. Si l'on a la précaution de noyer dans l'eau le bloc de chaux, celui de ciment adhère parfaitement, et la résistance est supérieure à celle à l'arrachement.

Cette méthode donne du reste des résultats peu satisfaisants. C'est ainsi qu'avec une chaux excellente nous avons obtenu $0^{kgr},8$ — $2^{kgr},2$ — $5^{kgr},3$ — $1^{kgr},2$ — $8^{kgr},5$ — 6 kilogrammes après un, quatre et douze semaines, six mois, un an et deux ans.

Quelques essais exécutés avec des ciments ne nous ont pas donné des résultats plus nets.

M. Féret (1) a obtenu des résultats bien plus intéressants, en confectionnant, directement sur des blocs de pierre, des briques de ciment, en plaçant sur la pierre un moule en zinc qu'il remplissait de mortier. Il a montré que l'adhérence variait avec l'état des surfaces, les mortiers, leur âge, les produits employés, etc. Elle est notablement plus élevée avec le ciment portland qu'avec la chaux hydraulique et les ciments rapides, tandis qu'avec le ciment de laitier les différences sont en plus ou en moins, et qu'elle a été supérieure avec les deux ciments de grappiers essayés.

Alors que l'influence de la nature de l'eau employée est à près nulle, sa proportion est très importante : les résultats sont supérieurs avec des matières plastiques.

Adhérence au fer. — Nous avons exécuté d'assez nombreux essais en employant le dispositif de MM. Coignet et Tédesco, qui consiste à noyer une tige de fer (acier doux) dans un bloc de mortier. Pour l'exécution de l'essai, on place le fer rond au centre d'un moule à cube, et on remplit la cavité avec du mortier. Les tiges dont nous sommes servi avaient $22^{mm},7$ de diamètre, de sorte que le cube ayant 71 millimètres de côté, la surface des cylindres adhérant était de 50 centimètres carrés.

Pour mesurer la résistance, on plaçait le cube sur une plaque percée d'une ouverture un peu plus grande,

(1) Féret, Expérience sur l'adhérence des mortiers (*Congrès de Budapest*, 1901).

et on agissait par pression sur la partie supérieure de la tige à l'aide de la machine Le Chatelier.

Les résultats obtenus donnent l'effort total exercé, car, comme le dit très bien M. Féret dans le mémoire déjà cité, « il ne faudrait pas croire, en effet, que l'on aurait immédiatement l'*adhérence tangentielle* par unité de surface en divisant l'effort total de décollement par l'aire de la surface de contact des deux matériaux : outre que les efforts tangentiels développés en chaque point de cette surface varient d'un bout à l'autre de la tige, il se produit en même temps des efforts normaux dont il faudrait tenir compte dans le calcul de l'adhérence, et qui sont même parfois assez importants pour faire éclater le bloc de mortier avant que le décollement ait commencé à se produire ».

Quoi qu'il en soit, les expériences sont comparatives. Le ciment portland est le produit qui donne les résistances les plus élevées. Les chaux hydrauliques donnent des résultats très faibles. Le ciment de grappiers donne au début des résistances plus faibles que le portland, pour donner les mêmes résultats après quelques mois. Le ciment de laitier nous a donné de mauvais résultats ; tous les blocs placés aux intempéries, sur le toit du laboratoire, ont commencé à se fendre après six mois d'exposition.

Les résistances qui, à six mois, étaient de 1 090, 1 265, 1 425 et 1 110 kilogs, pour des mortiers plastiques 1 : 1, 1 : 2, 1 : 3 et le béton (1 : 1), n'étaient plus que de 490, 435, 930 et 835 kilogs à un an.

Il n'en a pas été de même des blocs placés dans l'air humide, qui se sont bien conservés.

NUMÉROS d'ordre.	PRODUITS essayés.	MORTIERS.	MILIEU de conservation.	RÉSISTANCE APRÈS 1 semaine. — Adhérence. Résistance totale.	4 semaines. — Adhérence. Résistance totale.	12 semaines. — Adhérence. Résistance totale.	6 mois. — Adhérence. Résistance totale.	1 an. — Adhérence. Résistance totale.
2173	Portland	1 : 1	Intempéries.	850	1150	1300	1730	1860
2171	Id.	Béton 1 (1 : 1)	Id.	1265	1470	1755	1715	1830
2293	Id.	1 : 1 (1)	Air humide.	1060	1120	1040	1620	1990
Id.	Id.	1 : 1 (2)	Id.	830	1160	1205	1590	2070
2274	Id.	1 : 1	Id.	635	»	»	1135	1875
2299	Id.	1 : 3	Id.	240	»	»	480	975
2232	Id.	Ciment pur.	Id.	680	»	»	1090	1065
Id.	Id.	1 : 1	Id.	680	»	»	1130	1375
Id.	Id.	1 : 2	Id.	420	»	»	910	1140
Id.	Id.	1 : 3	Id.	210	»	»	570	905
Id.	Id.	1 : 5	Id.	125	»	»	555	850
2453	Portland naturel....	1 : 3	Intempéries.	145	435	925	930	»
2227	Grappiers	1 : 1	Air humide.	260	»	»	1150	1070
Id.	Id.	1 : 2	Id.	220	»	»	790	1075
Id.	Id.	1 : 3	Id.	120	»	»	925	1410
2519	Id.	1 : 1	Intempéries	155	695	»	»	»
Id.	Id.	1 : 3	Id.	135	515	»	»	»
2153	Chaux hydraulique..	1 : 3	Air humide.	40	110	265	»	420

(1) Sable coquillier. — (2) Sable à gros grains de Saint-Étienne. — Les autres mortiers ont été confectionnés avec du sable de Leucate.

Influence de la proportion d'eau (déterminée par la formule Féret) (conservation dans l'air humide).

PORTLAND N° 2274. MORTIER PLASTIQUE 1 : 1.

PROPORTION d'eau.	RÉSISTANCE APRÈS					
	1 semaine.		6 mois.		1 an.	
	Traction.	Adhérence.	Traction.	Adhérence.	Traction.	Adhérence.
9,6	18,0	530	35,3	985	55,6	1380
13,6(1)	27,5	685	43,8	1135	56,5	1885
17,6	17,8	245	41,5	890	47,5	1305

PORTLAND N° 2299. MORTIER PLASTIQUE 1 : 3.

PROPORTION d'eau.	RÉSISTANCE APRÈS					
	1 semaine.		6 mois.		1 an.	
	Traction.	Adhérence.	Traction.	Adhérence.	Traction.	Adhérence.
6,0	11,3	0 (2)	20,6	0 (2)	18,4	0 (2)
10,0(1)	12,8	240	23,2	480	40,1	975
14,0	9,5	385	26,0	795	31,1	1080

(1) Proportion normale. — (2) Le mortier étant trop sec, l'adhérence n'a pas eu lieu.

Ruptures après 12 semaines de conservation dans l'air humide.

MORTIER PLASTIQUE 1 : 1.								
Sable de dunes.			Sable de Leucate.			Sable de Saint-Étienne (à gros grains).		
Proportion d'eau.	Traction.	Adhérence.	Proportion d'eau.	Traction.	Adhérence.	Proportion d'eau.	Traction.	Adhérence.
15	38,1	680	11	47,3	980	8	20,6	65
16	37,0	805	»	»	»	10	25,8	90
17	36,1	820	13	51,6	1140	12	30,1	705
18	37,8	705	*14*(1)	52,1	1240	14	32,6	830
19	40,0	715	15	51,8	900	16	37,5	430
20	36,8	525	16	49,0	945	18	39,5	595
21	38,8	555	17	47,1	1045	20	34,6	530

MORTIER PLASTIQUE 1 : 3.						MORTIER PLASTIQUE 1 : 5.					
Sable de dunes.			Sable de Leucate.			Sable de dunes.			Sable de Leucate.		
Proportion d'eau.	Traction.	Adhérence.	Proportion d'eau.	Traction.	Adhérence.	Proportion d'eau.	Traction.	Adhérence.	Proportion d'eau.	Traction.	Adhérence.
10	10,3	0	7	26,5	345	5	6,1	150	6	10,8	135
12	10,1	70	8	25,1	360	8	8,1	125	7	11,8	155
14	13,8	280	9	22,1	390	11	9,5	145	8	11,0	135
16	13,5	280	*10*	20,8	460	14	8,0	105	*9*	15,3	195
18	12,0	375	11	20,8	620	17	4,5	115	10	10,0	215
20	12,0	325	12	21,8	545	20	4,0	160	11	9,8	225
22	12,0	265	13	19,5	500	23	5,5	150	12	9,8	225

(1) Les nombres en *italiques* indiquent les mortiers contenant la proportion d'eau normale. (Formule Féret.)

Il semble ressortir de ces essais (pages 386, 387), que s'il n'y a pas intérêt avec les mortiers riches (1 : 1) à avoir un mortier plus plastique que la consistance normale, il en est autrement pour les mortiers plus maigres (1 : 3 et 1 : 5).

On a vu dans le tableau précédent, que l'adhérence était d'autant plus élevée que le dosage était plus riche; on a pu voir au chapitre traitant de l'influence de la fine poussière, que l'adhérence au fer était également influencée par la finesse.

L'état des surfaces a une influence considérable sur la résistance à l'adhérence. Pour le fer, l'adhérence est plus élevée si la tige est recouverte d'une couche de rouille. Évidemment, il en est autrement si le fer employé est très légèrement huilé.

RÉSISTANCE APRÈS :	TIGES SAINES.		TIGES ROUILLÉES.		TIGES HUILÉES.
	Mortier 1 : 1.	Mortier 1 : 3.	Mortier 1 : 1.	Mortier 1 : 3.	Mortier 1 : 1.
1 semaine......	510	»	1250	»	110
4 semaines.....	630	»	1650	»	140
12 —	800	»	1850	»	230
1 semaine......	395	150	1040	325	»
6 mois.........	845	485	1695	1000	»
1 an...........	1335	775	2460	1215	»

ESSAI NORMAL. — Conclusions de la Commission :

A. Pour comparer la force d'adhérence des ciments, on soumettra à des essais de rupture par traction des éprouvettes en forme de double T confectionnées à l'aide du moule spécial (fig. 113), chacune des deux matières dont on étudie l'adhérence devant constituer l'une des moitiés de chaque éprouvette.

On se conformera pour ces essais aux dispositions ci-après :

B. *Essai normal destiné à comparer la force d'adhérence de divers ciments à une même matière.* — a. On préparera des blocs normaux d'adhérence en mortier composé, en poids, d'une partie de ciment portland artificiel, passé au tamis de 900 mailles, et de deux parties de sable normal n° 3.

Le mortier sera gâché avec 9 p. 100 d'eau, et comprimé très fortement dans le moule, dont le fond aura été préalablement garni par une plaque métallique mobile; les blocs d'adhérence seront immergés dans l'eau douce au bout de vingt-quatre heures; ils y seront conservés jusqu'au moment de l'emploi, et au moins pendant vingt jours. Quand on voudra les utiliser, on les fera sécher; puis on passera la surface d'adhérence au papier d'émeri.

b. On emploiera pour les essais le mortier normal plastique, qui sera introduit par un simple tassement à la truelle, dans le moule disposé de manière que le bloc normal d'adhérence en forme le fond. Le démoulage de l'éprouvette constituée par le bloc normal soudé au mortier à essayer, se fera une fois la prise complètement terminée.

c. On se conformera, quant au nombre et à la conservation des éprouvettes, aux périodes d'essai, au mode de rupture et à l'expérience des résultats, aux prescriptions concernant les essais à la traction.

C. *Essais destinés à comparer la force d'adhérence d'un ciment à diverses matières.* — On adoptera pour ces essais les dispositions ci-dessous, à cette différence près que les blocs normaux d'adhérence seront remplacés par des blocs confectionnés avec les diverses matières à essayer.

Si la matière peut être moulée, le bloc d'adhérence sera confectionné à l'aide du moule comme un bloc normal.

Si la matière est solide, on préparera une plaquette de quelques millimètres d'épaisseur, ayant une face bien dressée que l'on placera au fond du moule, et on complétera le bloc en remplissant avec du ciment gras.

Élasticité. — La recherche du module d'élasticité est intéressante à connaître, principalement pour les constructions en ciment armé; les déformations totales, même à la rupture, sont si faibles et doivent être si différentes suivant l'âge et la composition des mortiers, que les résultats trouvés par les expérimentateurs qui se sont occupés de cette question sont assez différents.

M. Durand-Claye a trouvé des modules d'élasticité

variant de 0,5 à 2 × 10 pour différents mortiers étudiés.

Conductibilité. — D'après M. le D[r] St. Lindeck, la résistance électrique des mortiers est assez faible en temps sec et croît avec la proportion de sable. En opérant sur des prismes de $0^m,10 \times 0^m,10 \times 0^m,40$, M. Lindeck a trouvé 450 à 5000 ohms.

En temps humide, les mortiers maigres absorbant beaucoup d'eau perdent de leur résistance.

Les mortiers doivent être, ainsi que les pierres, mauvais conducteurs de la chaleur, mais nous ne connaissons pas d'expériences à ce sujet.

Résistance à l'usure. — La résistance à l'usure est intéressante à connaître pour les dallages, carreaux, chaussées en ciment, etc. Plusieurs machines ont été imaginées pour cet essai : les machines Müller, Duval, Dorry, etc.

Les résultats obtenus par M. Müller sont les suivants :

Nature de la dalle.	Usure en centièmes de millimètre.
Quartzites (pavés bleus et roses)............	11
Granit des trottoirs de Paris	31
Carreaux en grès cérames..................	51
Dallage en ciment portland de Boulogne coulé.	75
Grè marin pour trottoirs (Paris)............	98
Asphalte pour trottoirs (mastic de Seyssel)..	156
Terre cuite de Bourgogne (suivant cuisson et qualité)..................................	50 à 150
Terre cuite de Paris (suivant cuisson et qualité).	140 à 500
Ciment de Bédarrieux......................	138

Porosité et perméabilité. — On confond souvent la porosité avec la perméabilité. La porosité est la propriété qu'ont les mortiers de posséder des vides, des *pores*, tandis que la perméabilité est celle de se laisser traverser par les gaz et les liquides.

Ces deux propriétés sont tout à fait distinctes et indépendantes.

La pierre meulière est très poreuse et peu perméable, tandis que la craie est peu poreuse et très perméable.

Un mortier confectionné avec du sable très fin est très poreux et peu perméable, tandis que le même mortier de gros sable est peu poreux et très perméable.

La perméabilité d'un mortier, pour un même sable, est en rapport avec la proportion de sable employée.

La perméabilité est intéressante à connaître pour le passage des gaz, pour la confection des conduites d'eau sous pression, etc.

Pour évaluer le passage des liquides, on a proposé plusieurs dispositifs. La forme la plus rationnelle serait une sphère au centre de laquelle arriverait le liquide, mais les conditions de confection ont fait prendre des cylindres ou des cubes sur lesquels on scelle un tube de verre, qu'on introduit parfois dans la masse.

Les conclusions de la Commission sont :

Essai normal. — *Porosité.*

A. La porosité d'une pâte ou d'un mortier a pour mesure le rapport du volume des vides que présente cette pâte ou ce mortier, au volume apparent total, le vide comprenant le volume occupé par l'eau d'imbibition et par l'eau hygrométique, à l'exclusion de l'eau de combinaison, qui fait évidemment partie du plein.

Si l'on appelle V le volume apparent total, v le volume du plein, la porosité est donnée par la formule

$$\text{Porosité} = \frac{V - v}{V}$$

B. *a.* Pour déterminer la porosité, on opérera sur des éprouvettes ayant, autant que possible, un volume apparent compris entre 0 l. 30 et 0 l. 50.

b. Le volume du vide (v) s'obtiendra en prenant la différence (P-p) des poids de l'éprouvette sèche, pesée dans l'air (P), et du poids de l'éprouvette imbibée d'eau, pesée dans l'eau (p).

Pour réaliser l'imbibition complète, on maintiendra l'éprouvette pendant un quart d'heure dans l'air raréfié à une pression ne dépassant pas 25 millimètres de mercure, et on fera arriver de l'eau sur l'éprouvette jusqu'à son immersion complète, en conservant le même degré de vide. Une fois l'éprouvette recouverte d'eau, on laissera la pression atmosphérique se rétablir, et on attendra vingt-quatre heures avant de faire la pesée qui doit donner (p).

A défaut de moyen convenable pour raréfier l'air, on produira l'imbibition par l'action de l'eau bouillante, quand les mortiers pourront supporter cette action sans inconvénients. A cet effet, on laissera l'éprouvette le pied dans l'eau pendant quarante-huit heures; au bout de ce temps on l'immergera complètement dans l'eau froide, qui sera portée à l'ébullition et maintenue ensuite au même état pendant deux heures. Puis, on laissera refroidir sans sortir l'éprouvette, et on fera, au bout de vingt-quatre heures, la pesée qui doit donner p.

Pour obtenir la dessiccation de l'éprouvette, on la maintiendra jusqu'à ce qu'elle ne perde plus de poids dans une étuve chauffée entre 40 et 50°. Le poids final mesuré sera (P). Pour cette opération, on évitera avec soin la pénétration, dans l'étuve, de l'acide carbonique provenant des produits de la combustion de l'appareil de chauffage.

Pour certains produits, la dessiccation effectuée dans ces conditions pourra ne pas faire disparaître toute l'eau hygrométrique, ou, au contraire, enlever un peu d'eau combinée, ce qui laisse subsister une légère incertitude sur les valeurs trouvées pour la porosité.

c. Le volume apparent de l'éprouvette (V) peut s'obtenir par des mesures directes, si elle présente une forme géométrique. Dans le cas contraire, on mesurera ce volume en prenant la différence entre les poids de l'éprouvette pesée dans l'eau et dans l'air, son état d'imbibition étant resté le même.

Pour assurer la constance de cet état d'imbibition, on enduira l'éprouvette d'une mince couche de suif fondu qui sera posée au pinceau et étendue avec le doigt. On aura soin de faire la pesée dans l'eau avant la pesée dans l'air.

C. *a*. L'essai normal de porosité portera sur le mortier normal plastique, âgé de vingt-huit jours, conservé dans l'eau.

b. Pour les essais qui seraient faits sur des matières d'âge et de composition différente. on recommande d'employer, de préférence, des mortiers plastiques dosés à 1 : 2 et à 1 : 5, âgés de sept jours, vingt jours, trois mois, six mois, un an.

ESSAI NORMAL. — *Perméabilité.*

A. *a.* La perméabilité des pâtes et mortiers sera exprimée par le nombre de litres d'eau écoulés à l'heure à travers un bloc cubique de 50 centimètres carrés de face (fig. 114), dans les conditions ci-après :

b. L'eau destinée aux filtrations sera amenée par un tube de verre de 0m,035 de diamètre et de 0m,11 de hauteur scellé verticalement à l'aide de ciment pur sur la face supérieure du bloc posé en délit préalablement repiqué pour mettre le mortier bien à vif. Le tube fermé à la partie supérieure par un bouchon en caoutchouc sera mis en communication avec un réservoir élevé, au niveau correspondant à la charge d'eau. On adoptera pour cette charge, suivant la perméabilité des mortiers, 0m,10, 1 mètre et 10 mètres.

Fig. 114. — Cube pour essai de perméabilité.

c. Avant d'être mis en expérience, le bloc sera immergé dans un bac pendant quarante-huit heures, avec les précautions nécessaires pour arriver à une imbibition aussi complète que possible.

Une fois mis en expérience, le bloc sera maintenu immergé sur toute sa hauteur.

d. Le volume écoulé à l'heure sera constaté après vingt-quatre heures (1), sept jours, vingt-huit jours, trois mois...

e. Les constatations portent sur trois blocs semblables; on donnera les résultats moyens correspondant seulement aux deux blocs les plus concordants.

En même temps qu'on exprimera la perméabilité aux diverses époques (24 heures, etc.), on aura soin de faire connaître les charges (0m,10, 1 m. et 10 m.) sur lesquelles on aura opéré.

B. *a.* L'essai normal de perméabilité portera sur le mortier normal plastique âgé de vingt-huit jours conservé dans l'eau.

b. Pour les essais qui seraient faits sur des mortiers d'âge et de composition différents, on recommande d'employer de préférence des mortiers plastiques dosés à 1 : 2, 1 : 5 âgés de sept jours, vingt-huit jours, etc.

c. Dans tous les cas, on indiquera le dosage, l'âge et le mode de confection du mortier soumis aux essais.

(1) Au début de l'essai on multipliera les constatations s'il y a lieu.

Expansion. — En plus de leurs qualités de résistance, les divers produits hydrauliques ne doivent montrer aucun changement de volume, aucune trace de décomposition sous l'influence des divers milieux dans lesquels ils doivent être exposés.

On peut admettre maintenant comme un fait général, d'après les expériences de MM. Blount, Considère, Dyckerhoff, Le Chatelier, Tetmajer, etc., que les meilleurs produits hydrauliques augmentent de volume apparent.

Il est facile de vérifier ce fait en coulant de la pâte de ciment dans des tubes en verre; on constate qu'entre un et six mois, tous les tubes se sont fendus par l'action de la dilatation de la pâte (voir ci-dessous) :

NUMÉROS d'ordre.	TUBES fendus après	EXPANSION.	DÉCOMPOSITION des galettes.
1999	3 mois.	Néant.	Néant.
2001	110 jours.	Id.	Id.
2003	60 —	Id.	Id.
2004	180 —	Id.	Id.
2005	71 —	Id.	Id.
2017	150 —	Id.	Id.

Ces 6 ciments (portland artificiel) ont donné d'excellents résultats aux essais courants d'expansion ; aussi, n'est-ce pas de cette dilatation extrêmement faible qu'on se préoccupe, mais de phénomènes plus intenses dus à la chaux et à la magnésie libres.

La désagrégation des mortiers a lieu principalement :

1° Par l'action de la gelée et de la chaleur ;

2° Par l'action des expansifs chaux et magnésie ;

3° Sous l'influence des sels de l'eau de mer (voy. article de l'*Eau de mer*, page 411).

Nous n'avons pas étudié particulièrement l'action de la gelée, et nous manquons même de documents sur ce sujet.

Action des expansifs. — Pour donner lieu à expansion, ces bases doivent se trouver dans un état moléculaire particulier. Si l'on ajoute à du ciment sain des proportions élevées de chaux ou de magnésie provenant de la décomposition des carbonates à température normale, le ciment ne gonfle pas, tandis que si ces bases proviennent de la décomposition d'un produit fusible, comme le nitrate, donnant une base compacte, s'éteignant difficilement, le ciment immergé dans l'eau bouillante gonfle et se désagrège, même si la proportion ajoutée est peu élevée, comme on peut le voir par les quelques essais condensés dans le tableau ci-après :

PROPORTIONS AJOUTÉES	EXPANSION APRÈS (essai avec l'appareil Le Chatelier)		
	15 min.	6 heures.	24 heures.
	millim.	millim.	millim.
1 p. 100 de chaux du nitrate ayant traversé le tamis de 4900.	23,5	26,5	»
2 — de chaux du nitrate ayant traversé le tamis de 4900.	45	51	»
1 — de chaux du nitrate ayant traversé le tamis de 900 et retenu par celui de 4900..	32,5	41,5	»
2 — de chaux du nitrate ayant traversé le tamis de 700 et retenu par celui de 4900..	42	45	»
1 — de magnésie du nitrate ayant traversé le tamis de 4900.	0	3,5	4,5
2 — de magnésie du nitrate ayant traversé le tamis de 4900.	2	11	14
1 — de magnésie du nitrate ayant traversé le tamis de 900 et retenu par celui de 4900..	0,5	10	11
2 — de magnésie du nitrate ayant traversé le tamis de 900 et retenu par celui de 4900..	2	23	27,5
5 — de chaux du carbonate ayant traversé le tamis de 900 et retenu par celui de 4900..	»	1	»

On voit qu'une addition de 5 p. 100 de chaux provenant de la décomposition du carbonate ne produit rien, alors que 1 p. 100 de chaux provenant du nitrate donne un gonflement notable (fig. 115, p. 398). Il en est de même de la magnésie, mais avec une énergie beaucoup moindre.

Cette chaux expansive peut provenir d'un état de cuisson très élevée, donnant de la chaux compacte, comme d'une cuisson beaucoup plus faible en présence de fondants comme l'alumine et l'oxyde de fer qui, très probablement, simple hypothèse, enrobant les particules de chaux, empêchent celles-ci de s'éteindre au contact de l'eau de gâchage.

Ciment additionné de 1 p. 100 de chaux du nitrate tamisée au tamis de 4900 mailles par centimètre carré. Écartement moyen : 26 millimètres.

Ciment additionné de 2 p. 100 de chaux du nitrate tamisée au tamis de 4900 mailles par centimètre carré. Écartement moyen : 51 millimètres.

Ciment additionné de 5 p. 100 de chaux du nitrate tamisée au tamis de 4900 mailles par centimètre carré. Écartement moyen : 100 millimètres.

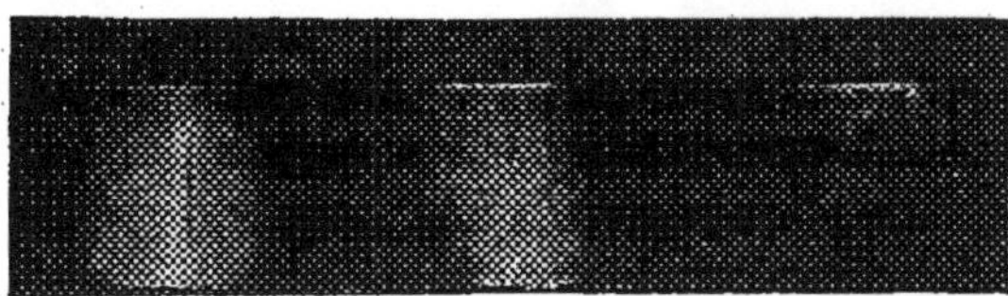

Ciment additionné de 5 p. 100 de chaux du carbonate tamisée au tamis de 4900 mailles par centimètre carré. Écartement moyen : 0 millimètre.

Fig. 115. — Action de la chaux sur les ciments. (Gonflement des cylindres après six heures d'ébullition.)

Si, en effet, l'expansion des ciments n'était produite

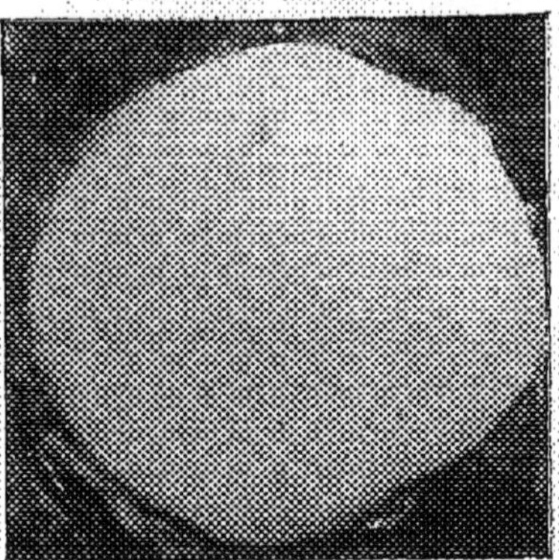

Chaux grasse.

Chaux hydraulique contenant de la chaux expansive.

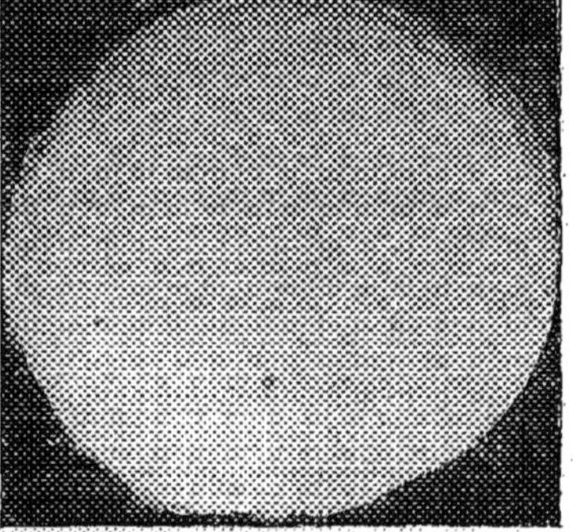

Même chaux hydraulique gâchée un mois après.

Fig. 116. — Action de la chaux expansive et du silotage.
(État des galettes après vingt-quatre heures d'immersion.)

que par la chaux surcuite due à l'action d'une température très élevée, les incuits jaunes et gris, de la fabrication du portland artificiel, produits à une température relativement peu élevée, ne devraient pas gonfler, alors qu'on observe le contraire. C'est ainsi que nous avons constaté sur un ciment incuit un écartement de 78 millimètres. Il est difficile d'admettre que la chaux, dont 16 p. 100 était soluble dans l'eau sucrée, était de la chaux surcuite, alors que les combinaisons du ciment étaient à peine commencées.

En dehors de ces cas, nous avons montré que le ciment, en se dissociant, donnait un produit considérablement expansif (Voy. dissociation du silicate tricalcique).

A la longue, la chaux expansive peut s'hydrater, comme nous l'avons dit à propos du silotage, et comme le montre la figure 116.

INFLUENCE DU PLATRE SUR L'EXPANSION. — Il est peu connu qu'une addition de plâtre a pour effet de diminuer l'expansion des ciments. Il suffit pourtant d'une quantité assez faible de plâtre pour diminuer le phénomène.

CIMENT non additionné.	PROPORTION DE PLATRE AJOUTÉE		
	0,5 p. 100.	1 p. 100.	2 p. 100.
EXPANSION EN MILLIMÈTRES.			
16,6	»	1,3	1
10,3	»	3	3
64,0	58	46	29
21,0	5	2	»
22,0	9	4	»
61,0	48	43	21

INFLUENCE DU CHLORURE DE CALCIUM. — M. Candlot a montré qu'une solution à 3 p. 100 de chlorure de calcium avait la propriété d'éteindre la chaux expansive. Par conséquent, si l'on gâche avec cette solution des ciments gonflant à l'eau chaude, le gonflement est considérablement réduit.

Nous avons fait quelques essais en ajoutant à du ciment sain 1 et 2 p. 100 de chaux et de magnésie surcuites ; on voit nettement l'influence du chlorure de calcium dans les essais ci-après.

CIMENT ADDITIONNÉ DE :	GACHAGE à l'eau douce. — EXPANSION APRÈS 15 minutes	GACHAGE à l'eau douce. — 6 heures.	GACHAGE avec la solution de chlorure de calcium à 3 p. 100. — EXPANSION APRÈS 15 minutes	GACHAGE avec la solution de chlorure de calcium à 3 p. 100. — 6 heures.
1 p. 100 de chaux du nitrate tamisée au tamis de 4900...	23,5	26,5	0	1,5
2 — de chaux du nitrate tamisée au tamis de 4900...	45	51	14	13,5
1 — de magnésie du nitrate tamisée au tamis de 4900.	0	3,5	0,5	1
2 — de magnésie du nitrate tamisée au tamis de 4900.	2	11	0	2
1 — de magnésie tamisée au 900 restant sur le tamis de 4900...............	1,5	10	2	4
2 — de magnésie du nitrate tamisée au 900 restant sur le tamis de 4900.......	2	23	2,5	6,5

C'est du reste grâce à l'influence du chlorure de calcium, que le ciment gâché avec de l'eau de mer gonfle moins que le même ciment gâché à l'eau douce (on verra plus loin que sous l'influence de la chaux, le chlorure de magnésium de l'eau de mer se transforme en chlorure de calcium).

MÉTHODES DIVERSES. — MM. Bauschinger en Allemagne, D. Claye et Debray, en France, ont imaginé diverses méthodes basées sur l'allongement de baguettes en ciment placées dans le milieu à observer. Tous ces procédés ont l'inconvénient d'exiger un temps très long.

Fig. 117. — Appareil pour essai de déformation sur des baguettes (1).

Fig. 118. — Moule à baguettes.

La méthode imaginée par E. Debray, toujours employée au laboratoire de l'École des ponts et chaussées, consiste à mesurer l'allongement de baguettes en pâte de ciment pur de $0^{m},80$ de longueur, à section carrée de $0^{mm},12$ de côté. On remplit les moules (fig. 117 et 118) de pâte à ciment, et on les recouvre d'un linge mouillé. Après démoulage, on scelle une petite tige de métal comme l'indique la figure et on plonge la baguette dans un tube en verre de $0^{m},025$ de diamètre, sur lequel se trouve une monture portant un cadran. L'amplification de l'aiguille multiplie dix fois les allongements.

(1) Ponthus et Terrode, constructeurs.

A chaque constatation, on marque au crayon sur le cadran la position de l'aiguille.

Pour diminuer l'action du temps, on a cherché à utiliser la propriété du chlorure de calcium, d'éteindre rapidement la chaux libre, en immergeant les galettes dans une solution à 3 p. 100 de ce corps. Ce procédé est peu employé. On s'est surtout servi pour cette accélération de l'influence de la chaleur, appliquée bien différemment. L'essai au four, employé en Allemagne, consiste à placer une galette dans une étuve contenant un peu d'eau qu'on évapore en un certain temps; l'essai à la chaleur rouge consiste à chauffer une boule placée au milieu d'une flamme ; on a également essayé de cuire des galettes ou des boules à des températures variables, dans l'eau ou dans la vapeur, avec ou sans pression et à constater l'état de l'éprouvette après un temps donné.

La méthode Klebe consiste à planter deux épingles dans un prisme en ciment et à mesurer l'augmentation de l'écartement après un certain temps.

Parmi toutes ces méthodes, les procédés les plus employés, tout au moins en France, sont ceux des galettes, et l'essai Le Chatelier.

Galette. — Cette méthode consiste à immerger des petites galettes de pâte de ciment pur. Pour cet essai, il y a deux manières de procéder : dans la première, on immerge les galettes dans l'eau douce ou l'eau de mer immédiatement après leur confection ; avec la seconde on les immerge vingt-quatre heures après leur confection.

Quelle que soit la méthode suivie, l'immersion à l'eau douce ne donne aucun résultat, même avec des ciments absolument défectueux.

Pour l'immersion dans l'eau de mer, la première méthode, très contestée, est à peu près remplacée partout par la seconde. Cette seconde méthode, du reste, tout aussi empirique que la première, ne donne d'indication que lorsque le ciment employé est exceptionnellement mauvais. Le plus généralement, elle ne donne aucun résultat avec des produits qui à l'essai Le Chatelier gonflent considérablement. Nous avons constaté que des ciments donnant 80 $^{m}/_{m}$ à l'essai Le Chatelier, ne donnaient absolument rien dans cet essai.

Vers six mois, un an au plus tard, on peut dire qu'en général, les galettes immergées dans l'eau de mer se bombent ou se retournent.

Les nombreuses observations que nous avons recueillies relativement aux essais de déformation exécutés parallèlement avec des galettes immergées dans l'eau douce et l'eau de mer immédiatement et après vingt-quatre heures, et avec l'essai Le Chatelier, font voir que si les galettes immergées après vingt-quatre heures n'ont absolument rien montré, celles immergées immédiatement sont souvent atteintes, alors que l'essai Le Chatelier ne donne rien. Parfois, c'est le contraire qui se produit, l'essai Le Chatelier donne une indication très nette alors que la galette immergée immédiatement ne donne rien du tout. Pour nous, nous donnons la préférence à l'essai Le Chatelier qui donne des résultats très nets avec les produits trop basiques comme avec ceux de cuisson défectueuse.

Les résultats ci-après mettent bien en évidence la valeur de l'essai.

NUMÉROS des ciments.	PROVENANCE.	RÉSISTANCE EN MORTIER SEC 1 : 3 (immersion eau de mer) après			GONFLEMENT en millimètres. Essai Le Chatelier.
		1 semaine.	4 semaines.	12 semaines.	
2099	Usine A	9,8	12,7	16,8	26
2136		18,0	19,5	21,3	5
2137		12,8	21,1	24,0	5
2144		14,3	16,5	19,1	4
2171	Usine B	16,6	17,0	21,0	50
2172		11,8	14,8	18,3	50
2526	Usine C	15,8	20,8	»	1
2527		9,0	15,6	»	20

On voit par les résistances données que pour les usines A et C l'essai à chaud montre le défaut de cuisson.

Il n'en est pas tout à fait de même pour l'usine B ; le n° 2171, tout en gonflant autant que le n° 2172, donne des résistances supérieures et égales à celles données par les meilleurs produits de l'usine.

En définitive, on ne peut reprocher à l'essai Le Chatelier que sa grande sensibilité, qui fait qu'avec les connaissances actuelles, on ne peut pas toujours expliquer par un défaut de résistance les résultats qu'il donne ; mais tout porte à croire que peu à peu les anomalies de l'essai seront expliquées, comme celle de la prise. En particulier, pour les deux essais des nos 2171 et 2172, il peut très bien se faire que le ciment n° 2172 ait été produit avec des roches identiquement incuites, alors que dans le ciment n° 2171 il peut ne se trouver que quelques roches très expansives ; dans ce cas il est bien évident que les résistances données par les roches du premier seront moins élevées que celles du deuxième.

Essai Le Chatelier. — Cet essai maintenant très employé a été introduit dans la plupart des cahiers des charges. Il a du reste un avantage considérable sur les essais des galettes, qui est de donner un résultat chiffré, ce qui ne peut prêter à aucune contradiction.

Combattu à l'époque par certains fabricants, il est maintenant à peu près admis par tous. Il a obligé les fabricants qui produisaient des ciments expansifs à modifier leur fabrication en l'améliorant, et a certainement apporté un progrès dans cette industrie.

Pour l'exécuter, on place le moule (fig. 119) sur une

Fig. 119. — Moule Le Chatelier.

petite plaque de verre, et on le remplit de pâte normale de ciment. Pour empêcher l'écartement du moule, on peut placer entre les deux aiguilles une petite cale en bois, un simple bout d'allumette qu'on ligature, ou une bague en métal qui fait joindre le moule. Lorsque le moule est plein de pâte, on place une seconde plaque de verre avec un petit poids, et on immerge le tout. Après vingt-quatre heures, on retire les plaques, ainsi que la baguette ou la cale suivant le cas, et on place l'appareil dans un vase contenant de l'eau froide. On mesure l'écartement des extrémités des aiguilles, on porte à l'ébullition en un temps compris entre quinze et trente minutes, et pendant six heures. Après refroidissement, on mesure et par différence on a l'écartement dû au gonflement du ciment D'après M. Le Chatelier, cet écartement se rapprocherait du gonflement linéaire qu'éprouverait un bloc de ciment de $0^{m},60$ de diamètre.

Pour la pratique de cet essai, nous avons imaginé un petit système qui empêche la vapeur d'eau de se répandre dans l'atmosphère.

Le couvercle du récipient contenant les petits appareils à aiguilles est tout simplement à doubles parois entre lesquelles circule continuellement un courant d'eau froide qui condense la vapeur d'eau au fur et à mesure qu'elle se produit.

Nous avons résumé (tableaux p. 408 et 409) les nombreuses observations que nous avons faites concernant les essais de déformation effectués avec des galettes, comparativement avec l'essai Le Chatelier.

Dans tous ces essais, les galettes immergées dans l'eau de mer vingt-quatre heures après leur confection, n'ont rien donné. Il en a été de même de celles immergées dans l'eau douce immédiatement et vingt-quatre heures après leur fabrication.

NUMÉROS d'ordre.	NATURE des produits.	DATE DU COMMENCEMENT de l'altération des galettes immergées immédiatement après leur confection.	EXPANSION en millimètres.
2136	Portland artificiel.......	12 semaines.	5,0
2137	Id.	24 heures.	5,3
2143	Id.	12 semaines.	1,6
2144	Id.	4 semaines.	4,0
2145	Id.	Id.	2,0
2146	Id.	Id.	4,0
2147	Id.	12 semaines.	1,0
2148	Id.	Néant après 12 semaines.	2,0
2149	Id.	Id.	2,3
2150	Id.	12 semaines.	1,0
2151	Id.	Néant après 12 semaines.	2,3
2154	Id.	Id.	5,3
2155	Id.	24 heures.	1,6
2156	Id.	Id.	3,0
2157	Id.	Néant après 12 semaines.	1,6
2159	Id.	24 heures.	3,6
2160	Id.	Id.	2,3
2165	Id.	Id.	7,3
2166	Id.	12 semaines.	2,3
2167	Id.	Id.	4,0
2168	Id.	4 semaines.	0,6
2170	Id.	Néant après 12 semaines.	0
2171	Id.	12 semaines.	4,3
2172	Id.	Néant après 12 semaines.	2,0
2173	Id.	24 heures.	2,6
2175	Id.	Id.	3,3
2176	Id.	Id.	4,3
2177	Id.	Néant après 12 semaines.	2,3
2178	Id.	Id.	1,0
2179	Id.	48 heures.	2,6
2180	Id.	4 semaines.	2,3
2182	Id.	Id.	2,0
2185	Id.	Id.	3,0
2186	Id.	24 heures.	2,0
2187	Id.	Néant après 12 semaines.	0
2188	Id.	12 semaines.	6,3
2189	Id.	24 heures.	11,3
2190	Id.	Id.	25,6
2191	Id.	Id.	13,6
2192	Id.	Id.	3,3
2193	Id.	Id.	9,3
2194	Id.	Id.	11,3
2195	Id.	Néant après 12 semaines.	2,3
2196	Id.	Id.	3,0
2197	Id.	4 semaines.	2,3
2199	Id.	Néant après 12 semaines.	3,0
2202	Id.	4 semaines.	3,0
2203	Id.	Id.	10,0
2204	Id.	Id.	8,6

NUMÉROS d'ordre.	NATURE des produits.	DATE DU COMMENCEMENT de l'altération des galettes immergées immédiatement après leur confection.	EXPANSION en millimètres.
2206	Portland artificiel.......	1 semaine.	17,6
2207	Id.	Néant après 12 semaines.	3,6
2208	Id.	Id.	13,3
2209	Id.	12 semaines.	1,6
2210	Id.	Néant après 12 semaines.	2,0
2211	Id.	12 semaines.	3,6
2212	Id.	Id.	3,6
2213	Id.	Néant après 12 semaines.	7,3
2114	Id.	24 heures.	2,3
2215	Id.	Id.	12,6
2216	Id.	4 semaines.	32,3
2217	Id.	Néant après 12 semaines.	1,6
2218	Id.	Id.	1,6
2219	Id.	24 heures.	4,0
2220	Id.	1 semaine.	3,6
2221	Id.	4 semaines.	3,6
2224	Id.	Id.	7,3
2225	Id.	Id.	5,3
2226	Id.	Id.	5,3
2228	Id.	Id.	2,3
2229	Id.	Id.	3,6
2230	Id.	Id.	2,3
2231	Id.	Id.	6,3
2233	Id.	24 heures.	2,6
2239	Id.	4 semaines.	1,3
2240	Id.	Id.	1,3
2241	Id.	Id.	2,0
2242	Id.	Id.	1,6
2134	Portland de commerce..	24 heures.	6,3
2152	Id. ..	12 semaines.	3,3
2237	Naturel................	24 heures.	2,0
2238	Id.	Id.	24,6
2138	Grappiers	4 semaines.	1,6
2141	Id.	12 semaines.	3,0
2142	Id.	Id.	2,3
2158	Id.	Id.	18,3
2169	Id.	Id.	6,6
2181	Id.	Id.	2,0
2183	Id.	Id.	2,0
2198	Id.	Id.	3,6
2200	Id.	Id.	1,0
2201	Id.	Néant après 12 semaines.	6,0
2205	Id.	Id.	2,0
2227	Id.	Id.	3,0
2234	Id.	Id.	2,3
2161	Laitier	Id.	1,0
2162	Id.	Id.	0
2163	Id.	Id.	0,6
2164	Id.	Id.	2,0

ESSAIS NORMAUX :

Essais à froid. — *a.* Pour ces essais, on étalera la pâte sur une plaque de verre de manière à former une galette d'environ $0^m,10$ de diamètre et de $0^m,02$ d'épaisseur, amincie sur les bords.

Immédiatement après leur confection, les galettes destinées aux essais dans l'eau seront immergées dans les mêmes conditions que les éprouvettes servant aux essais de rupture.

Les galettes destinées aux essais à l'air y seront également exposées dans les conditions indiquées pour ces éprouvettes.

On notera l'état des galettes au bout des périodes de temps admises pour les essais de rupture (sept jours, vingt-huit jours, trois mois, six mois, un an, deux ans, etc.).

b. Si l'on veut mesurer les gonflements que subissent les pâtes de ciment par l'effet d'une immersion prolongée dans l'eau froide, on pourra employer des baguettes de $0^m,80$ de longueur, à section carrée de $0^m,012$ de côté que l'on placera verticalement dans un tube de verre de $0^m,025$ de diamètre rempli d'eau.

L'allongement sera accusé par le déplacement sur un cadran d'une aiguille actionnée par une tige que l'on aura scellée à l'extrémité supérieure de la baguette.

Essais à chaud. — *a.* On emploiera pour ces essais des éprouvettes cylindriques de $0^m,03$ de diamètre et de $0^m,03$ de hauteur, confectionnées dans des moules en métal d'une épaisseur de $0^{mm},5$. Ils seront fendus suivant une génératrice et porteront soudés de chaque côté de la fente, deux aiguilles de $0^m,15$ de longueur ; l'augmentation de l'écartement de ces deux aiguilles donnera une mesure du gonflement.

b. Les moules, aussitôt remplis, seront immergés dans l'eau froide. Une fois la prise terminée et dans un délai qui n'excèdera pas vingt-quatre heures au delà de cette prise, la température de l'eau sera élevée progressivement à 100°, en un temps qui devra être compris entre un quart d'heure et une demi-heure.

La température de 100° sera maintenue pendant six heures consécutives, et on laissera ensuite refroidir pour faire les mesures finales.

c. Nota. — Cette méthode d'essai à chaud n'est pas applicable aux ciments à prise rapide.

D. Les essais normaux de déformation porteront sur la pâte normale de ciment.

ACTION DE L'EAU DE MER

On sait que l'eau de mer se compose de chlorures de sodium et de magnésium, de sulfates de magnésie et de chaux, ce dernier en faible proportion, et d'un peu d'acide carbonique dissous.

D'autre part, on sait que sous l'influence de l'hydratation, le ciment se décompose en abandonnant de l'hydrate de chaux.

Si, dans une solution d'eau de chaux, on verse une solution de chlorure de magnésium ou de sulfate de magnésie, il se formera, suivant le cas, du sulfate de chaux ou du chlorure de calcium qui resteront dissous, et de la magnésie qui se précipitera.

$$CaO,HO + Cl.Mg = Cl.Ca + MgO.HO$$

ou

$$CaO.HO + So^3MgO = So^3CaO + MgO.HO.$$

Par conséquent, si l'on plonge un mortier dans de l'eau de mer, les réactions ci-dessus vont se produire, et il va se faire un échange continuel entre les sels de magnésie de l'eau de mer, et la chaux du mortier menaçant d'amener la désagrégation complète de la masse.

Il est facile de se rendre compte du phénomène, en immergeant une boule de mortier de chaux grasse dans de l'eau de mer artificielle ne contenant pas d'acide carbonique. On voit immédiatement se former un nuage provenant de la magnésie précipitée qui peu à peu devient dépôt, et, si l'on renouvelle tous les jours la solution, on constate qu'au bout de peu de temps, il ne reste plus que le sable du mortier ; toute la chaux a disparu.

Heureusement pour la conservation des maçonneries, qu'il n'en est pas de même si l'on plonge une boule du même mortier dans de l'eau de mer peu agitée contenant de l'acide carbonique ; après un certain temps, il se forme une couche de carbonate de chaux qui protège le mortier et le met à l'abri des atteintes des sels magnésiques.

Cette décomposition du mortier due à l'enlèvement d'un de ses éléments (la chaux) n'est pas la seule cause de destruction, c'est même la moins importante.

Le sulfate de chaux qui s'est formé dans l'intérieur des pores du mortier, s'accumulant peu à peu, finit, en cristallisant sous une forme volumineuse, par désagréger la masse du mortier.

On peut déjà s'expliquer, en ne tenant compte seulement que de ces deux phénomènes, comment un mortier de chaux hydraulique ayant une faible résistance, peu de cohésion, poreux, doit se désagréger rapidement, s'il est placé dans un milieu tant soit peu agité, dans lequel, d'un côté, les sels magnésiques enlèvent constamment la chaux du mortier, et, de l'autre, le gypse en cristallisant à l'intérieur de la masse vient la désagréger.

Vicat a montré que les solutions de chlorure de sodium et de magnésium n'avaient aucune action sur la désagrégation des mortiers. Nous avons tenu à répéter ces expériences en immergeant un grand nombre de produits dans des solutions contenant les sels de l'eau de mer et dans les proportions contenues.

Influence des différents sels de l'eau de mer. — Nous avons opéré sur des briquettes anciennes en liant pur, immergées depuis un certain temps dans de l'eau de mer (quatre années pour la plupart) et ne présentant absolument aucune trace d'altération.

Pour faire ces essais, chaque briquette a été sciée en plusieurs morceaux; les parties arrondies ont été abattues, et les surfaces ont été limées profondément de façon à avoir des dièdres à angles vifs, ne présentant aucune partie carbonatée. D'autre part, nous avons confectionné des petits prismes également en pâte pure, qui ont été immergés après un certain temps de durcissement dans une atmosphère saturée d'humidité, et à l'abri de l'acide carbonique.

Les divers ciments Portland artificiels essayés avaient la composition moyenne des ciments du Boulonnais. Quelques-uns contenaient plus de 1 p. 100 d'acide sulfurique. Tous ces ciments dits administratifs, sauf un additionné de laitier non granulé, contenaient de 6 à 9 p. 100 d'alumine.

Les autres produits essayés étaient des grappiers et des ciments naturels de bonne composition.

Ces essais nous ont montré que seuls les sulfates de magnésie et de chaux ont une action désagrégeante sur les ciments, le dernier avec moins d'intensité peut-être, pour la simple raison que la solution de sulfate de chaux saturée ne contient que $0^{gr},93$ par litre d'acide sulfurique, alors que celle à 5 grammes par litre de sulfate de magnésie, en contient $1^{gr},62$.

Comme nous avons vu qu'au contact de la chaux, le sulfate de magnésie se transformait en sulfate de chaux, l'action destructive du sulfate de magnésie de l'eau de mer a lieu non pas par l'action de la magnésie, mais par celle de l'acide sulfurique. Il est du reste facile de s'en rendre compte en immergeant dans l'eau de mer des éprouvettes en ciment contenant 2 à 3 p. 100 de plâtre ; la désagrégation est rapide.

La conséquence de ce qui précède est que le plâtre

doit avoir, même en dehors de l'eau de mer, une action décomposante sur les ciments.

Des phénomènes de décomposition par le sulfate de chaux ont été observés par M. Dolot, dans les travaux des fortifications de Paris. M. Le Chatelier a observé les mêmes phénomènes dans les plâtrières de Paris et dans les égouts de Boulogne-sur-Mer (1). Nous avons fait la même constatation par un essai de laboratoire en gâchant avec 60 p. 100 d'eau distillée un portland artificiel très fin contenant 10 p. 100 de gypse; le petit bloc de ciment conservé dans l'air humide pendant trente-deux jours, puis immergé dans de l'eau distillée, présentait un commencement de désagrégation après vingt et un jours d'immersion.

M. H. Le Chatelier (2) est arrivé aux mêmes conclusions.

Ce qui frappe dans toutes ces expériences, c'est que les produits contenant une faible proportion d'alumine se décomposent très lentement. Il semble donc, et ce qui suit le confirme, qu'il y a une certaine relation entre la décomposition des mortiers à la mer et les corps acide sulfurique et alumine.

Sulfo-aluminate de chaux. — Ce corps, découvert par M. Candlot, et auquel au début on n'a pas attaché assez d'importance, est le résultat d'une combinaison entre le sulfate de chaux et l'aluminate du même corps. On peut le préparer aisément, comme l'a fait M. Duval, par l'action du sulfate d'alumine

(1) H. Le Chatelier. Sur la décomposition des ciments à la mer.

(2) Il se peut qu'il n'en soit pas de même avec le plâtre contenu à l'état naturel dans certains ciments, dans lesquels, soumis avec la pierre à une cuisson intense, il peut avoir certaines de ses propriétés modifiées.

sur une solution de saccharate de chaux. Il a pour formule $Al^2O^3\ 3CaO + 3(SO^3CaO) + 30\,H^2O$, formule donnée antérieurement par M. Michaëlis.

Par la seule inspection de cette formule on s'explique aisément comment un corps aussi volumineux doit rapidement séparer les molécules d'un mortier.

Il est donc maintenant indiscutablement prouvé que la cause de la désagrégation des mortiers dans les travaux à la mer est due en partie, sinon entièrement, à l'alumine. Toutefois (1), un ciment peut contenir une proportion d'alumine élevée, sans pour cela se désagréger au contact des sulfates, si l'aluminate n'est qu'à l'état d'aluminate bicalcique, ce qu'on rencontre dans certains ciments rapides ou de laitier, contenant trop peu de chaux pour pouvoir saturer complètement l'alumine.

Ce fait a été observé par M. Le Chatelier avec des petites briquettes d'aluminate bicalcique, immergées dans des solutions de sulfates de chaux et de magnésie.

C'est ainsi qu'on peut expliquer la bonne tenue de certains ciments rapides et de laitier dans l'état actuel de nos expériences.

On peut donc dire que comme nous l'avons expérimenté, *théoriquement*, tous les ciments, même ceux de grappiers ne contenant que 2,65 et 2,80 p. 100 d'alumine (tableau ci-après), ciments de marque connue et appréciée, peuvent se décomposer dans l'eau de mer.

Nous avons constaté les mêmes phénomènes de décomposition sur les chaux hydrauliques ne conte-

(1) H. Le Chatelier, *Ibid.*

nant que 2 p. 100 d'alumine, et ayant la composition ci-après.

NATURE DES PRODUITS.	NUMÉROS.	SILICE TOTALE.	ALUMINE.	SESQUIOXYDE DE FER.	CHAUX ET MAGNÉSIE.	ACIDE SULFURIQUE.	PERTE AU FEU.
Ciments de grappiers.	1848	28,60	2,80	1,15	58,43	0,68	8,10
Id.	1849	28,20	2,65	1,20	59,36	0,64	8,05
Chaux hydrauliques..	1841	14,10	2,60	0,85	64,84	0,60	17,20
Id. .	1850	20,30	2,20	1,05	63,90	0,91	10,75
Id. ..	1851	20,35	1,90	1,05	63,92	0,90	11,95

On peut voir combien dans ces produits la proportion d'alumine est faible, surtout si l'on remarque qu'une certaine partie de l'alumine étant sous forme de scories est inactive. Néanmoins, et malgré cette faible proportion d'alumine, les essais que nous avons exécutés, de la manière décrite plus haut, en opérant sur des parties de briquettes immergées depuis quatre années dans de l'eau de mer sans montrer aucune trace de désagrégation, ont montré que le sulfate de magnésie décomposait complètement ces produits après environ trois mois d'immersion.

Par conséquent, on peut dire que tous les ciments industriels — sauf ceux cités plus haut (ne contenant pas d'alumine à l'état tricalcique) et encore ! car cette affirmation aurait besoin d'être confirmée — immergés dans l'eau de mer, sont THÉORIQUEMENT voués à la destruction, aussi bien les ciments *très peu alumineux* que les autres.

Ces phénomènes de désagrégation déjà bien anciens dans leur ensemble, et que Vicat avait constatés sans pouvoir les expliquer, ne signifient pas que tous les mortiers hydrauliques soient voués à une destruction certaine dans un délai plus ou moins éloigné ; heureusement qu'il est possible en fabriquant des mortiers convenables, c'est-à-dire à peu près imperméables, d'empêcher l'eau de mer de se renouveler facilement dans l'intérieur, et par conséquent les réactions chimiques de s'opérer.

Pour obtenir ces mortiers, les ciments sont les matériaux qui donnent la masse la plus compacte, la moins perméable, et qu'on doit toujours employer de préférence aux chaux hydrauliques, lorsqu'on veut des mortiers pouvant présenter rapidement une assez grande résistance à des efforts quelconques, et l'impénétrabilité à l'eau, à condition toutefois d'employer un sable convenable.

C'est ce que les essais de MM. Coustolle et Viennot (1) ont également fait ressortir en opérant sur un grand nombre de blocs immergés en mer libre, ainsi que la constatation de M. Equer (2), sur la décomposition de béton de chaux dans le port de Toulon.

On a pu voir à Dunkerque des résultats désastreux dans certains travaux du port, parce qu'on avait employé un sable fin, alors qu'à Boulogne, des travaux identiques, pour lesquels on avait employé le même ciment Portland, se conservent admirablement bien, le sable ayant été choisi judicieusement.

En plus de l'imperméabilité, les incrustations de coquilles marines, qui parfois font sur la masse une épaisse carapace, la protègent contre l'action de l'eau

(1) Commission des ciments du ministère des travaux publics, séance du 5 juin 1889.

(2) Même commission, séance du 17 juillet 1890.

de mer. Il en est de même de la carbonatation des couches superficielles qui empêche toute pénétration à l'eau.

L'influence de la surface est importante au point de vue de la rapidité de la carbonatation. Vicat a relevé sur un mortier âgé d'une année, les parties carbonatées, et a remarqué que là où le lissage avait eu lieu, la carbonatation avait été moins rapide.

C'est du reste grâce à la carbonatation qu'on peut immerger dans les ports des blocs de béton de chaux hydraulique, en ayant soin, autant que possible, de les laisser se carbonater à l'air un temps plus ou moins long. Ce procédé est du reste à recommander pour les blocs en ciment, et se pratique couramment pour les travaux du port de Boulogne-sur-Mer. Avec une carbonatation suffisamment prolongée de plusieurs années, on pourrait très probablement immerger des blocs confectionnés en mortier de chaux grasse, sans craindre la désagrégation.

Un fait curieux, c'est que les mortiers les plus maigres ne sont pas ceux qui se décomposent le plus vite à l'eau de mer, probablement parce que les vides étant nombreux, le sulfo-aluminate formé a l'espace nécessaire à sa formation.

Action des matières pouzzolaniques.

Décomposition. — Nous avons dit que les pouzzolanes ont la propriété, par suite de la présence de la silice dans un état particulier, de se combiner à l'hydrate de chaux. Si l'on gâche un mélange de silice précipitée avec de l'hydrate de chaux, le mélange durcit.

C'est cette propriété qui a amené M. Michaëlis à conseiller d'ajouter des pouzzolanes aux mortiers de ciment Portland, pour absorber, au fur et à mesure de sa production, la chaux dégagée par le phénomène de la prise, laquelle formant avec la silice une combinaison stable, ne peut agir sur le sulfate de magnésie de l'eau de mer, et former du sulfate de chaux puis du sulfo-alumate de chaux.

Nous avons fait un certain nombre d'essais, en employant comme pouzzolane la gaize des Ardennes et du laitier granulé. Divers produits hydrauliques purs et mélangés ont été gâchés avec 50 à 60 p. 100 d'eau, sous la forme de petits prismes, puis immergés dans des solutions de sulfates de magnésie et de chaux après un temps variable de conservation dans l'air humide à l'abri de l'acide carbonique, comme pour les expériences précédentes.

Dans tous ces essais, nous avons observé qu'en général, les produits hydrauliques additionnés de pouzzolane (nous avons opéré avec de la gaize) n'étaient pas atteints par les solutions de sulfates de chaux et de magnésie, alors que les mêmes produits gâchés à l'état pur commençaient à se décomposer après quelques jours d'immersion.

Résistance des mortiers. — L'addition des pouzzolanes au mortier de Portland empêche, comme nous venons de le voir, le mortier d'être attaqué par l'eau de mer. Elle augmente la résistance de ce dernier aux efforts mécaniques qu'il est susceptible de subir, en formant dans la masse du mortier un second ciment qui vient augmenter d'autant la résistance du premier.

Au début, et par la conception même du phénomène, le durcissement des mortiers pouzzolaniques est plus lent que les mortiers non additionnés, pour la raison

Action des matières pouzzolaniques.

	NATURE DES MÉLANGES.	NATURE DES MORTIERS. (Gâchage et immersion dans l'eau de mer.) (RÉSISTANCE A LA TRACTION PAR CENTIMÈTRE CARRÉ.)									
		(1 : 1)1.				(1 : 1)2.				(1 : 1)3.	
		Sable de dunes.		Sable de Leucate.		Sable de dunes.		Sable de Leucate.		Sable de dunes.	
		17 semaines.	1 an.	17 semaines.	1 an.	17 semaines.	1 an.	17 semaines.	1 an.	17 semaines.	1 an.
2365	Blanc d'Espagne	18,5 [2]	23,0 [1]	20,2 [2]	25,5 [1]	10,7 [2]	15,0 [1]	16,5 [2]	22,7 [1]	3,5 [2]	1,9 [1]
»	Ciment sans addition	33,2	35,7	38,7	44,7	18,0	23,7	27,7	31,2	13,5	16,2
2366	Gaize légèrement calcinée	37,5	42,7	43,0	45,0	27,0	32,7	41,7	46,2	18,0	20,5
2367	Brique rouge	25,7	29,7	32,5	35,7	17,5	25,7	28,0	35,5	10,5	19,7
2368	Gaize légèrement calcinée	»	»	»	»	»	»	»	»	15,5	19,0
2369	Riga Pulver	»	»	»	»	»	»	»	»	13,5	13,7
2370	Pouzzolane de Rome	40,0	40,7	47,7	50,0	31,0	34,5	43,7	52,5	15,5	25,7
2371	Id. de Bacoli (Naples)	»	»	»	»	»	»	»	»	15,0	17,7
2372	Terre de Santorin	»	»	»	»	»	»	»	»	15,5	21,7
2373	Pouzzolane du Nébraska	»	»	»	»	»	»	»	»	13,0	16,5
2374	Trass	»	»	»	»	»	»	»	»	19,0	21,0
2375	Gaize crue	»	»	»	»	»	»	»	»	17,5	24,0
2376	Pouzzolane de la Haute-Loire	»	»	»	»	»	»	»	»	9,5	16,7
2377	Laitier granulé	44,2	41,7	48,6	52,0	21,5	28,2	34,5	43,7	16,2	22,5
2378	Id.	44,5	39,5	50,0	56,5	26,0	29,2	40,5	47,2	16,7	24,2
2379	Id.	»	»	»	»	»	»	»	»	13,7	19,7
2380	Id.	»	»	»	»	»	»	»	»	21,2	25,5
2381	Id.	»	»	»	»	»	»	»	»	21,7	25,5

(1) En désagrégation. — (2) Fentes légères sur les bords.

		NATURE DES MORTIERS (SABLE DE LEUCATE).											
		(1 : 1)1.				(1 : 1)3.				(1 : 3)1.			
		RÉSISTANCE A LA TRACTION APRÈS											
		1 semaine.	4 semaines.	12 semaines.	1 an.	1 semaine.	4 semaines.	12 semaines.	1 an.	1 semaine.	4 semaines.	12 semaines.	1 an.
	Briquettes gâchées à l'eau douce et immergées dans la même eau après vingt-quatre heures.												
2365	Blanc d'Espagne........	11,7	17,2	20,7	28,5	5,8	9,7	12,5	19,2	3,7	6,0	8,2	17,6
»	Ciment sans addition...	19,2	29,0	35,2	47,0	7,7	13,2	18,0	29,7	19,2	29,0	35,2	47,0
2366	Gaize calcinée..........	6,7	21,5	31,0	37,7	1,7	10,2	20,0	23,2	8,0	17,7	19,0	23,0
2367	Brique rouge...........	5,2	13,0	25,0	35,2	1,2	3,7	11,2	18,7	1,4	6,7	12,2	14,0
2368	Gaize calcinée.........	5,7	14,0	24,7	30,0	1,7	6,2	14,8	11,0	4,7	16,2	18,2	23,2
2370	Pouzzolane de Rome....	»	»	»	»	5,2	16,5	23,7	25,2	»	»	»	»
2374	Trass..................	6,5	21,1	27,5	32,0	2,0	11,0	16,2	21,2	»	»	»	»
2375	Gaize crue.............	5,5	12,2	19,7	21,7	1,2	8,2	18,7	28,0	»	»	»	»
2377	Laitier granulé.........	14,5	26,7	30,6	38,7	3,2	6,5	13,7	21,0	5,7	19,7	25,7	31,7
2378	Id.	10,2	23,5	36,8	33,5	3,7	13,5	18,3	22,7	6,2	22,7	32,5	30,0
2379	Id.	7,7	25,0	34,2	36,5	3,2	8,5	11,7	20,0	6,7	23,2	31,0	39,7
2380	Id.	16,7	30,5	35,6	40,2	4,5	10,5	17,5	20,7	5,0	11,7	23,2	28,7
2381	Id.	14,7	29,5	42,7	41,0	7,5	16,7	21,0	27,7	8,2	17,1	24,2	28,0
	Briquettes gâchées à l'eau douce et placées aux intempéries après une semaine.												
2365	Blanc d'Espagne........	19,7	28,2	32,5	37,6	8,5	17,7	18,5	23,0	5,7	8,7	14,7	13,5
»	Ciment sans addition...	23,7	25,0	40,1	46,5	12,5	20,5	26,5	31,7	23,7	25,0	40,1	46,5
2366	Gaize calcinée..........	10,0	18,7	22,2	8,7 (1)	7,0	13,2	16,7	14,2	7,7	8,2	9,0	2,0
2367	Brique rouge...........	12,5	23,5	27,2	35,0	4,5	11,2	16,7	21,0	6,5	9,2	11,0	15,5
2377	Laitier granulé.........	20,5	34,0	42,5	38,7	8,0	18,5	24,7	21,0	14,0	19,7	32,5	36,2
2378	Id.	22,0	32,0	40,0	44,0	9,5	22,2	27,5	33,5	»	»	»	»
2380	Id.	23,5	33,7	44,2	38,5	13,7	22,7	29,2	35,0	26,5	34,0	30,2	41,0

(1) Il est à remarquer qu'alors qu'il y a une chute très accentuée à la traction, la résistance à la compression est croissante, aussi bien pour ce mortier que pour tous les autres du même tableau qui sont dans le même cas. Ce mortier qui, à 12 semaines, donnait 171 kil. à la compression, 22k,2 à la traction, donne 341 kil. à la compression à 1 an; celui [2366 (1 : 2)1], qui, à 1 an, ne donne plus que 3k,7 à la traction, donne 203 kil. à la compression à la même époque, contre 131 kil. à 12 semaines, etc.

toute simple que la chaux émise par la prise du mortier, ne l'est que peu à peu ; temps pendant lequel la pouzzolane joue le rôle d'une matière inerte affaiblissant la résistance du mortier.

Lorsque la pouzzolane a pu se combiner en quantité convenable, à la chaux mise en liberté, on s'aperçoit aux essais mécaniques que la résistance est très sensiblement améliorée.

TEMPS ÉCOULÉ DEPUIS LE GACHAGE.	NATURE DES MORTIERS ESSAYÉS (Portland additionné de gaize). RÉSISTANCE A LA TRACTION PAR CENT. CARRÉ. EAU DOUCE.			
	Non additionné. 1 : 1.	Additionné. (1 : 1)1.	Non additionné. 1 : 3.	Additionné. (1 : 1)3.
1 jour..........	6,4	2,5	3,5	1,0
2 jours.........	16,8	5,0	8,0	1,7
3 —	23,3	6,5	9,1	3,6
4 —	26,6	8,6	12,6	4,0
5 —	26,6	9,6	14,3	4,5
6 —	30,8	9,5	12,6	5,6
1 semaine.......	31,8	10,1	13,5	6,1
2 semaines......	35,8	14,5	16,0	8,5
3 —	39,3	21,3	17,1	13,0
4 —	39,0	24,8	17,6	16,8
6 —	39,6	30,3	19,8	23,3
8 —	41,3	33,0	20,6	25,8
10 —	38,0	34,5	21,8	30,3
12 —	38,8	36,1	21,1	31,5
17 —	34,0	37,6	21,3	27,0
21 —	37,5	40,6	25,3	35,1
26 —	38,1	38,6	22,6	35,0

Pour tous ces essais, et ceux qui suivent, la composition des mélanges est représentée en poids et comme le montre l'exemple suivant : le mortier (1: 2)3 se compose de (liant 0^k334 + pouzzolane $0^k,666$) = 1 + sable = 3 kilogrammes, mortier homologue au mortier 1:3

dans lequel l'unité 1 est uniquement composée de ciment.

Comme une addition de matière fine peut augmenter la compacité des mortiers et par suite leur résistance, nous avons exécuté parallèlement aux mortiers pouzzolaniques d'autres mortiers dans lesquels nous avons remplacé la pouzzolane par un même poids de blanc d'Espagne, matière complètement inerte. Enfin, pour comparer la résistance, nous avons exécuté des mortiers identiques en remplaçant la pouzzolane par le même poids du même ciment employé.

Les résultats consignés dans les tableaux ci-après et extraits d'un grand nombre d'autres font voir, que bien souvent, et principalement dans les essais à l'eau de mer, les résistances des mortiers qui contiennent autant de ciment que de pouzzolane (1:1) sont supérieures à celles données par le mortier qui ne contient que du ciment, ce qui procure une économie notable du prix de revient, tout en donnant des résistances supérieures.

Influence de l'eau de mer sur la résistance. — En effectuant comparativement des essais à l'eau douce et à l'eau de mer, on remarque que les résultats sont un peu différents suivant l'eau employée, mais aussi bien dans un sens que dans l'autre. Nous ne parlons que des mortiers, nous étant expliqué à ce sujet pour la pâte pure.

Influence des sels de l'eau de mer sur la résistance. — On remarque que parfois, les briquettes en mortier de ciment pur offrent aux essais de traction une chute de résistance considérable, alors qu'à la compression, les résistances sont croissantes ou égales, ce que montrent les essais du tableau ci-après.

Influence de l'eau de mer.

Usines.	Numéros d'ordre.	Nature des mortiers et de l'eau de gachage.																											
		Ciment pur. Eau de mer.							Ciment pur. Eau douce.							Mortier sec 1 : 3. Eau de mer.							Ciment pur. Eau de mer.						
		Résistance a la traction après																					Résistance a la compression (1) après						
		1 semaine.	4 semaines.	12 semaines.	26 semaines.	1 an.	2 ans.	3 ans.	1 semaine.	4 semaines.	12 semaines.	26 semaines.	1 an.	2 ans.	3 ans.	1 semaine.	4 semaines.	12 semaines.	26 semaines.	1 an.	2 ans.	3 ans.	1 semaine.	4 semaines.	12 semaines.	26 semaines.	1 an.	2 ans.	3 ans.
A	1892	38	»	59	25	11,5	46	»	32	»	48	54	45	63,5	»	15	»	19	22,5	23	34	»	235	»	333	332	329	»	»
B	1884	25	47	51	41,5	33	68	47	21	35	45	50	53	55	53	11	19,5	23	26	29	34	31	187	325	346	369	476	567	672
C	1830	40	54	48,5	25	72	71	74	30	40	44	50	52	60	56	15	19	22,5	27	28	39	39	238	341	418	464	424	582	648
D	1821	29	41	51,5	58	40	71	74	26	36	46	42	48	49	54	11	17	21	26	26	30	35,5	237	281	339	332	351	524	580
G	1879	26	52,5	55	27	13	53	34	25	38	45	46	45	47	»	18,5	32,5	27	28	31	36	36	207	241	346	397	414	445	555
Id.	1880	28	58	55	42	17,5	64	20	24	40	45	46	45,5	40	45,5	20	31	27	28	31	41	32	221	283	352	359	374	490	570
I	1878	43	57	62	48	19	82	43	31	45	51	59	51	64	64	15	21	22	24	29,5	36	37	302	335	427	518	540	627	»
J	1814	46	59	52	72	15	30	79	31	43	50	55	52	56	67	16	22	24	28	26	30	38	312	415	458	429	»	707	690
»	2433	56,5	56,5	18,6	72,6	85,1	»	»	38,3	48,5	55,8	»	»	»	»	17	24	24	»	»	»	»	301	476	518	669	692	»	»

(1) Résultats donnés par les demi-briquettes écrasées à la machine Schickert. Il ne faut envisager ces résultats que comme à peu près comparables entre eux.

Il y a dans ce fait un phénomène qui n'est pas encore expliqué, car les mêmes briquettes immergées dans l'eau douce ne présentent pas cette chute, qui n'implique pas une infériorité dans la qualité du produit, car les mortiers sableux ne présentent pas cette particularité.

Pour tâcher de nous rendre compte des causes de ce phénomène, nous avons immergé des briquettes de ciment pur dans différentes solutions contenant les sels de l'eau de mer, pris isolément et mélangés.

Les résultats que nous avons obtenus ne nous ont pas conduit à une conclusion très nette.

Il est fort possible, mais cette conclusion ne doit être formulée que sous toutes réserves, que la chute de résistance ne soit pas due uniquement à l'action du sulfate de magnésie, mais à l'action combinée des chlorures et de ce corps. On sait du reste que le chlorure de sodium est un dissolvant du sulfate de chaux.

On a pu voir dans les tableaux précédents que la résistance au début était augmentée par le gâchage à l'eau de mer. Cette augmentation provient de l'action du sulfate de chaux et du chlorure de calcium, qui, comme nous l'avons expliqué, se forment par la réaction des sels magnésiques de l'eau de mer sur la chaux du ciment.

Si l'on gâche du ciment additionné d'une petite quantité de plâtre ou avec une solution de chlorure de calcium, on remarque que les résistances sont plus élevées que celles obtenues avec le ciment sans addition ou gâché avec de l'eau douce, ce que l'on peut vérifier dans le tableau ci-après.

INFLUENCE DE L'EAU DE MER SUR LA PRISE. — L'eau de

mer a également une influence sur la prise en la retardant très sensiblement par l'action du sulfate de chaux et de chlorure de calcium formés.

L'explication a été donnée au chapitre de la constitution.

Influence du plâtre et du chlorure de calcium sur la résistance.

TEMPS ÉCOULÉ DEPUIS LE GACHAGE.	PROPORTION DE SULFATE DE CHAUX AJOUTÉE.						GACHAGE AU CHLORURE DE CALCIUM solution à 3 0/0.	
	0 0/0	1 0/0	2 0/0	0 0/0	1 0/0	2 0/0		
	Ciment pur.			Mortier plastique 1 : 3.			Ciment pur.	Mortier plastique 1 : 3.
1 semaine...	24,5	34,0	33,0	10,0	13,0	14,2	32,0	14,6
4 semaines..	38,0	54,0	48,0	16,0	18,3	17,9	48,6	16,2
12 — ..	47,0	52,5	51,5	19,0	23,2	22,8	53,0	21,3
16 — ..	49,0	60,0	59,4	24,5	26,8	28,1	58,6	25,6
1 an.........	55,5	66,0	65,8	30,0	35,3	34,9	64,9	30,9
2 ans........	61,0	68,0	66,0	29,0	35,6	34,8	66,8	31,8

ESSAIS NORMAUX DE DÉCOMPOSITION PAR L'EAU DE MER.

Conclusions de la commission :

A a. Les essais seront faits par immersion et par filtration.

b. On emploiera pour l'immersion des briquettes normales en 8, maintenues, vingt-quatre heures après leur confection, dans un bac contenant de l'eau de mer qui sera renouvelée tous les deux jours pendant la première semaine, et ensuite toutes les semaines. Pendant la première semaine, le volume de l'eau devra être égal à quatre fois au moins celui des briquettes.

c. On emploiera pour la filtration, des éprouvettes en forme de blocs cubiques semblables à celles destinées aux essais de perméabilité et disposées ainsi qu'il a été indiqué pour ces essais. La charge sera de 0m,10, 1 mètre ou 10 mètres suivant la perméabilité des éprouvettes soumises aux essais. On opérera sur diverses séries d'éprouvettes; celles de la première série seront maintenues à l'air, et celles de la deuxième seront maintenues immergées de toute leur hauteur dans de l'eau de mer.

d. A défaut d'eau de mer naturelle, on se servira d'eau de mer artificielle ayant la composition suivante :

Chlorure de sodium (NaCl)	30 gr.
Sulfate de magnésie cristallisé (MgOSo37HO).	5
Chlorure de magnésium cristallisé (MgCl6Ho).	6
Sulfate de chaux hydraté (CaoSo32Ho)	1,5
Bicarbonate de potasse (KoHo,2Co2)	0,2
Eau distillée, de pluie ou de rivière bouillie...	1000,0

e. Des séries de briquettes normales en 8 et de blocs cubiques seront conservées dans l'eau douce pour servir de témoins.

f. On exprimera les résultats des essais en donnant les indications suivantes comparativement pour les éprouvettes et leurs témoins :

1° Modification de l'aspect des éprouvettes ;

2° Résistance à la traction et à la compression pour les briquettes immergées, et à la compression pour les blocs soumis aux filtrations ;

3° Composition chimique.

Les essais seront faits, suivant les cas, à l'une ou à plusieurs des époques fixées pour les résistances à la rupture (vingt-huit jours, trois mois, etc.).

B *a*. L'essai normal de décomposition par l'eau de mer portera sur le mortier normal plastique ; pour les essais par filtration, on opérera sur des éprouvettes âgées de vingt-huit jours, conservées dans l'eau de mer.

b. Pour les essais qui seraient faits sur des mortiers d'âge et de composition différents, on recommande d'employer de préférence des mortiers dosés à 1 : 2 et à 1 : 5 âgés de sept jours, vingt-huit jours, trois mois, etc.

c. Dans tous les cas, on indiquera la composition, l'âge et le mode de conservation du mortier soumis aux essais.

INFLUENCE DE LA TEMPÉRATURE SUR LA RÉSISTANCE.

La chaleur activant les réactions chimiques, il s'en suit que si l'on immerge des briquettes dans de l'eau chaude, le durcissement en est accéléré, tandis qu'un abaissement de température a pour effet de retarder et même d'empêcher le durcissement. En soumettant du mortier frais à un froid intense, il gèle et reste inerte, pour prendre et durcir, lorsqu'une élévation de température en amène le dégel.

De nombreux essais, M. Alexandre conclut :

1° Il n'y a aucun inconvénient à poser en temps de gelée les dernières assises d'un ouvrage qui auront le temps de durcir avant d'être soumises à des efforts notables.

2° Au printemps et en automne, lorsqu'il ne gèle que pendant la nuit, il est inutile d'attendre, pour commencer le travail de maçonnerie, l'heure à laquelle le thermomètre s'élève au-dessus de zéro, et d'arrêter les maçons avant la fin de la journée, quand il redescend à cette température.

3° Quand on travaille, à marée basse, à l'exécution de maçonneries qui doivent être recouvertes à chaque marée par la haute mer, il n'y a pas à se préoccuper de la température.

Cette élévation de résistance sous l'action de la chaleur a fait penser à l'utiliser pour l'essai lui-même.

Bien des méthodes ont été imaginées ne différant que par l'époque d'immersion, c'est-à-dire le temps compris entre la fabrication des éprouvettes, et leur immersion dans l'eau chaude et la température de cette eau.

Le durcissement des ciments Portland est considérablement activé, tandis qu'il en est tout autrement des chaux hydrauliques, contenant peu de corps actifs; par contre, les bonnes chaux hydrauliques accusent une élévation très nette, ce qui se conçoit facilement, si l'on se reporte à ce que nous avons écrit à propos de la constitution chimique ɑ chaux. Il est bien évident que la chaleur ne peut avoir aucune action sur celles qui se trouvent près de la limite inférieure (la chaux grasse), tandis que le durcissement des chaux se trouvant près de la limite supérieure (le ciment de grappiers) sera notablement accéléré.

Cette méthode d'essai, qui a l'avantage d'accélérer les résultats, n'est pas encore entrée dans la pratique des laboratoires pour les essais de réception.

Nous avons fait un grand nombre d'essais en immergeant les briquettes dans de l'eau à 90°, vingt-quatre heures après leur confection, et en les cassant après un, six et vingt-sept jours d'immersion dans la même eau, comparativement à des mêmes briquettes placées dans l'eau douce à 15°-18° cassées après six, vingt-sept et quatre-vingt-trois jours d'immersion, c'est-à-dire une, quatre et douze semaines après leur fabrication. Les résultats sont consignés dans le tableau ci-après. Il font voir que même pour les ciments sains, c'est-à-dire non expressifs, l'augmentation de résistance est très variable. L'époque d'immersion dans l'eau chaude a, du reste, une influence très grande sur les résultats, et il est possible que si l'on parvenait à immerger tous les produits dans le même état de durcissement, les différences seraient fortement atténuées. Pour cela, il faudrait se baser sur la prise, et nous avons vu que ce qu'on est convenu d'appeler fin de prise est difficile à constater surtout pour le mortier. En admettant qu'on arrive à immerger les produits en partant d'une même résistance initiale, il y aurait alors des difficultés pratiques peu faciles à surmonter, mais qu'on pourrait néanmoins vaincre.

Influence de la température sur la résistance.

NUMÉROS D'ORDRE.	NATURE DES PRODUITS.	USINES.	CIMENT PUR.						MORTIER SEC 1 : 3.					
			RÉSISTANCES A LA TRACTION APRÈS											
			1 semaine à 15°.	1 jour à 90°.	4 semaines à 15°.	6 jours à 90°.	12 semaines à 15°.	27 jours à 90°.	1 semaine à 15°.	1 jour à 90°.	4 semaines à 15°.	6 jours à 90°.	12 semaines à 15°.	27 jours à 90°.
1814	Portland artificiel...	1	30,6	34,0	43,0	48,6	50,0	47,3	15,6	11,0(1)	17,6	22,1	23,8	33,3
1815	Id. ...	Id.	21,5	39,5	35,6	48,6	47,1	44,3	14,1	11,3	18,7	22,2	23,3	33,0
1861	Id. ...	2	27,0	18,0	34,2	33,0	49,0	40,3	12,1	6,8	18,5	15,6	28,6	28,5
1866	Id. ...	Id.	24,5	15,6	38,1	30,0	47,3	35,6	12,0	6,3	18,5	15,3	24,5	30,5
1869	Id. ...	Id.	31,3	19,0	37,5	30,3	50,7	36,6	12,0	6,0	17,0	15,8	22,7	28,5
1868	Id. ...	3	22,8	24,0	38,7	31,3	47,0	41,6	8,5	6,8	14,7	16,0	21,2	33,0
1903	Id. ...	Id.	29,5	24,3	31,8	37,0	45,7	40,6	7,6	6,7	10,6	18,3	15,2	35,0
1875	Id. ...	4	24,3	26,6	37,0	34,3	43,1	36,3	17,0	13,3	24,0	25,0	31,3	43,3
1820	Id. ...	5	32,1	23,0	44,3	38,6	52,3	51,0	14,5	»	17,6	12,0	23,0	31,6
1821	Id. ...	Id.	26,2	21,3	36,3	29,6	45,8	40,3	13,5	8,0	18,3	16,6	23,1	35,8
1818	Id. ...	6	29,3	26,6	44,5	40,3	50,0	46,6	10,4	9,0	18,0	12,6	25,3	28,6
1855	Id. ...	Id.	27,5	20,6	36,1	39,6	46,0	46,3	16,7	»	22,1	22,0	33,0	27,6
1830	Id. ...	7	29,6	24,6	40,1	39,6	44,1	40,5	13,3	6,3	23,1	18,1	27,5	33,6
1853	Id. ...	8	33,1	28,6	43,8	35,6	51,3	45,6	17,3	10,1	21,0	15,1	32,3	28,6
1816	Chaux hydraulique..	12	6,2	5,6	9,1	11,0	12,7	15,6	6,7	7,1	10,2	15,1	16,0	24,1
1938	Id. ..	13	2,6	1,6	6,5	10,3	14,6	11,5	3,3	0,5	7,0	10,8	13,5	7,2
1885	Ciment de grappiers.	14	13,8	11,3	23,9	34,6	35,8	42,3	8,6	5,3	15,8	21,0	26,2	31,0
1886	Id. .	Id.	9,3	14,3	20,3	27,8	31,3	31,1	6,2	7,3	12,0	20,1	20,8	28,8
1910	Ciment de laitier....	15	18,5	6,5	28,6	11,5	27,7	14,5	8,5	3,0	17,0	4,7	19,8	9,2
1926	Id.	Id.	14,5	6,3	20,1	10,3	21,3	20,5	11,6	5,3	16,6	7,1	21,5	18,6

(1) On peut remarquer que parfois les résistances après 1 jour à 90° sont inférieures à celles données par un minimum de 1 semaine à froid.

ACTION DES INTEMPÉRIES

Nous avons fait d'assez nombreux essais de mortiers différents fabriqués avec des ciments de diverses provenances, en immergeant les briquettes dans l'eau douce, et en en mettant d'autres sur le toit du laboratoire.

Suivant le milieu où elles sont exposées, milieu dépendant de l'état de l'atmosphère, les résultats sont différents. On obtient parfois aussi des résistances dépassant de beaucoup celles données par les mêmes briquettes immergées.

CHAUX HYDRAULIQUE

Généralement les chaux sont livrées en poudres éteintes.

Lorsque les chaux sont livrées en roches, il faut les éteindre avant de les soumettre aux essais. Pour cette opération, nous nous trouvons bien du procédé suivant : on trempe légèrement les morceaux de chaux, et on les place dans le tube intérieur d'un alambic servant aux distillations ; on recouvre les morceaux à l'aide de morceaux beaucoup plus petits non mouillés, pour retenir la vapeur d'eau, et on allume. L'extinction est ainsi faite à chaud, comme dans les silos. Suivant les chaux, l'extinction dure plus ou moins longtemps.

Il faut se garder de trop mouiller les roches, ce qu'on fait généralement dans les essais en petit.

Pour l'essai de finesse de mouture, le tamis de 4 900 mailles (n° 200) est remplacé par celui de 2 025 mailles.

La détermination de la fin de prise est à peu près impossible à obtenir exactement avec certaines chaux. Pour empêcher la surface de se carbonater, on peut placer les moules dans un vase assez haut contenant de l'eau, sur la surface de laquelle on verse une couche de quelques millimètres de pétrole.

Les essais de rupture ont lieu dans les mêmes conditions en employant des mortiers, 1 : 3 et 1 : 5.

Les mortiers étant généralement très tendres, il n'est pas toujours facile de démouler les briquettes après vingt-quatre heures. Toutefois, on y arrive en prenant les précautions nécessaires.

Suivant les laboratoires, on immerge les briquettes après vingt-quatre heures, deux jours et même une semaine.

Nous pensons qu'un mortier confectionné avec une chaux suffisamment éteinte peut, sans inconvénient pour sa conservation, être immergé dans l'eau douce vingt-quatre heures après sa confection. Lorsque les mortiers se désagrègent, on constate qu'après un intervalle de temps variant de quinze jours à un mois de repos les nouvelles briquettes fabriquées ne se désagrègent pas, ce que nous avons vérifié bien des fois.

Un mortier de chaux grasse immergé dans l'eau douce vingt-quatre heures après sa confection reste intact, à plus forte raison un mortier de chaux hydraulique, si la chaux est bien fabriquée.

L'essai d'expansion a lieu à 50° au lieu de 100.

Nous donnons ci-après des extraits de quelques cahiers des charges concernant différentes fournitures de chaux hydrauliques et de ciments à différents services. Il serait à désirer que tous ces cahiers de charges fussent fondus en un cahier unique, car on ne peut vraiment pas demander aux fabricants d'appliquer tous les cahiers des charges susceptibles d'être formulés. Il serait également à désirer que l'élément industriel fût plus largement représenté qu'il ne l'est généralement dans les commissions nommées pour la revision des cahiers des charges.

Ciments de Roquefort et de la Valentine.

PORT DE TOULON : MARINE NATIONALE.

Les ciments devront être de première qualité, être réduits en poudre impalpable, vifs, non éventés et sans grumeaux. Ceux qui seraient éventés ou attaqués par l'humidité seront toujours refusés. Passés dans un tamis présentant 185 largeurs de mailles par décimètre de longueur, ils ne devront pas laisser plus de 10 p. 100 de résidu.

Les ciments devront arriver en barils bien clos, estampillés à la marque de la fabrique, sur lesquels la tare sera marquée.

Le fournisseur devra justifier par lettres de voiture et certificats d'origine, la provenance et la qualité des ciments fournis, ainsi que leur âge. Les ciments frais seront seuls reçus.

La pesanteur spécifique des ciments sera mesurée en remplissant doucement une mesure cubique d'un litre avec du ciment pris dans un ou plusieurs barils, un ou plusieurs sacs, puis en pesant dix litres à la fois du mélange ainsi obtenu.

La densité dans ces conditions, devra être de :

$0^k,850$ à $0^k,900$ pour le ciment de Roquefort.
$1^k,100$ à $1^k,200$ — de la Valentine.

Le ciment de Roquefort devra faire prise au bout de cinq à dix minutes; le ciment de la Valentine devra faire prise au bout de soixante à soixante-dix minutes.

On s'assurera de la prise au moyen de l'aiguille Vicat en usage au port, cette aiguille de section carrée a $0^m,0015$ de côté et pèse $1^k,430$.

Le ciment dont on veut vérifier la prise est gâché en pâte ferme, avec de l'eau de mer; on lui donne la forme d'une briquette d'essai en le mettant dans un moule.

Le ciment qui ne remplira pas les conditions voulues sera

rebuté et il devra être enlevé du lieu de dépôt par le fournisseur à ses frais, et vingt-quatre heures après qu'il en aura été avisé par l'ingénieur.

Faute de quoi, le ciment rebuté sera enlevé par la Marine aux frais du fournisseur et porté au déblai du port.

Chaux hydraulique.

PORT DE TOULON : MARINE NATIONALE.

Chaux hydraulique du Teil. — La chaux sera exclusivement de la chaux hydraulique du Teil, de la fabrique Pavin de Lafarge.

Elle sera expédiée du Teil à Toulon dans des vagons couverts et en sacs plombés, contenant en moyenne chacun 50 kilogrammes de chaux en poudre.

Sur une face, le plomb dans lequel sont pris les deux bouts de la ficelle blanche liant le sac, devra porter l'inscription « Lafarge » avec trois étoiles en triangle au-dessus, et « chaux hydraulique » sur l'autre face.

Le fournisseur devra d'ailleurs justifier la provenance de la chaux en produisant la lettre de voiture et la facture au moment de l'arrivée de la chaux à Toulon.

Tout sac de chaux ayant un commencement de prise sera rebuté et enlevé du chantier par le fournisseur dans les vingt-quatre heures, sinon la Marine le fera enlever et porter au déblai du port aux frais du fournisseur.

Cette chaux devra remplir les conditions suivantes :

1° Densité. — La densité de la chaux hydraulique du Teil sera obtenue, en opérant comme il a été dit pour la chaux hydraulique du pays. Le poids du décimètre cube devra être de $0^k,750$ à $0^k,800$.

2° Prise. — On fabriquera dans un moule en étain avec du mortier dosé à raison de 400 kilogrammes pour un mètre cube de sable de mer et gâché ferme, une briquette qui, laissée à l'air libre, devra supporter l'aiguille Vicat au bout de trente-huit heures après le gâchage.

3° Résistance a la traction. — *a.* On fabriquera dans des moules en étain des briquettes en mortier ferme de chaux pure, qui seront déboîtées dès qu'elles auront pu supporter l'aiguille Vicat et laissées à l'air libre. Ces briquettes seront ensuite cassées par groupe de cinq, au moyen de l'appareil « Suc » et devront fournir, par centimètre carré de la plus petite section de la briquette, les résistances moyennes ci-dessous :

Au bout de 8 jours	....	3 kilos
— 15 —	....	3k,500
— 30 —	....	4k,500
— 60 —	....	7 kilos

b. — On fabriquera des briquettes en mortier de chaux dosé à raison de 400 kilogrammes de chaux pour un mètre cube de sable de mer, passé au crible et lavé à l'eau de mer qui seront sorties des moules trente-huit heures après le gâchage, laissées à l'air libre et cassées par groupe de cinq.

Les résistances par centimètre carré devront être de :

2k,500	au bout de	15	jours	après la fabrication.
3k,500	—	30	—	—
5k,500	—	60	—	—

c. — On prendra un certain nombre de briquettes en mortier dosé à raison de 400 kilogrammes de chaux pour un mètre cube de sable de mer, qu'on immergera avec leur moule, dans une cuve remplie d'eau de mer, deux heures après leur confection. Les moules seront retirés au bout de quinze heures et les briquettes plongées de nouveau dans la cuve; ces briquettes cassées devront fournir par centimètre carré les résistances moyennes de :

1k,700	au bout de	15 jours	après la fabrication.
3k,700	—	1 mois	—
6k,800	—	2 mois	—

Pendant toute la durée de l'immersion, les briquettes devront rester nettes et conserver leurs arêtes vives.

La section de rupture des briquettes sera un carré de 0m,04 de côté.

MINISTÈRE DES COLONIES.

Vérifications et essais. — La chaux devra satisfaire aux conditions techniques suivantes :

Chaux éminemment hydraulique. — Elle ne devra pas renfermer plus de 2 p. 100 de magnésie, ni plus de 3 p. 100 d'alumine et d'oxyde de fer réunis.

Les essais de finesse de blutage seront effectués au moyen de deux tamis, l'un de 4 500 mailles au centimètre carré et l'autre de 324 mailles. Ces tamis seront agités à la main.

Le tamisage sera effectué sur des échantillons de 100 grammes; sera considéré comme terminé lorsqu'il passera moins de un dixième de gramme de matière sous l'action de vingt-cinq tours de bras.

Le résidu sera au maximum de 25 p. 100 au tamis de 4500 mailles et de 2 p. 100 au tamis de 324 mailles.

Les essais de prise seront opérés sur la pâte normale de chaux pure, telle qu'elle est définie dans le rapport de la Commission des méthodes d'essais en date des 10-12 mai 1893.

La prise sera considérée comme terminée, lorsque l'aiguille Vicat de 1 millimètre carré de section et du poids de 300 grammes ne laissera aucune trace appréciable sur les briquettes.

Pour des essais effectués à la température de 15 à 18° C., la fin de la prise devra avoir lieu au plus tard au bout de deux jours pour la pâte exposée à l'air humide, et au bout de trois jours pour la pâte immergée aussitôt après la fabrication.

Le début de la prise aura lieu sept heures trente après le gâchage.

La résistance à la traction, pour les briquettes en mortier de chaux pure conservées dans l'eau douce, ne devra pas être inférieure au bout de sept jours à 3 kilog. 500, et au bout de vingt-huit jours à 6 kilogrammes par centimètre carré.

Pour le mortier sableux normal 1 : 3 avec 12 p. 100 d'eau au plus, la résistance à la traction ne devra pas être inférieure à 3 kilogrammes à sept jours et à 6 kilogrammes à vingt-huit jours par centimètre carré.

Pour le mortier sableux normal, 1 : 5 avec 10 p. 100 d'eau au plus, la résistance à la traction ne devra pas être inférieure à 2 kilogrammes au bout de sept jours, et à 4 kilogrammes au bout de vingt-huit jours par centimètre carré.

Les essais de rupture par traction seront effectués suivant les procédés indiqués dans le rapport de la Commission des méthodes d'essais, en date des 10-12 mai 1893.

Le poids du litre sans tassement devra être compris entre 700 et 750 grammes.

Chaux hydraulique ordinaire. — Les essais se feront par les mêmes procédés que pour la chaux éminemment hydraulique.

Ils devront donner les résultats suivants :

La chaux ne devra renfermer plus de 2 p. 100 de magnésie.

Au tamis de 4500 mailles, le résidu sera au maximum de 25 p. 100 et au tamis de 324 mailles, de 2 p. 100.

Le début de la prise aura lieu 7 h. 30 après le gâchage.

La durée de la prise sera au maximum de trois jours.

La résistance à la traction pour les briquettes en mortier de chaux pure, conservées dans l'eau douce, ne devra pas être inférieure, au bout de sept jours, à 2 kilogrammes et, au bout de vingt-huit, à 4 kilogrammes par centimètre carré.

Pour le mortier sableux normal 1 : 3 la résistance à la traction ne devra pas être inférieure à 1 kilog. 500 au bout de sept jours et à 3 kilog. 500 au bout de vingt-huit jours, par centimètre carré.

PONTS ET CHAUSSÉES : PORT D'ALGER.

Qualité et préparation de la chaux. — La chaux sera de la qualité dite chaux marchande, composée d'un mélange intime de fleur de chaux et de farine de grappiers.

La fleur de chaux sera obtenue par le blutage de la chaux éteinte avec la toile métallique n° 40.

La farine de grappiers sera obtenue par le blutage à la toile métallique n° 50 de la matière résultant d'une décortication à la meule des rejets de l'opération précédente.

Essais de réception de chaux. — Les fournitures partielles de chaux seront soumises aux essais suivants qui porteront sur un nombre de sacs à déterminer dans chaque cas au gré de l'ingénieur.

Essais de finesse de blutage. — Les essais de finesse de blutage seront effectués au moyen de deux tamis, l'un de 900 mailles au centimètre carré (toile n° 80) et l'autre de 225 mailles au centimètre carré (toile n° 40). Ces tamis auront chacun $0^m,30$ de diamètre. Ils seront agités à la main.

Le tamisage sera effectué sur des échantillons de 100 grammes. Cette opération sera considérée comme terminée quand il passera moins de 1/10 de la matière restée sur le crible sous l'action de 25 tours de bras.

Le résidu ne devra pas dépasser 10 grammes pour le tamis de 900 mailles et 0 gr. 1 pour le tamis de 225 mailles.

Essais de prise. — Les essais de prise seront opérés sur de la pâte normale de chaux pure composée de chaux pure et de 50 p. 100 de son poids d'eau de mer. On prendra 900 grammes de chaux : on les disposera en couronne sur une plaque de marbre et on y versera d'un seul coup la quantité d'eau à employer. Le mélange et le gâchage seront faits pendant cinq minutes comptées à partir du moment où l'eau aura été versée.

On prendra une partie de la pâte ainsi obtenue, et on remplira une boîte cylindrique en métal ou en verre de $0^m,04$ de hauteur et de $0^m,08$ de diamètre. On imprimera ensuite de légères trépidations à la boîte. On laissera sur la pâte l'eau que cette trépidation aura fait rejeter.

On emploiera pour les essais, une aiguille en métal, dite « aiguille Vicat », cylindrique, lisse, propre, sèche, terminée par une section nette et d'équerre d'un millimètre carré (diamètre 1 mill. 13) et pesant 300 grammes.

On appellera fin de la prise l'instant à partir duquel cette aiguille, descendue normalement à la surface de la pâte, avec précaution et sans qu'on lui laisse acquérir de vitesse, pourra être supportée par la pâte sans y pénétrer d'une quantité appréciable.

Pour des essais effectués à une température de 15° C. ou davantage, la fin de la prise devra avoir lieu, au plus tard, au bout de trente-six heures pour la pâte laissée à l'air dans un endroit clos, et au bout de quarante-deux heures pour la pâte immergée aussitôt après sa fabrication dans un bac rempli d'eau de mer.

Essais chimiques. — La chaux ne devra pas perdre plus de 9 p. 100 de son poids par la calcination au rouge blanc, et devra contenir une proportion de silice combinée d'au moins 22 p. 100 de son poids avant calcination.

Essais de rupture. — Des essais de rupture par traction seront opérés sur la pâte de chaux pure et sur du mortier de chaux.

On fera usage d'éprouvettes en forme de 8, ayant au milieu une section de 5 centimètres carrés ($0^{mq},0005$).

Pour la confection du mortier, on emploiera du sable des plages d'Aïn-Taya, tamisé de façon à ne conserver que les grains ayant passé au tamis en tôle perforée de trous de $1^{mm},5$ de diamètre et ayant été retenus par le tamis à trous de 1 millimètre. Le dosage correspondra à 350 kilogrammes de chaux pour un mètre cube de sable sec non tassé.

Les briquettes seront démoulées quarante-huit heures après leur fabrication et seront immergées aussitôt après leur démoulage, dans des bacs à eau de mer renouvelée tous les cinq jours.

Les ruptures seront faites au bout de sept jours après gâchage. Les résistances seront calculées en prenant la moyenne des résultats fournis par la rupture de cinq briquettes au moins.

Pour des essais effectués à la température de 15° C. ou davantage, l'eau d'immersion ayant été elle-même toujours maintenue au-dessus de 15°, les résistances par centimètre carré devront atteindre en moyenne pour l'ensemble de la fourniture :

Pâte de chaux..........................	$2^{k},600$
Mortier..................................	$1^{k},800$

Dans le cas où cet essai ne serait pas réussi, un second essai serait fait à quatorze jours si le fournisseur le demandait, et la résistance devrait atteindre en moyenne pour l'ensemble de la fourniture :

Pâte de chaux................	5 kilogrammes.
Mortier........................	4 —

Une fourniture partielle qui donnerait des résultats plus faibles serait refusée. Il en serait de même si les briquettes accusaient des traces d'altération.

Ciment.

MINISTÈRE DE LA GUERRE : SERVICE DU GÉNIE.

ARTICLE 2.

Le ciment fourni proviendra exclusivement de l'usine de

Les ciments naturels seront obtenus par la cuisson de calcaires chimiquement et physiquement homogènes dans toutes leurs parties; ils seront soumis à un silotage suffisamment prolongé pour leur faire perdre toute tendance au gonflement.

Le ciment artificiel sera produit par la mouture de roches scorifiées, obtenues au moyen de la cuisson jusqu'à ramollissement d'un mélange intime de carbonate de chaux et d'argile, rigoureusement dosé, chimiquement et physiquement homogène dans toutes ses parties.

Il ne sera fait au ciment aucune addition de matières étrangères.

ARTICLE 3.

Contrôle de la fabrication dans l'usine.

Le service du Génie se réserve d'exercer son contrôle dans les conditions qui seront déterminées par lui, sur la fabrication, la conservation en magasin à l'usine et l'expédition du ciment qui devra être fourni en exécution du présent marché.

A cet effet, les officiers du Génie et les délégués du service du Génie auront accès à tout instant dans toutes les parties de l'usine affectées à la fabrication et pourront :

1° Prendre toutes les dispositions nécessaires pour la vérification de la composition des matières employées à la fabrication ;

2° Contrôler le triage après la cuisson;

3° Suivre le ciment soumis au contrôle depuis le triage jusqu'aux cases spéciales où il sera emmagasiné après la mouture ;

4° Contrôler le plombage spécial à la sortie des cases, et l'expédition dudit ciment;

5° Préposer des agents spéciaux restant en permanence à l'usine aux fins ci-dessus.

ARTICLE 4.

Lorsque le contrôle exercé dans l'usine aura fait constater dans la fabrication du ciment, des irrégularités ou des imperfections qui seraient de nature à inspirer des doutes sur sa qualité, la totalité du ciment dont la fabrication aura donné lieu à cette constatation sera déclarée *suspecte* et devra être conservée par le fournisseur dans les magasins de l'usine, sous la clef du service du Génie, jusqu'à parachèvement des essais poursuivis pendant une durée de trois mois auxquels seront soumis, dans le laboratoire de l'État, les échantillons prélevés par l'agent chargé du contrôle.

Le fournisseur pourra, toutefois, s'il le préfère, se soustraire à l'obligation de conserver ainsi dans ses magasins les ciments déclarés suspects, en renonçant à les fournir au service du Génie.

Article 5.

Vérification de chaque fourniture partielle lors de son arrivée à destination.

Il ne sera fait aucune réception définitive, avant livraison à destination.

Pour être reçue, chaque fourniture devra être accompagnée d'un certificat du laboratoire, constatant les résultats des diverses séries d'essais réglementaires ci-après indiqués; elle devra, en outre, comme condition essentielle indépendante de ce résultat, être reconnue, à l'arrivée en gare, en parfait état. Tout sac déchiré ou qui aurait été exposé à l'humidité et dont le contenu ne serait pas, lors de la vérification par le Chef du Génie destinataire, absolument pulvérulent dans toutes ses parties, serait l'objet d'un rebut immédiat. Toutefois, pour réserver les droits du fournisseur, vis-à-vis des Compagnies de chemins de fer, le Chef du Génie devra faire constater dès l'arrivée, par les agents de ces Compagnies, les avaries qu'il aurait relevées.

Article 6.

Épreuves auxquelles devra satisfaire, avant expédition, toute fourniture partielle.

Le certificat du laboratoire sera établi au moment de l'expédition pour chaque fourniture partielle après les essais définis par les articles 7 à 22 ci-après.

Ces essais seront relatifs :

1° A la densité du ciment;
2° A la composition chimique;
3° A la durée de la prise;
4° A l'absence de fissures après immersion dans l'eau de mer;
5° A la déformation par les expansifs;

6° A la résistance des briquettes de ciment pur;

7° A la résistance des briquettes de ciment avec sable normal.

A cet effet, avant de mettre en magasin un lot de ciment qu'il destine à l'Administration de la Guerre, le fournisseur devra déclarer par écrit au Chef du Génie de Boulogne, son intention de couler, dans une case déterminée, le lot en question, dont la fabrication aura, d'ailleurs, été suivie par les agents de l'État, comme il a été expliqué (art. 3). Au reçu de cette déclaration, le Chef du Génie fera prélever, comme il le jugera utile, soit pendant le coulage du ciment en case, soit dans la masse du ciment en vrac, soit pendant l'ensachement, les échantillons à soumettre aux essais : les échantillons ainsi prélevés ne seront pas mélangés.

D'une façon générale, chacun des échantillons prélevés devra satisfaire, séparément, aux conditions stipulées dans les articles ci-après; les mesures à prendre à l'égard de la totalité de la fourniture partielle contenue dans une case déterminée seront celles qui conviendront à l'échantillon qui aura donné les résultats les moins satisfaisants.

Un représentant du fournisseur aura le droit d'assister aux essais; si une opération partielle lui paraît n'être pas faite avec les précautions prescrites par le présent marché, il le fera immédiatement constater contradictoirement par l'agent préposé aux essais et la signalera sur l'heure *par écrit* au Chef du Génie de la place de Boulogne, chargé d'informer le Ministre sans délai. Faute de cette protestation faite dans la forme indiquée, l'opération en question ne pourra plus servir de base à une réclamation en cas d'insuccès final des essais.

L'heure à laquelle les essais de chaque ourniture seront commencés dans le laboratoire du Génie sera indiquée par lettre remise contre reçu deux jours à l'avance au fournisseur. Dans le cas où aucun représentant du fournisseur ne se présenterait au laboratoire à l'heure indiquée, il sera passé outre; toutes les opérations faites en l'absence dudit représentant seront considérées comme bien et dûment faites et le fournisseur ne sera pas admis à en contester les résultats.

Article 7.

Poids minimum du litre non tassé de ciment passé au tamis de 5000 mailles par cent. carré.

La fine poussière produite par le tamisage du ciment à travers un tamis métallique de 5000 mailles par centimètre carré devra avoir, par litre non tassé, un poids au moins égal à un minimum déterminé suivant la règle exposée ci-après; faute de quoi la fourniture partielle d'où provient l'échantillon trouvé trop léger sera déclarée *suspecte*.

Pour obtenir dans des conditions toujours comparables un litre non tassé de la fine poussière provenant du tamisage à travers un tamis de 5 000 mailles par centimètre carré, on posera sur un support inébranlable une mesure cylindrique de un litre de capacité; au-dessus de cette mesure on disposera un entonnoir à tamis du modèle adopté par la commission des méthodes d'essai des matériaux de construction. Le ciment sera répandu par petites masses successives sur le tamis, de façon à tomber régulièrement au centre de la mesure, et l'on arrêtera le remplissage quand la base du cône qui sera élevé au-dessus d'elle aura atteint le bord supérieur. On facilitera le passage de la poudre au moyen d'une spatule en bois de $0^m,04$ de largeur.

On enlèvera alors l'excès du ciment, en faisant glisser sur le bord une lame bien droite tenue dans un plan vertical.

Pendant toute l'opération, on n'aura fait subir à la mesure aucune trépidation ni aucun choc.

On adoptera comme poids du litre la moyenne des résultats obtenus dans cinq opérations successives.

Le poids minimum obligatoire du litre non tassé sera déterminé de la manière suivante : avant tout commencement de fourniture, on fera dans l'usine, sous les yeux de l'officier du Génie ou de l'agent délégué, par les moyens ordinaires de l'usine, la mouture et le blutage d'un lot de roches lourdes très cuites, dont chaque morceau aura jusqu'au cœur une couleur franchement noire ou noir bleuâtre, ou noir verdâtre, et présentera la composition chimique qui correspond au dosage normal des matières premières, déclaré par le fournisseur. Ces roches auront été choisies par le représentant du service du Génie au pied d'un four en vidange qu'il aura désigné. La mouture sera conduite de manière à donner, par le blutage ordinaire, un ciment qui laisse un résidu de 25 p. 100 avec une tolérance de 1 cinquième sur le tamis de 5000 mailles par centimètre carré.

Le tamisage ayant été effectué sur ce tamis, après refroidissement complet du ciment, on déterminera contradictoirement, suivant le mode ci-dessus décrit, le poids du litre non tassé de la fine poussière obtenue. Le chiffre ainsi trouvé, diminué de cent grammes (100 gr.) pour tolérance, donnera le poids minimum obligatoire.

Article 8.

Composition chimique.

Tout ciment dans lequel l'analyse chimique aura accusé plus de

1 p. 100 d'acide sulfurique, ou aura découvert des sulfures en proportion dosable, ne pourra être présenté à réception.

ARTICLE 9.

On déclarera *suspect* tout ciment dans lequel l'analyse chimique aura accusé plus de 4 p. 100 d'oxyde de fer, ou aura donné une valeur inférieure à 43 centièmes ou supérieure à 60 centièmes pour le rapport entre le poids total de la silice combinée et de l'alumine d'une part, et d'autre part le poids de la chaux et de la magnésie.

ARTICLE 10.

Essais avec ciment pur. Proportion d'eau à employer.

Dans les essais au ciment pur, le ciment sera gâché avec de l'eau de mer.

L'eau, l'air et le ciment pendant les gâchages, seront maintenus autant que possible à une température comprise entre 15° et 18°.

La proportion d'eau à mélanger avec le ciment pur sera la même pour tous les essais simultanés d'un même échantillon ; on déterminera pour chaque échantillon la proportion normale d'eau qui doit y être appliquée, par un essai préalable comportant chaque fois les opérations et tâtonnements ci-après décrits. La proportion normale ainsi trouvée ne sera valable que pour les essais à faire pendant la journée où elle a été déterminée.

Pour confectionner la pâte normale de ciment, on opérera sur un kilogramme de ciment qu'on étalera sur une table de marbre, en formant une couronne au centre de laquelle on versera, d'un seul coup, le volume d'eau nécessaire pour satisfaire aux conditions ci-après :

Le mélange sera gâché fortement à la truelle pendant cinq minutes, comptées à partir du moment où l'eau aura été versée.

Avec une partie de la pâte obtenue, on emplira immédiatement une boîte métallique à fond plat, de forme tronconique, ayant $0^m,08$ de diamètre à la base inférieure, $0^m,09$ à la base supérieure et $0^m,04$ de profondeur; on lissera la surface en faisant glisser la truelle sur le bord supérieur du moule et en évitant tout tassement et toute trépidation.

Au centre de la masse ainsi formée, on fera descendre normalement à la surface de la pâte, avec précaution, et sans lui laisser acquérir de vitesse, une sonde cylindrique de $0^m,10$ de diamètre et du poids de 300 grammes, en métal poli, propre et sèche, terminée par une section nette et d'équerre. L'appareil, dit sonde de consistance, devra être construit de manière à pouvoir indiquer exactement l'épaisseur de pâte restant entre le fond de la boîte et l'extrémité inférieure de la sonde. On ne fera jamais deux essais sur la pâte contenue dans une même boîte.

On considérera comme normale la pâte dont la consistance sera telle que l'épaisseur de la couche restant entre le fond de la boîte et l'extrémité de la sonde au moment où celle-ci cessera de s'enfoncer sous l'action de son propre poids, sera de 6 millimètres.

Le représentant du service du Génie déterminera, d'ailleurs, en dernier ressort, quelle est la proportion d'eau à admettre comme conséquence des tâtonnements effectués ainsi qu'il est dit ci-dessus. Cette proportion représentera le minimum de la quantité d'eau à employer par le gâchage des pâtes dont la résistance devra être mesurée.

Article 11.

Durée de la prise.

Les essais de prise des pâtes de ciment comporteront la détermination du début et de la fin de la prise. Au moment du gâchage, les températures de l'air, de l'eau et du ciment devront être comprises entre 15° et 18° C.

Immédiatement après sa confection (conformément à l'art. 10), la pâte sera introduite et dérasée dans une boîte tronconique à fond plat semblable à celle décrite article 10, et en observant les mêmes précautions. Aussitôt remplie, cette boîte sera immergée dans un bac contenant de l'eau de mer dont la température sera maintenue entre 15° et 18°. La boîte ne sera extraite du bac que pendant le temps nécessaire pour chaque constatation.

On emploiera pour les essais une aiguille en métal dite « *aiguille Vicat* » cylindrique, lisse, propre, sèche, terminée par une section nette et d'équerre d'un millimètre carré (diamètre $1^{mm},13$) et pesant 300 grammes.

On appelle *début de la prise* l'instant où cette aiguille, descendue normalement à la surface de la pâte avec précaution, et sans qu'on lui laisse acquérir de vitesse, ne pourra plus pénétrer jusqu'au fond de la boîte.

On appelle *fin de la prise*, l'instant à partir duquel la surface de la pâte pourra supporter la même aiguille sans qu'elle y pénètre d'une quantité appréciable.

Les durées correspondantes seront comptées à partir du moment où l'eau de gâchage aura été mise en contact avec le ciment.

Pour déterminer les prises à l'air, on opérera comme il vient d'être indiqué, à cette différence que la boîte aussitôt remplie, sera maintenue dans l'air à une température comprise entre 15°

et 18°; on aura soin de vider au fur et à mesure l'eau qui pourra remonter à la surface de la pâte et s'en séparer.

Si, dans ces essais, le ciment commence à prendre avant un délai de trente minutes, ou termine sa prise avant un délai de trois heures, la fourniture partielle d'où provient l'échantillon ne pourra être présentée à réception. Ces délais seront comptés comme il est dit ci-dessus.

Les essais relatifs à la détermination de début et de fin de prise auront lieu au moment de la confection des briquettes et, s'il y a lieu, le vingt-septième jour sur un nouvel échantillon prélevé en usine.

Article 12.

Absence de fissures après la prise.

Immédiatement après le remplissage de la boîte métallique contenant la pâte destinée à l'essai de la prise, on emploiera le reste de la gâchée mentionnée dans l'article précédent, en préparant sur des plaques de verre des galettes circulaires de $0^m,08$ à $0^m,10$ de diamètre, dont l'épaisseur, égale à $0^m,02$ environ dans la partie centrale, ira en diminuant vers les bords, où elle sera presque nulle.

On laissera ces galettes dans une atmosphère humide, à l'abri des courants d'air et de l'action directe du soleil, pendant vingt-quatre heures; puis on immergera les plaques de verre et les galettes qu'elles portent dans un bac rempli d'eau de mer dont la température sera maintenue, autant que possible, entre 15° et 18°, eau qui sera renouvelée deux fois par semaine.

Si, avant la réception définitive, on remarque sur une quelconque des galettes, des plissements ou crevasses, la fourniture partielle d'où provient l'échantillon essayé ne pourra être présentée à réception.

Article 13.

Essai de déformation par les expansifs.

Cet essai portera sur la pâte normale de ciment pur qui a été définie à l'article 10, mais gâchée à l'eau douce. Elle sera moulée en éprouvettes cylindriques de $0^m,03$ de diamètre et $0^m,03$ de hauteur, qui seront confectionnées dans des moules en métal de $0^{mm},5$ d'épaisseur. Ces moules seront fendus suivant une génératrice, et porteront soudées, de chaque côté de la fente, deux aiguilles de $0^m,150$ de longueur. L'augmentation de l'écartement des extrémités de ce deux aiguilles donnera une mesure du gonflement.

Les moules aussitôt remplis seront immergés dans l'eau froide; une fois la prise terminée, et dans un délai qui n'excédera pas vingt-quatre heures, la température de l'eau sera élevée progressivement à 100° environ en un temps qui devra être compris entre un quart d'heure et une demi-heure. Cette température sera maintenue pendant six heures consécutives, et on laissera ensuite refroidir pour faire les mesures finales.

L'augmentation de la distance entre les pointes des deux aiguilles ne devra pas dépasser un maximum obligatoire de six millimètres et les cylindres ne devront présenter aucun fendillement. Toute fourniture partielle d'où proviendrait un échantillon ne satisfaisant pas à ces conditions sera refusée.

Article 14.

Résistance à l'arrachement des briquettes de ciment pur.

a. — *Mode d'exécution des essais.*

La pâte de ciment pur destinée aux essais de résistance à l'arrachement sera obtenue chaque fois en gâchant à la truelle sur une plaque de marbre, pendant cinq minutes, un kilogramme de ciment avec la proportion normale d'eau de mer déterminée par l'essai préalable de l'article 10. Cette gâchée donnera assez de pâte pour faire six briquettes.

Chaque essai devra comprendre dix-huit briquettes, on aura ainsi à faire trois gâchées successives dans les mêmes conditions.

Les briquettes auront la forme représentée par la figure 66 (1), l'épaisseur étant de $0^m,0222$; la section de rupture sera ainsi de 5 centimètres carrés ($0^m,0225$ sur $0^m,0222$).

Les moules présentant en creux la forme des briquettes, ainsi que le représente la figure 99 (1), après avoir été bien nettoyés et humectés, seront placés sur une plaque de marbre ou de métal poli, posée horizontalement sur un support inébranlable.

On remplira d'une même gâchée, faite suivant les indications du § 1er du présent article, six moules en mettant assez de pâte du premier coup dans chaque moule pour que la pâte en déborde.

On enfoncera la pâte plastique dans le moule avec le plat de la truelle. Quand le remplissage sera complet, on donnera de petits coups de truelle sur les côtés du moule pour ramollir un peu le ciment et faire dégager les bulles d'air; on s'arrêtera quelques instants après que le ciment se sera couvert d'une petite couche d'eau.

(1) Forme normale.

Aussitôt que la consistance de la briquette permettra de le faire, on en réglera la face supérieure en faisant passer sur les bords du moule la lame parfaitement droite d'un couteau, tenu presque horizontalement, le tranchant en avant, de manière à enlever tout l'excédent de pâte sans exercer aucune compression.

Après un certain temps, au moins égal à la durée de la prise, constaté, au préalable, conformément aux indications de l'article 11, on desserrera les moules et on les éloignera des briquettes sans soulever celles-ci, ni leur faire quitter la plaque.

Pendant les vingt-quatre premières heures qui suivront le commencement du gâchage de la pâte, les briquettes seront conservées sur leur plaque dans une atmosphère humide, à l'abri des courants d'air et des rayons directs du soleil, à une température comprise autant que possible entre 15° et 18°.

Au bout de vingt-quatre heures on les immergera dans un bac rempli d'eau de mer.

L'eau du bac contenant les briquettes sera renouvelée tous les deux jours pendant la première semaine, puis à la fin de chaque semaine suivante.

Le volume d'eau sera égal à quatre fois celui des briquettes, et sera toujours tenu autant que possible à une température comprise entre 15° et 18°.

Pour chaque échantillon de ciment à essayer, on fera, dans les conditions précitées, dix-huit briquettes de ciment pur, dont six destinées à être rompues au bout de sept jours, six au bout de vingt-huit jours (quatre semaines) et six au bout de quatre-vingt-quatre jours (douze semaines), ces délais étant comptés à partir du moment du gâchage du mortier. Pour chaque série de rupture, on prendra deux briquettes de chaque gâchée.

Les briquettes seront rompues par arrachement au moyen de l'appareil à double levier représenté (1), appareil dans lequel le poids croissant qui produit la traction est obtenu, par l'écoulement d'un jet de grains de plomb, à raison de 5 kilogr. par seconde, dans un vase suspendu à l'extrémité du second levier.

La moyenne des six résultats obtenus sera le chiffre admis pour la résistance de l'échantillon éprouvé au moment de l'essai. Tout résultat supérieur ou inférieur de 20 p. 100 à la moyenne, sera considéré comme anormal et sera annulé.

Article 15.

b. — *Résultats exigés des briquettes de ciment pur.*

La résistance des briquettes de ciment pur, à l'expiration du

(1) Appareil Michaelis décrit.

septième jour, devra être d'au moins 20 kilogrammes par centimètre carré de la moindre section des briquettes d'essai.

Elle devra être d'au moins 35 kilogrammes par centimètre carré à l'expiration du vingt-huitième jour.

Toute fourniture partielle d'où proviendrait un échantillon ne satisfaisant pas à ces deux conditions ne pourra être présentée à réception.

Article 16.

La résistance par centimètre carré des briquettes de ciment pur constatée au bout de vingt-huit jours devra d'ailleurs dépasser d'au moins 5 kilogrammes celle qui aura été constatée au bout de sept jours, sinon, la fourniture partielle d'où provient l'échantillon essayé sera *déclarée suspecte.* Toutefois la suspicion ne serait pas soulevée, si la résistance constatée au bout de vingt-huit jours était d'au moins 55 kilogrammes.

Article 17.

La résistance par centimètre carré des briquettes de ciment pur, constatée au bout de quatre-vingt-quatre jours, devra être d'au moins 45 kilogrammes.

De plus, elle devra dépasser la résistance constatée au bout de vingt-huit jours quand celle-ci n'aura pas été d'au moins 55 kilogrammes.

Toute fourniture partielle d'où proviendrait un échantillon qui ne satisferait pas à ces deux conditions ne pourra être présentée à réception.

Article 18.

Résistance à la traction du mortier de sable normal.

a. — *Sable normal.*

Le mortier de ciment et sable normal avec lequel seront faits tous les essais de résistance par traction de mortier sableux sera composé en poids de une (1) partie de ciment sec et de trois (3) parties de sable normal sec.

Le sable à employer dans tous ces essais, sera le sable naturel de la plage de Leucate (Aude), convenablement tamisé: ce sable sera formé de grains ayant passé au tamis de $1^{mm},5$ et retenus par le tamis à trous de 1 millimètre.

Ce sable sera fourni par l'État.

Article 19.

b. — *Mode d'exécution des essais.*

Le volume d'eau de mer à incorporer au mélange de sable et de ciment pour faire le mortier normal sec, sera de 45 centimètres cubes, augmentés du sixième de celui nécessaire pour amener 1 kilogramme de ciment à l'état de pâte normale de ciment.

On préparera les briquettes d'essai de la manière suivante :

On opérera sur un kilogramme de matières (250 grammes de ciment et 750 grammes de sable), qu'on mélangera intimement à sec. On formera ensuite, sur une table de marbre, une couronne au centre de laquelle on versera, d'un seul coup, la quantité d'eau à employer, et le mélange sera gâché fortement à la truelle pendant cinq minutes, comptées à partir du moment où l'eau aura été versée. On obtiendra ainsi un mortier ayant l'aspect de la terre humide fraîchement remuée.

Les moules seront placés sur une plaque de marbre, après avoir été, ainsi que la plaque, bien nettoyés et frottés d'un linge gras.

On remplira d'une même gâchée six moules, en mettant du premier coup dans chaque moule assez de matière pour qu'elle déborde.

On damera le mortier dans le moule avec une petite massette du poids d'environ 200 grammes, d'abord à petits coups répétés sur le pourtour de la briquette, puis au centre ; on frappera ensuite plus énergiquement, en suivant toujours le même chemin, et on continuera le damage jusqu'à ce que la masse commence à prendre un peu d'élasticité et sue l'eau à la surface. On enlèvera le trop-plein du moule avec une lame de couteau bien droite et on lissera la surface en promenant le couteau appuyé sur les bords du moule.

On procédera au démoulage en faisant glisser les moules sur la plaque, en les desserrant et en les éloignant des briquettes sans les soulever, au bout de vingt-quatre heures comptées à partir du commencemeut du gâchage, et avant, s'il est nécessaire, au cas où la prise serait terminée.

Dans tous les cas, pendant ce délai de vingt-quatre heures, les briquettes seront conservées sur leurs plaques, dans une atmosphère saturée d'humidité, à l'abri des courants d'air et des rayons directs du soleil, à une température comprise, autant que possible, entre 15° et 18°.

A l'expiration du délai de vingt-quatre heures fixé ci-dessus, on les immergera dans l'eau de mer.

L'eau des bacs contenant les briquettes sera renouvelée tous les deux jours pendant la première semaine et ensuite toutes les semaines. Pendant la première semaine, le volume occupé par l'eau dans le bac devra être égal à quatre fois au moins celui des briquettes et la température de cette eau devra être maintenue autant que possible entre 15° et 18°.

Pour chaque échantillon de ciment à essayer, on fera, dans les conditions précitées, dix-huit briquettes de mortier sableux normal dont six destinées à être rompues au bout de sept jours, six au bout de vingt-huit jours et six au bout de quatre-vingt-quatre jours, ces délais étant comptés à partir du moment du gâchage du mortier. Pour chaque série de rupture, on prélèvera deux briquettes provenant chacune des trois gâchées différentes.

La moyenne des six résultats obtenus dans chaque série sera le chiffre admis pour la résistance du mortier de ciment éprouvé au moment de l'essai. Tout résultat supérieur ou inférieur de 20 p. 100 à la moyenne sera considéré comme anormal et sera annulé.

Article 20.

c. — *Résultats exigés des essais au mortier normal de ciment et de sable.*

La résistance du mortier sableux normal à l'expiration du septième jour devra être d'au moins 8 kilogrammes par centimètre carré à la moindre section des briquettes d'essai.

Elle devra être d'au moins 15 kilogrammes par centimètre carré à l'expiration du vingt-huitième jour.

Toute fourniture partielle d'où proviendrait un échantillon ne satisfaisant pas à ces deux conditions ne pourra être présentée à réception.

Article 21.

La résistance par centimètre cube du mortier sableux normal constatée au bout de vingt-huit jours devra d'ailleurs dépasser celle qui aura été constatée au bout de sept jours d'au moins 2 kilogrammes, sinon la fourniture partielle d'où provient l'échantillon essayé sera *déclarée suspecte*.

Article 22.

La résistance par centimètre carré du mortier sableux normal constatée au bout de quatre-vingt-quatre jours devra être d'au moins 18 kilogrammes, et elle devra toujours dépasser la résistance constatée au bout de vingt-huit jours.

Toute fourniture partielle d'où proviendrait un échantillon ne satisfaisant pas à ces deux conditions ne pourra être présentée à réception.

ARTICLE 23.

Réception provisoire.

Le Chef du Génie, directeur du laboratoire, informera le fournisseur du résultat des essais à vingt-huit jours, ou de leur prolongation à quatre-vingt-quatre jours dans le cas de ciment suspect.

Le ciment reçu devra rester à la disposition de l'administration en attendant l'ordre de l'expédier.

Le ciment reconnu suspect pourra être repris par le fournisseur sans attendre le résultat des essais à quatre-vingt-quatre jours

POUZZOLANES

Pour l'essai comparatif de plusieurs pouzzolanes, il est préférable de les pulvériser, finement et à la même finesse, car il n'est pas douteux que l'action des pouzzolanes est d'autant plus énergique qu'elles sont plus fines. Par conséquent, pour pouvoir les comparer, il est nécessaire de les employer dans un même état.

Si, au contraire, il s'agit de déterminer l'action d'une pouzzolane donnée, on devra l'essayer telle qu'elle sera employée sur le chantier. Pour les essais de prise et de résistance, on emploiera une chaux provenant de la décomposition d'un carbonate de chaux pur, du marbre ou tout autre calcaire.

D'après la commission des méthodes d'essais « pour la pâte normale de trass et de chaux, on gâchera 666 grammes de trass et 334 grammes de chaux en poudre avec une quantité d'eau telle, que l'épaisseur de la couche de mortier non traversée par la sonde de consistance, soit de 30 millimètres au lieu de 6 pour la pâte normale de ciment.

« Pour le mortier normal, de trass de chaux et de sable, on gâchera 333 grammes de trass, 167 grammes de chaux en poudre et 500 grammes de sable avec la quantité d'eau nécessaire pour que le mortier ait une consistance plastique. »

C'est cette pâte qu'on emploiera pour les essais de résistance, en observant que les briquettes seront immergées seulement après deux, quatre ou sept jours comptés à partir de la confection.

Le cahier général des charges des ministères de l'agriculture, de l'industrie belge, etc., prescrit ce qui suit pour la réception du trass.

« Le trass proviendra des meilleures carrières des bords du Rhin ; il sera fourni en roches. Les moellons seront durs, homogènes, à arêtes vives et exempts de mélange ; ils pèseront chacun 7 kilogrammes au moins. »

Le trass sera concassé pour être ensuite moulu par broyeurs mécaniques.

Le trass devra, en tous cas, satisfaire à l'épreuve suivante :

Un mélange préparé sous forme de pâte et composé de deux parties de chaux grasse éteinte et d'une partie de trass réduit en poudre devra faire prise au bout de trois à quatre jours d'immersion dans l'eau maintenue à une température de 15°, c'est-à-dire qu'il devra satisfaire à l'épreuve de l'aiguille prescrite pour les chaux hydrauliques.

Cette épreuve est l'essai de prise avec l'aiguille Vicat tel que nous l'avons décrit.

ESSAIS DES SABLES

On sait maintenant que la nature du sable a une influence considérable sur la valeur des mortiers, comme nous le montrerons à l'étude des mortiers.

La commission des méthodes d'essais a classé le sable comme suit :

Graviers, restant sur le tamis à tôle perforée à trous de 5 millimètres de diamètre.

Sable gros, passant au tamis de 5 millimètres, retenu par le tamis de 2 millimètres.

Sable moyen, passant par le tamis de 2 millimètres, retenu par le tamis de $0^{mm},5$.

Sable fin, passant au tamis de $0^{mm},5$.

Ces proportions déterminées sur 100 grammes donnent la composition granulométrique du sable.

Essai des sables mis en œuvre :

Ces essais seront faits sur des éprouvettes de mortiers plastiques confectionnés à dosage égal d'un même ciment ou d'une même chaux : d'une part, avec le sable normal composé, et d'autre part avec le sable normal à essayer.

Détermination du vide. — Pour déterminer les vides d'un sable, on pèse un litre du sable à employer, qu'on verse peu à peu dans une éprouvette graduée de 2 000 centimètres cubes ; contenant 1 000 centimètres cubes d'eau ; l'augmentation de volume donne celui du sable réel. En soustrayant ce dernier volume de 1 000 centimètres cubes (1 litre de sable), on a le volume des vides du sable.

VIII. — MORTIERS

Dans la grande généralité des cas, on ajoute au liant choisi, une certaine proportion de sable pour la confection du mortier à mettre en œuvre. Souvent, on n'attache pas assez d'importance au choix du sable, et parfois, ne doit-on pas chercher autre part que dans ce dernier, l'insuccès auquel on est arrivé.

Si un mauvais ciment ne peut donner un bon mortier, on peut, avec un excellent ciment, produire un mortier détestable, si le sable employé est défectueux, si le dosage est trop maigre, si la quantité d'eau est exagérée, ou si le mélange du tout a été mal conduit.

Influence de la nature du sable. — Chimiquement, les sables peuvent être calcaires, quartzeux et argileux.

Les sables calcaires, marbreux ou coquilliers (exception faite pour les sables à coquilles en spirales, qui laissent des vides à l'intérieur) et siliceux, sont les meilleurs. Il n'y a aucune raison pour, comme on le fait souvent, rejeter un sable coquillier qui donne des résistances aussi élevées que les sables siliceux, comme le montrent les quelques essais du tableau ci-après. Les sables argileux ont l'inconvénient de ne pas adhérer au liant, par suite de la légère couche d'argile interposée entre la surface des grains et la pâte ; pour employer un pareil sable, il est nécessaire de le laver.

Un sable tendre, comme de la craie, de la pierre ponce, donnera des résistances inférieures.

TEMPS ÉCOULÉ DEPUIS LE GACHAGE.	RÉSISTANCE A LA COMPRESSION. Mortiers.			
	1 : 1		1 : 2	
	Coquillier.	Siliceux.	Coquillier.	Siliceux.
1 semaine......	223 k.	180 k.	189 k.	115 k.
6 mois.....	341 k.	323 k.	251 k.	239 k.

Physiquement, les sables peuvent être à grains arrondis ou anguleux, plus ou moins gros ou fins.

Les sables à grains arrondis laissent moins de vide que les sables anguleux, et doivent à même composition granulométrique être employés de préférence à ces derniers. Les sables uniquement composés de grains fins donnent des résistances inférieures. Pour donner le maximum de résistance, la matière sèche d'un mortier (liant + sable) doit être d'environ deux parties de gros grains pour une de fins, sans grains intermédiaires.

Nous avons vu à l'essai des sables que ces produits étaient définis comme suit :

Gros grains (G) traversant les trous d'une tôle perforée de 5 millimètres de diamètre et retenus par ceux de 2 millimètres.
Moyens grains (M) traversant les trous d'une tôle perforée de 2 millimètres de diamètre et retenus par ceux de $0^{mm},5$.
Fins grains (F) traversant les trous d'une tôle perforée de $0^{mm},5$.

Comme nous venons de le dire, les mortiers de sable fin, sable de dunes par exemple, donnent des mortiers très poreux accusant des résistances très inférieures (voir le tableau ci-après), et c'est pour les avoir employés, même à dosage plus élevé en ciment qu'un autre mortier de sable plus gros, que bien des mécomptes ont eu lieu, principalement pour les travaux à la mer, pour lesquels on ne doit pas regarder à aller chercher au loin le sable nécessaire.

Avant d'employer un sable, on doit en déterminer la composition granulométrique, comme il a été décrit au chapitre des essais, car il ne suffit pas toujours d'employer un mortier riche pour avoir des résistances élevées si le sable est mauvais.

Des études nombreuses qu'il a faites sur ce sujet et auxquelles on devra se reporter, M. Feret a pu formuler les lois suivantes :

1° Les mortiers plastiques qui, par unité de volume, contiennent le plus grand volume absolu de matières solides (ciment + sable) sont ceux dans lesquels, les grains moyens (M) faisant défaut, les gros grains se trouvent à peu près en proportion double des grains fins, liant compris.

2° Quand cette condition est réalisée, la valeur ciment + sable est d'autant plus grande, qu'il y a plus d'écart entre la dimension des deux catégories de grains (gros et fins) entrant dans le mortier.

TEMPS ÉCOULÉ DEPUIS LE GACHAGE.	NATURE DES MORTIERS PLASTIQUES ESSAYÉS.															
	1 : 1 Eau douce. 1911.		1 : 1 Eau de mer. 1911.		1 : 1 Eau douce. 2302.		1 : 3 Eau douce. 2302.		1 : 1 Eau de mer. 2388.		1 : 3 Eau de mer. 2388.		1 : 1 Eau douce. 2140.		1 : 1 Eau douce. 2147.	
	RÉSISTANCE A LA TRACTION PAR CENTIMÈTRE CARRÉ AVEC LES SABLES DE															
	Leucate.	dunes.	Leucate.	dunes.	Leucate.	dunes.	Leucate.	dunes.	Leucate.	dunes.	Leucate.	dunes.	Leucate.	dunes.	Leucate.	dunes.
1 semaine ..	14,6	8,5	15,1	5,2	29,8	20,5	12,1	6,1	11,1	10,1	5,0	3,3	25,0	19,6	26,5	15,2
4 semaines..	20,3	12,8	21,3	8,0	40,0	32,3	18,5	11,6	»	»	11,2	5,4	35,5	26,5	33,8	25,5
12 — ..	26,7	19,0	26,3	13,5	42,0	34,1	24,0	14,2	30,6	24,1	20,0	9,3	38,5	32,0	41,8	32,0
6 mois.......	35,1	15,8	26,6	17,0	44,6	36,6	26,0	15,5	36,8	31,6	24,1	7,6	40,0	33,1	45,3	34,0
1 an..........	38,6	28,1	28,1	20,0	47,1	38,8	26,0	17,5	37,5	33,1	28,1	13,5	48,0	37,6	42,8	38,5
2 ans.........	42,0	24,6	38,3	17,6	»	»	»	»	»	»	»	»	49,6	39,5	49,3	37,3

M. Feret a publié dans le journal *les Matériaux de construction* (n° 2, 1900) les résultats d'essais de mortiers de différentes matières, essayés après dix années d'immersion dans l'eau de mer.

Les matières employées après avoir été pulvérisées à la même grosseur, de manière à avoir une même composition granulométrique, ont été gâchées en mortier plastique 1 : 3 avec un même ciment.

Les briquettes ont été essayées à la traction après douze semaines, un an, quatre ans et dix années d'immersion, et au poinçonnage après dix années.

Le tableau ci-après emprunté à cette étude, « classe les mortiers dans l'ordre de leur résistance au poinçonnage après dix ans d'immersion à l'eau de mer, et exprime ces résistances en fonction de leur moyenne ramenée à 100 ».

La dernière colonne exprime « les sommes des résistances à la traction aux quatre époques, exprimées aussi en ramenant à 100 la moyenne de ces 30 sommes ».

On voit qu'en dehors des matières très tendres comme la craie, toutes les roches naturelles présentent des différences peu sensibles. En outre, ce tableau confirme une fois de plus ce que nous écrivions plus haut, que, pour une même matière, la résistance du mortier est d'autant plus élevée que la forme des grains se rapproche plus de la forme arrondie (M., K., L.).

DÉSIGNATION du mortier.	NATURE DE LA MATIÈRE.	POINÇONNAGE après 10 ans.	SOMME des 4 résistances à la traction.
P	Briques	188	137
X	Ciment	166	130
I	Silex	158	137
N	Verre	152	145
V	Pyrite	129	117
Q	Machefert	122	120
C'	Cendres de houille	119	108
M	Quartzite pâle (grains arrondis)	118	107
D	Grès ferrugineux	117	100
A	Porphyre	116	121
K	Quartzite moulu (grains anguleux)	114	112
W	Trass	111	136
T	Feldspath	110	102
A'	Argile	106	82
Y	Bioxyde de manganèse	105	91
H	Coquillage	104	108
L	Quartzite concassé (grains lamelleux)	102	96
F	Marbre	100	135
E	Pierre silico-calcaire	95	110
C	Grès	95	85
B	Granit	92	108
U	Mica	92	103
R	Laitier granulé	76	88
D'	Cendres de bois	75	92
J	Schiste	66	89
B'	Vase séchée	64	70
Z	Braise de bois	45	62
G	Craie	34	58
O	Pierre ponce	29	38
S	Charbon de bois	9	13

On peut, de ce tableau, tirer d'autres conclusions qui confirment ce que nous avons déjà dit, que les matières pouzzolaniques n'ont d'action qu'autant qu'elles sont finement pulvérisées. Les matières C, P, Q, D', N, n'ont pas donné de résistances plus élevées que celles des autres.

Enfin la matière X, dont les grains gros et moyens

étaient de la roche de ciment concassé, montre bien ce que nous disions à propos de l'influence de la finesse de mouture, que les gros grains de ciment ne jouent pas d'autre rôle que celui de sable, autrement le résultat donné par l'essai X aurait dû être beaucoup plus élevé.

Enfin, comme conclusion générale, on voit qu'il importe beaucoup plus de se préoccuper de la composition granulométrique d'un sable que de sa nature minéralogique, en mettant évidemment de côté les matières trop tendres, conclusion que M. Feret a formulée en disant : « Pour toute série de matières faites avec un même liant et des sables inertes, les résistances à la compression après une même durée de conservation dans des conditions identiques sont uniquement la fonction du rapport $\frac{C}{e + v}$ ou $\frac{C}{1 - Cc + S}$ quelles que soient la nature et la grosseur du sable et la proportion des éléments, liant sable et eau, dont chacun est composé ($c =$ ciment, $S =$ sable, $v =$ volume des vides, $e =$ eau).

Influence de la proportion de sable. — Il tombe sous le sens que la résistance d'un mortier doit diminuer avec la proportion de sable employée (voir les résultats ci-après).

TEMPS ÉCOULÉ DEPUIS LE GACHAGE.	NATURE DES MORTIERS PLASTIQUES ESSAYÉS (PORTLAND ARTIFICIEL N° 2179).									
	Ciment : 1. Sable : 1.	Ciment : 1. Sable : 2.	Ciment : 1. Sable : 3.	Ciment : 1. Sable : 4.	Ciment : 1. Sable : 5.	Ciment : 1. Sable : 6.	Ciment : 1. Sable : 7.	Ciment : 1. Sable : 8.	Ciment : 1. Sable : 9.	Ciment : 1. Sable : 10.
	RÉSISTANCE A LA TRACTION PAR CENTIMÈTRE CARRÉ GACHAGE ET IMMERSION DANS L'EAU DOUCE.									
1 semaine..	22,6	15,3	9,3	5,6	6,1	2,8	1,7	1,5	1,6	1,1
4 semaines.	33,1	23,3	14,0	9,3	7,5	6,0	4,3	3,8	2,8	2,5
12 —	40,0	24,5	20,1	14,0	9,0	8,8	5,6	4,8	4,3	3,6
26 —	44,0	38,0	25,6	19,1	10,5	12,0	10,0	8,0	5,5	6,0
1 an.......	46,8	37,1	24,6	20,3	15,8	14,6	10,8	9,8	8,0	7,6
2 ans......	50,8	39,1	28,1	21,3	16,0	13,6	10,8	9,1	9,5	8,1

Ciment amaigri. — On vend depuis quelques années dans le commerce, sous le nom de *ciment amaigri* ou *silico-ciment*, un mélange de sable et de ciment broyés ensemble, qui, d'après l'inventeur, aurait l'avantage de remplacer la chaux hydraulique et les ciments naturels livrés à bas prix, en permettant d'employer des doses très faibles de ciment.

Vicat a posé, il y a longtemps, sans s'en douter, le principe du ciment amaigri, en remarquant qu'un mortier de chaux grasse gâché pendant un grand nombre d'heures, donnait des résistances plus élevées que le même mortier gâché normalement.

Cette augmentation de résistance est due à la plus grande compacité des mortiers, surtout si l'on a soin d'employer du sable ne contenant pas de grains fins.

Nous n'avons pas fait d'essai sur ce produit, qui peut rendre des services dans certains cas. Il est employé surtout aux États-Unis.

Influence de la proportion d'eau de gâchage.

Influence de la proportion d'eau de gâchage.

NUMÉRO d'ordre.	DOSAGE du mortier.	NATURE DE L'EAU DE GACHAGE et proportion d'eau.	NATURE DU MILIEU de conservation.	RÉSISTANCE A LA TRACTION APRÈS			
				1 semaine.	4 semaines.	12 semaines.	1 an.
2301bis	1 : 1	Eau douce 8 p. 100......	Immersion eau douce.	16,1	15,8	19,3	26,5
Id.	Id.	— 13,3 — (1)...	Id.	30,5	35,3	40,3	47,8
Id.	Id.	— 18,0 —	Id.	21,3	32,8	38,1	43,0
2311	1 : 1	— 8,6 —	Briquettes placées aux intempéries (sur le toit du laboratoire).	20,1	25,8	45,5	36,3
Id.	Id.	— 13,6 — (1)...		27,1	33,0	49,0	49,5
Id.	Id.	— 18,6 —		18,1	25,1	37,6	43,1
Id.	1 : 3	— 5,8 —		7,0	17,8	24,2	34,3
Id.	Id.	— 9,8 — (1)...		11,1	14,6	24,3	40,5
Id.	Id.	— 15,0 —		6,6	11,8	15,5	27,3

(1) Mortiers correspondant à la bonne consistance plastique. — Les mortiers contenant moins d'eau ont été très peu damés.

— Nous avons dit que l'eau de mer ralentissait la prise du ciment, et par conséquent des mortiers.

Si les mortiers secs donnent des résistances plus élevées, ils exigent par contre un tamisage énergique et régulier à peu près impossible à obtenir sur un chantier.

Un excès d'eau a l'inconvénient de noyer le mortier en retardant sa prise, de rendre le mortier plus poreux et de diminuer les résistances, comme on peut le voir par les quelques essais relatés p. 462.

Dosage des mortiers. — Pour obtenir le mortier le plus compact, *un mortier plein*, tout en ajoutant la proportion minime de liant, on mesure le volume des vides du sable sec et le rendement en pâte du ciment à employer, d'où l'on déduit facilement le poids de ciment à ajouter à un mètre cube de sable.

Exemple : on a un sable dont le litre pèse $1^{kg},570$ et dont le volume des vides est de 388 centimètres cubes, et un ciment demandant 20 p. 100 d'eau, et dont le rendement en pâte est de 610 centimètres cubes.

Pour avoir un mortier plein, il faudra donc ajouter à 1 mètre cube de sable 388 litres de pâte de ciment pur ou 636 kilogrammes de ciment $\left(\frac{1000 + 388}{610} = 636\right)$. Si, le sable ne retenait pas par capillarité une quantité d'eau qui dépend de sa nature, la quantité d'eau à ajouter serait de $\frac{270 + 636}{1000} = 171^{l},7$, mais cette quantité est évidemment trop faible.

Pour la déterminer exactement, on fait un mélange de sable et de ciment dans la proportion donnée et on détermine pratiquement la proportion d'eau à incorporer de façon à obtenir un mortier bien plastique en se servant toutefois du vieil adage de Vicat : mortier sec et matériaux mouillés.

Cette méthode est loin d'être exacte, car, suivant la manière de mesurer le sable, le volume des vides variera considérablement.

Il est bien préférable, au lieu de cette méthode, d'employer celle qui consiste à fabriquer une série de mortiers à différents dosages, et d'en déduire le dosage à adopter d'après la compacité maxima trouvée. Cette méthode très simple convient surtout lorsqu'on a le choix entre plusieurs sables. Si l'on dispose d'un laboratoire, le mieux est de soumettre le mortier fabriqué à des essais permettant de déterminer leurs propriétés. On peut alors construire un diagramme en faisant entrer le prix de revient de chaque matière, ce qui permet de mettre en évidence le mortier le plus avantageux à employer.

Mortiers bâtards. — Ce sont des mortiers confectionnés avec différents liants mélangés, ciment + chaux grasse ou + chaux hydraulique, etc.

Les mortiers maigres de ciment 1 : 5 et 1 : 7 qui dans certains cas donnent des résistances suffisantes, ont l'inconvénient d'être peu plastiques, aussi leur ajoute-t-on parfois une petite quantité de chaux grasse ou hydraulique, pour en augmenter la plasticité. Avec les mortiers pauvres, cette addition ne fait qu'augmenter la compacité du mortier et sa résistance en remplissant les pores. Il en est autrement avec un mortier riche.

M. Dyckerhoff recommande le dosage suivant en poids : ciment 1, sable 7, chaux grasse en pâte 1/2.

Parfois pour diminuer la quantité de ciment, on

emploie des mélanges de ciment et chaux hydraulique.

Pour accélérer la prise du mortier de chaux hydraulique, on ajoute une petite quantité de ciment à prise lente.

Vicat a critiqué l'emploi des mortiers bâtards, chaux et ciment, en s'appuyant sur ce que le ciment faisait prise seul beaucoup trop rapidement; mais Vicat se servait de ciment Romain, et non pas de ciment à prise lente.

Dans ces derniers temps, on s'est servi des mortiers bâtards dans la construction du chemin de fer du Nord de l'Espagne, etc.

Des essais exécutés sous les auspices de l'Association des ingénieurs civils allemands ont donné :

DOSAGES.	RÉSISTANCE A LA TRACTION APRÈS			
	1 mois.	6 mois.	1 an.	2 ans.
Sable 1 mètre cube + Ciment 430 kilogrammes...........	20k,5	37k,2	43k,9	51k,9
Sable 1 mètre cube + Ciment 220 kilogrammes + Chaux grasse 20 kilogrammes......	12k,1	27k,4	35k,4	43k,8

VOLUMES.			RÉSISTANCE APRÈS 28 JOURS			
			dans l'eau.		dans l'air.	
Ciment.	Chaux éteinte.	Sable.	Traction.	Compression.	Traction.	Compression.
1	1/4	5	18	160	31	294
1	1/2	6	17	152	24	226
1	3/4	5	11	97	17	154
1	1	10	9	67	11	94

L'écart de 710 pour 100 au début n'est plus que de 20 pour 100 après deux ans.

On a lu, page 465, d'autres essais excutés par la même Association.

Quelques essais de mortiers plastiques 1 : 3 de chaux hydraulique et ciment conservés dans l'eau douce nous ont donné les résultats ci-après :

TEMPS ÉCOULÉ DEPUIS LE GACHAGE.	MORTIER de ciment.	MORTIER de chaux.	MORTIERS BATARDS		
			Ciment : 1. Chaux : 3.	Ciment : 1. Chaux : 2.	Ciment : 1. Chaux : 1.
1 semaine......	13,6	2,6	3,9	5,3	7,1
4 semaines.....	18,0	5,7	8,5	8,5	13,6
12 —	24,0	16,3	15,8	17,0	17,3
26 —	29,1	22,4	21,6	27,3	28,5
1 an..........	31,8	22,1	25,1	25,6	27,0
2 ans.........	28,8	21,1	26,6	24,1	27,1

Rebattage des mortiers. — Il arrive parfois sur les chantiers qu'ayant préparé trop de mortier d'avance, le mortier à mettre en œuvre a déjà fait un commencement de prise. Dans ce cas, les maçons rebattent le mortier, c'est-à-dire le regâchent de nouveau avant qu'il ait acquis une trop grande dureté en l'additionnant d'un peu d'eau.

Ce regâchage détruisant les cristaux formés pendant la première prise, ne peut être que nuisible aux bonnes qualités des mortiers ; cette pratique est surtout mauvaise lorsque le rebattage a lieu sans addition d'eau, donnant un mortier creux, sec, sans adhérence.

Nous avons exécuté quelques essais, résumés dans le tableau ci-après :

NUMÉRO d'ordre.	DOSAGE.	NATURE de l'eau.	MILIEU de conservation.	NATURE du mortier.	RÉSISTANCE A LA TRACTION APRÈS					
					1 semaine.	4 semaines.	12 semaines.	26 semaines.	1 an.	2 ans.
2239	1 : 1	Eau douce.	Intempéries.	Normal.	34,1	37,0	43,0	41,3	51,3	»
» (1)	Id.	Id.	Id.	Rebattu sans addition d'eau.	14,8	16,3	27,3	39,1	44,5	»
»	Id.	Id.	Id.	Rebattu avec addition d'eau.	11,0	13,3	28,6	22,6	37,6	»
» (2)	1 : 3	Id.	Id.	Normal.	10,3	16,1	14,8	21,3	41,8	»
»	Id.	Id.	Id.	Rebattu sans addition d'eau.	11,3	15,1	23,8	35,3	40,3	»
»	Id.	Id.	Id.	Rebattu avec addition d'eau.	6,3	9,3	13,3	18,0	24,8	»
2278	1 : 1	Id.	Id.	Normal.	25,4	26,3	»	47,3	49,1	»
» (3)	Id.	Id.	Id.	Rebattu sans addition d'eau.	8,5	10,3	»	26,0	32,3	»
»	Id.	Id.	Id.	Rebattu avec addition d'eau.	17,6	18,1	»	18,8	35,5	»
» (4)	1 : 3	Id.	Id.	Normal.	13,1	18,2	»	37,1	45,1	»
»	Id.	Id.	Id.	Rebattu sans addition d'eau.	7,6	14,0	»	25,0	40,3	»
»	Id.	Id.	Id.	Rebattu avec addition d'eau.	9,3	15,0	»	22,8	32,6	»
2160	1 : 3	Eau de mer.	Eau de mer.	Normal.	16,3	19,0	23,3	29,0	32,1	33,6
» (5)	Id.	Id.	Id.	Rebattu sans addition d'eau.	8,7	11,8	10,0	12,4	19,0	21,1
2150	1 : 1	Id.	Id.	Normal.	21,0	32,0	35,8	41,1	43,6	47,0
» (6)	Id.	Id.	Id.	Rebattu sans addition d'eau.	17,3	23,1	26,3	28,1	34,6	37,6
2145	1 : 1	Id.	Id.	Normal.	»	25,6	34,5	34,1	36,6	41,8
» (7)	Id.	Id.	Id.	Rebattu sans addition d'eau.	16,8	23,6	26,1	29,1	32,8	33,3

(1) Temps écoulé entre le gâchage et le rebattage : 16 heures. Résistance à la compression au moment du rebattage : 11 k.
(2) — 15 — — 5 k.
(3) — 14 — — 11 k.
(4) — 16 — — 7 k.
(5) — 13,30 — — 10 k.
(6) — 8,30 — — 5,5
(7) — 7 — — 3,5

Fabrication des mortiers. — Le dosage des mortiers étant déterminé, on étale sur une aire nette et bien étanche, et dans un lieu couvert, les matières, liant et sable, mesurées soit en poids si cela est possible, soit, le liant toujours en poids et le sable en volume.

On opère d'abord soigneusement le mélange à sec, jusqu'à ce que la masse soit de la même teinte dans toutes ses parties. Pour le mélange, on doit, autant que possible, employer du sable sec, d'abord puisqu'il faut tenir compte de la quantité d'eau contenue, ce qui complique un peu l'évaluation de la proportion à ajouter, et ensuite, pour la facilité du mélange.

Si le sable est humide, on doit se garder de laisser longtemps le sable en contact avec le ciment, surtout si ce dernier est à prise rapide; l'aluminate s'hydraterait en partie et la prise serait ralentie.

Pour le gâchage à la main, on forme une couronne avec le mélange, et on verse dans le milieu la quantité d'eau déterminée; on brasse le tout énergiquement de façon à obtenir un mortier homogène.

Si le chantier est quelque peu important, il est préférable d'effectuer le gâchage mécaniquement avec les machines diverses dont on dispose, telles que : le rateau Peyronnet, le tonneau Royer, la vis Greveldinger, etc.

Un appareil simple et usité consiste en une auge métallique dans laquelle tournent deux meules. Le mortier contenu dans l'auge est constamment ramené sous les meules à l'aide de palettes.

Usages. — On peut dire, que, depuis les fondations

jusqu'au toit, le ciment trouve son emploi dans toutes les parties du bâtiment sans en excepter la décoration.

Dallages. — Pour exécuter un bon dallage, il faut s'assurer d'une assise résistante, composée d'une couche en béton de 6 à 20 centimètres de hauteur suivant les cas ; puis d'un ciment de première qualité, et de sable à grains anguleux, réguliers, ne contenant pas de grains trop fins (passant à la toile 30), ni de grains trop gros (restant sur la toile 12). Le mortier à 1 : 1 ou 1 : 2 doit être gâché assez sec, et damé sur le béton encore frais, pour que les deux couches soient bien adhérentes. Lorsque le mortier a fait prise, on l'arrose, on le recouvre de sable, et on le laisse durcir une quinzaine de jours avant de le donner à la circulation, en l'arrosant fréquemment.

On exécute ainsi, principalement dans le midi de la France, des chaussées avec trottoirs entièrement en ciment.

Enduits. — Pour enduire un mur, il faut, avant de placer le mortier, le gratter, dégrader les joints des pierres, et arroser abondamment. On doit employer un mortier assez maigre à 1 : 3 composé de bon sable. Pour éviter le fendillement, il ne faut jamais lisser les enduits.

Pour les scellements, il faut aussi dégrader les parties du mur devant recevoir le mortier. On arrose, et on scelle avec un mortier à 1 : 2.

BÉTON

On entend par béton, un mélange de mortier et de cailloux. L'usage du béton est aussi vieux que celui du mortier. Les Romains l'employaient couramment dans leurs constructions.

Depuis un certain nombre d'années, les travaux en béton ont pris une grande extension, par suite du revêtement des forts d'une épaisse carapace de béton, et des nombreux travaux exécutés avec ce genre de construction.

Pour les travaux à la mer, le béton de ciment bien fabriqué a l'avantage d'être à peu près imperméable et de résister, par conséquent, particulièrement bien à l'action de l'eau de mer.

Suivant l'usage auquel on le destine, le béton est plus ou moins riche en ciment. Comme pour la confection du mortier, on croit arriver au maximum de compacité avec le minimum de mortier, en mesurant le volume des vides laissés par un cube de cailloux; ce que nous avons dit à propos du dosage des mortiers s'applique à celui du béton.

Rendement. — Pour déterminer le volume de mortier à ajouter, le génie militaire belge pose la règle suivante : « On remplira du cailloutis à employer un baquet étanche et d'une capacité connue, puis avec une mesure jaugée d'avance, on versera de l'eau sur le cailloutis jusqu'à ce que le liquide en affleure la surface. On augmentera d'un tiers au moins le volume d'eau employé pour obtenir cet affleurement, et l'on aura ainsi la quantité de mortier à ajouter à celle de cailloutis contenue dans le baquet. On en déduira la proportion du mélange par mètre cube. Si, après un essai, on reconnaît que cette quantité de mortier est trop faible, on pourra l'augmenter, mais, en général, elle ne dépassera pas la proportion de mortier en sus du volume d'eau employé pour arroser le cailloutis. »

Connaissant le volume des vides des cailloux et le rendement du ciment en mortier, on peut facilement déduire le poids de ciment entrant dans un mètre cube de béton.

Les pierrailles employées peuvent être des cailloux ou des pierres cassées.

Suivant l'usage auquel il est destiné, le dosage en ciment est très variable, depuis 150 jusqu'à 1 000 kilogrammes par mètre cube, comme dans les travaux de fortifications.

Le rendement en béton varie avec le dosage du mortier et la nature des cailloux (tableau ci-après) (1).

TITRE.	2 VOLUMES DE MORTIER mélangés à :	1 MÈTRE CUBE DE CAILLOUX donnera en béton suivant le titre du dosage.			
		Galets ronds.		Pierres cassées.	
		Variés.	Égaux.	Variées.	Égales.
		mèt. cub.	mèt. cub.	mèt. cub.	mèt. cub.
2 : 3	3 volumes cailloux....	1,350	1,320	1,250	1,220
2 : 4	4 —	1,220	1,160	1,100	1,080
2 : 5	5 —	1,080	1,040	1,000	1,000

En chiffres ronds, en admettant qu'on emploie un mortier composé de 200 kilogrammes de ciment par

(1) *Le béton et son emploi* (A. Bénard, éditeur à Liège, Belgique), par M. Mahiels, ingénieur civil, attaché à la construction des 21 forts de la Meuse exécutés en béton, auquel le lecteur devra se reporter pour avoir des détails plus complets sur cette question.

mètre cube de sable, on aura comme teneur en ciment par mètre cube de béton :

2 volumes de mortier pour	3	volumes de cailloux	102 k.
2	—	4	—	89 k.
2	—	5	—	78 k.

d'où l'on peut conclure qu'on ne doit jamais employer moins de 200 kilogrammes de ciment par mètre cube de sable pour le dosage le plus favorable 2 : 3; 225 kilogrammes pour le dosage 2 : 4 et 250 kilogrammes pour le dosage 2 : 5.

Essais du béton. — Jusqu'à présent, il a été exécuté peu d'essais sur le béton, à cause de la difficulté de confectionner les éprouvettes, et surtout de les soumettre aux essais. La grosseur des matières premières demande nécessairement la confection d'éprouvettes volumineuses qui exigent pour être essayées des machines puissantes et fort coûteuses.

On peut, comme l'a fait M. Feret, couler de gros blocs qu'on débite ensuite à la scie, mais l'opération est fort dispendieuse.

N'ayant personnellement exécuté que peu d'essais sur le béton, nous empruntons à l'excellent ouvrage de M. Feret, auquel nous avons du reste eu plusieurs fois recours, les conclusions ci-dessous.

1° *Pierrailles.* — A dosage égal, la composition de la pierraille influe sur la compacité du béton, tant qu'on ne change pas la dimension de ses plus gros éléments, et ladite compacité augmente en même temps que cette dimension.

2° *Mortier.* — La compacité du béton varie en raison inverse de la teneur du mortier en ciment et en grains fins de sable.

3° *Dosage* — Pour la grande majorité des bétons réellement pratiques, la compacité décroît quand on augmente la proportion de mortier combinée à une même quantité de pierres.

« Il semble donc qu'il y ait intérêt à augmenter autant que possible la grosseur de la pierraille, à diminuer la teneur du mortier en grains fins et à combiner à la pierraille la plus petite dose de mortier correspondant encore à un béton bien lié. »

Résistance. — M. Mahiels a exécuté quelques essais de résistance compris dans le tableau ci-après.

Béton avec galets de Meuse de $0^m,02$ à $0^m,06$.

QUANTITÉ de ciment par mètre cube de béton en kilogrammes.	PROVENANCE du sable.	RUPTURE par compression.	OBSERVATIONS.
190	Escaut	105 70	Bétons âgés de 1 an environ. Le sable de Meuse est de $0^m,00$ à $0^m,02$ de grosseur. Le sable de l'Escaut est un sable fin.
190	Meuse	202 210 215	
320	Escaut	130 134 150	
320	Meuse	285 320	

Comme coefficient de sécurité, on admet généralement le dixième de la résistance observée à la compression. Un béton à 150 kilogrammes de ciment a donné environ 100 kilogrammes de résistance à la compression, c'est-à-dire à 10 kilogrammes par centimètre carré en prenant le coefficient de sécurité ci-dessus, résistance qui est rarement atteinte dans les constructions ordinaires.

D'après M. Mahiels, pour un béton contenant 150 à 300 kilogrammes de ciment par mètre cube, on peut admettre que le coefficient de sécurité à la compression est égale à la résistance à la traction du *mortier* employé.

Fabrication. — Les pierres, comme le sable pour la préparation du mortier, doivent être propres et exempts d'argile, de terre, de vase, etc.

Le béton est fabriqué de diverses manières, soit en préparant le mortier à l'avance, et en ajoutant les pierrailles ensuite, soit en ajoutant ensemble l'eau, la pierre et le mélange sec de ciment et de sable.

On se sert généralement d'appareils mécaniques : la bétonnière Stoney Carrey, Lée, Messent, etc., cylindres dans lesquels le malaxage est effectué au moyen d'hélices à bras, etc.

BÉTON COIGNET. — Le béton Coignet est un mortier gâché avec fort peu d'eau, et fortement comprimé. Il se compose généralement de :

Sable.................	1 mètre cube.
Chaux hydraulique....	125 à 150 kilogrammes.
Ciment...............	50 à 60 —

Comme conclusion, nous ne pouvons mieux faire que de reproduire celles de M. Mahiels, qui résument parfaitement la question.

« La fabrication du béton pouvant s'effectuer mécaniquement, par des moyens qui ont en outre l'avantage de la simplicité et de l'économie, il est loisible d'activer la marche des travaux.

La rapidité d'exécution est une source de grands bénéfices : elle réduit les frais généraux, les frais de surveillance, de personnel ; elle assure un rendement supérieur de tout le matériel devenu plus souvent disponible; elle donne au constructeur la faculté de se lancer dans des affaires nouvelles.

La rapidité d'exécution supprime beaucoup de fausses mains-d'œuvre et de pertes de temps. Ainsi, dans l'établissement d'un chemin de fer, les remblais, fréquemment arrêtés par la lenteur apportée à l'érection des ouvrages d'art, auront libre passage, lorsque les fondations, les piles, les culées de grands ponts et des viaducs, les aqueducs, les ponceaux seront coulés en béton.

Il serait oiseux de prétendre récapituler les avantages attachés à une exécution rondement menée ; l'ingénieur et l'entrepreneur savent bien les apprécier dans chaque cas spécial.

Le béton de ciment peut être mis en œuvre pendant la saison froide. Cette propriété devient capitale dans les contrées du Nord, en autorisant la poursuite des maçonneries dont l'achèvement remis à la campagne prochaine, nuisait au développement des chantiers.

Dans les travaux hydrauliques, l'emploi du béton diminue la durée et par suite les frais d'épuisement ; le coulage sous l'eau annule même ses dépenses.

Le monolithe comporte une double qualité, en admettant dans sa composition des matériaux à bon marché et que presque partout on trouve en abondance. Les travaux de chemins de fer, de canaux, etc., utiliseront, avec bénéfice d'abord, les pierrailles souvent laissées à pied d'œuvre par l'avancement des remblais ou les graviers dragués dans un cours d'eau voisin ; l'exécution, ensuite, ne sera pas subordonnée à l'arrivée de matériaux exploités ou confectionnés au loin et qu'il importe parfois d'amener, à grands frais, par des voies d'accès difficile, pouvant même temporairement devenir impraticables.

L'économie des petits matériaux doit encore être envisagée sous une autre face. Les déchets sont nuls, tout passe dans le béton. Les gros matériaux se détériorent, se brisent, subissent des retailles qui produisent des déchets encombrant le chantier, ils sont enfin de maniement moins facile.

Les diverses mains-d'œuvre, même quand toutes les opérations se font à la main, ne demandent aucun apprentissage. La fabrication complète se passe du concours du maçon : cet avantage doit être d'autant plus pris en considération que les salaires des artisans spéciaux s'élèvent incessamment.

Il est sage aussi de ne pas perdre de vue que, dans les pays lointains, le recrutement d'un nombre même limité de maçons est problématique, sinon impossible.

La suppression des spécialités contrarie les chances de grève : élément qui, de nos jours, intervient dans toutes les estimations.

On analyse bien l'économie du béton, en observant que l'ouvrier ne manipule pas les matériaux au sens littéral du mot. Les opérations se résument par de véritables mains-d'œuvre de terrassement, tandis que dans les autres systèmes de maçonnerie, l'homme doit prendre en main chaque élément, placer le mortier, caler, araser, etc.

Le monolithe ne connaît pas les complications de l'appareil qui absorbent du temps et de l'argent. Il en est de même de la sujétion des parements qui sont obtenus, sans dépenses, par le pilonnage de la masse dans l'encoffrement.

Les procédés habituels exigent, en général, dans l'exécution des ouvrages d'art, la présence d'un puissant matériel de manœuvre, de machines, de grues, de lourds ponts de service, alors que la mise en œuvre du béton se fait au moyen de vagonnets et de voies légères.

Au point de vue technique, le béton présente également de sérieux avantages.

Il permet, en variant la richesse en agglomérant, de garantir l'imperméabilité et d'élever des massifs offrant, sur des épaisseurs réduites, toutes les résistances de sécurité.

Par sa nature même, le béton, formant monolithe, répartit avec uniformité les pressions, écarte le danger de tassements inégaux et résiste comme un seul bloc au glissement ainsi qu'au pirouettement sur les arêtes.

Sa plasticité, au moment de la mise en œuvre, lui réserve le pouvoir d'épouser tous les profils et de revendiquer la qualité de constituer, dans les vides, le bourrage le plus énergique.

Le coulage sous l'eau facilite une exécution que, dans certaines circonstances, les autres méthodes ne conduisent à bonne fin qu'au prix des plus grands sacrifices.

Enfin, le béton comporte, sans parler de son emploi dans les fortifications, des ressources dont le détail serait fastidieux et futile; chaque application particulière suffirait à les mettre en umière.

D'un autre côté, il ne faut pas voir dans le monolithe la solution universelle en matière de maçonnerie, car le béton n'est pas exempt de défauts.

Il est peu décoratif.

En élévation, il nécessite l'établissement de coffrages.

Son emploi dans les arches de grande portée impose une vigilance minutieuse, et sans cesse tenue en éveil. C'est, en effet, à une surveillance un instant peut-être relâchée qu'il y a lieu d'attribuer les échecs, les insuccès subis par une façon maladroite : quelques mélanges mal soignés suffisent pour compromettre la stabilité d'une voûte.

Le béton est sujet à des fendillements, et à des fissures qu'une fabrication bien entendue sait pourtant corriger et ramener à un minimum tel que ces détériorations ne peuvent plus être taxées d'inconvénient.

Enfin, il est incontestable, en soupesant le pour et le contre, que le béton, grâce à l'économie de son prix de revient, doit primer tous les autres modes de maçonnerie dans l'érection des ouvrages d'art (abstraction faite des grandes voûtes) dans la construction des gros massifs, et dans l'établissement de *toutes* les fondations.

Pour prouver le bien fondé de cette conclusion, nous rappellerons qu'on réussit d'excellentes fondations ordinaires avec un dosage moyen de 70 kilogrammes de chaux, plus 70 kilogrammes de ciment par mètre cube, voire même avec de la chaux seule en proportion de 150 kilogrammes à 175 kilogrammes par mètre cube de béton pilonné.

CIMENT ARMÉ (1)

Le ciment armé, employé depuis longtemps par les maîtres de forges, est maintenant d'un emploi universel. Si l'emploi de ce mode de construction a été pendant longtemps délaissé par les ingénieurs officiels, c'est qu'on manquait d'une base scientifique pouvant expliquer la manière de se comporter d'une matière d'emploi récent, relativement aux autres matériaux. On comprenait bien que le fer devait résister aux efforts de traction et le béton à ceux de compression ; mais on ne s'expliquait pas pourquoi, le béton se brisant en prenant un allongement de 1/10 de millimètre environ, et le fer ne donnant sous cet allongement que 2 kilogrammes par millimètre carré, ces deux matériaux associés pouvaient résister à des charges bien supérieures sans se rompre.

A la suite de nombreuses expériences, M. Consi-

(1) Voy. les ouvrages de M. le capitaine du génie Boitel.

dère, ingénieur en chef des ponts et chaussées, a montré « que le mortier possède cette propriété dont l'importance pratique est grande, de pouvoir quand il est armé de fer, supporter des allongements vingt fois plus grands que ceux qui déterminent sa rupture dans les essais usuels de traction (1) ».

Principaux systèmes. — Le premier ouvrage qu'on ait fait sont les dalles. L'armature des dalles du système Monier se compose d'un premier treillis de barreaux de fer rond de section variable suivant l'effort à supporter, placés à $0^m,05$, à $0^m,010$ d'axe en axe.

Ces barreaux inférieurs, appelés tiges de résistance ont à supporter l'effort exercé sur la dalle. Ces barreaux doivent être d'une seule pièce, et leur longueur est déterminée par la distance des supports de la dalle.

Au-dessus, contre et perpendiculairement à ce premier treillis, il en est placé un second, formé de fers ronds de 3 à 6 millimètres de diamètre, placés à la même distance que le premier.

Ces barreaux, appelés tiges de répartition, peuvent être de plusieurs pièces ; dans ce cas, les morceaux doivent se recroiser sur une longueur de 5 à 10 centimètres.

A chaque croisement, les barreaux sont reliés par un attache de treillageur en fil de fer de 1 millimètre de diamètre.

Si la dalle doit supporter des efforts considérables, on peut placer plusieurs treillis les uns au-dessus des autres, et reliés entre eux.

(1) Considère, *Comptes rendus de l'Académie des sciences*, 12 déc. 1898.

Système Cottancin. — M. Cottancin se sert d'un fer rond de $4^{mm},5$ de diamètre avec lequel il tisse un treillis à mailles plus ou moins serrées suivant la charge à supporter, ou en plaçant de distance en distance des fers de plus grande section.

Système Bordenave. — Comme dans le système Monier, M. Bordenave emploie deux réseaux perpendiculaires, mais avec cette différence qu'au lieu de se servir de fers ronds, il utilise des fers minces principalement en acier.

Plancher. — Les premiers planchers consistaient à faire reposer des dalles sur des fers à I. La dalle supérieure, qui constitue l'aire du plancher, repose sur les semelles supérieures, et la dalle inférieure sur les semelles inférieures. Pour diminuer la sonorité de ces planchers, on peut remplir l'intervalle de sciure de bois, brique pilée, etc.

On a cherché à supprimer les poutres en fer, et à les remplacer par des poutres en ciment armé formant corps avec le plancher.

Le fer supérieur est rattaché à la partie supérieure à l'aide d'un petit étrier (système Hennebique).

On peut, à l'aide de cette disposition, faire des poutres d'une très longue portée.

Une poutre Hennebique de $11^{m},50$, supportant une charge uniformément répartie de 41 600 kilogrammes, n'accusa qu'une flèche de $0^{m},008$. Cette poutre avait comme section $0^{m},40$ à $0^{m},46$, et ne renfermait que 100 kilogrammes de fer par mètre courant.

Pour éviter les couchis et les étais en bois, M. Cottancin a imaginé d'employer de petites poutrelles qu'il appelle épines-contreforts. Ces poutrelles sont placées comme des solives en fer à I, puis, à l'aide de carreaux de plâtre légèrement armé, on forme un plancher sur lequel on place le treillis et coule le mortier.

Les carreaux de plâtre sont placés au niveau supérieur des poutrelles, et maintenus à l'aide de tasseaux en bois qui reposent sur les boudins inférieurs; on coule le béton et, lorsqu'il est pris, on enlève les tasseaux, qui tombent et les carreaux de plâtre viennent se placer sur les boudins, constituant le plafond.

On exécute en ciment armé des murs, réservoirs, tuyaux, etc. On a exécuté des ponts ayant jusqu'à 40 mètres de portée, des conduites d'eau ayant jusqu'à $1^m,80$ de diamètre, et supportant une pression de 40 mètres, pour l'assainissement de la Seine (système Coignet et Bonna), des hôtels particuliers, le lycée Victor-Hugo (système Cottancin), des établissements industriels (filature de M. Barrois à Lille, système Hennebique), etc.

Avantages du système. Légèreté. — D'après MM. Coignet et Tédesco, un plancher de chambre de caserne de 6 mètres de portée, supportant 250 kilogrammes par mètre carré, ne pèserait que 200 kilogrammes au lieu de 250, pour un même plancher en fer laminé et traverses en bois.

Dans le premier cas, la hauteur serait de $0^m,18$ à $0^m,20$ contre $0^m,28$ à $0^m,30$ dans le second; par conséquent, l'emploi du ciment armé permet de diminuer la hauteur des murs et le poids total de la construction.

Un plancher de magasin à blé pour 1 082 kilogrammes de surcharge, et 5 mètres de portée entre colonnes, pesèrait 350 kilogrammes par mètre carré en briques creuses et fers laminés contre 280 kilogrammes en ciment armé.

Une cloison composée d'un treillis en fer de $0^m,005$ de diamètre avec des mailles de $0^m,05$ de côté, contenant une épaisseur de mortier de $0^m,03$, ne pèserait que 70 kilogrammes par mètre carré. Une cloison en briques creuses, mais résistante, pèserait plus de 100 kilogrammes.

Imperméabilité. — D'après M. Coignet, un tuyau de 1 mètre de diamètre supportant une pression de 15 mètres d'eau, devint imperméable après quelques jours de service.

Incombustibilité. — Des expériences faites à Berlin, au Caire, Breslau, Nuppes, près de Cologne, ont montré que le ciment armé souffrait fort peu d'un incendie violent.

Économie. — D'après une conférence faite en 1891, par M. Boileau, architecte, à la Société centrale des architectes, l'économie pourrait, dans certains cas assez rares, s'élever à 44 p. 100, sur les autres modes de construction.

En plus de ces multiples avantages, le béton armé possède celui de pouvoir épouser toutes les formes.

Par contre, le ciment armé demande des ouvriers spéciaux, et parfois un coffrage dispendieux.

Résistance. — Des dalles système Melan, de $0^m,76$ de largeur $\times$ $0^m,055$ d'épaisseur et $1^m,25$ de portée, ne se sont rompues que sous la charge de 5 000 kilogrammes.

Des planchers système Hennebique, essayés au laboratoire de Lausanne, en 1893, qui consistaient en une forte poutre, et deux demi-dalles de $5^m,26$ de portée, furent soumis à une charge uniforme qui alla jusque 5 000 kilogrammes.

Un pont du même système, exécuté à Vif sur la

Grasse, pour supporter une charge de 7 tonnes, n'a donné, avec une charge de 20 tonnes, qu'une flèche de $0^m,0007$, disparaissant avec la charge. Ce pont se composait de deux travées de 10 mètres de long sur 4 mètres de large.

Des expériences entreprises par l'association des ingénieurs-architectes autrichiens ont montré la grande résistance que peut acquérir le béton armé.

L'emploi du ciment armé, qui a pris depuis quelques années une extension considérable, est appelé à en prendre encore beaucoup plus.

Nous signalerons parmi les emplois du ciment armé pouvant être employé sans coffrage, les dalles armées système Parsy, fabriquées dans des chantiers spéciaux ou sur place, pouvant ainsi être essayées avant l'emploi.

FIN

ERRATUM

Le nom de MM. F. L. Smidth et Cie, ingénieurs et constructeurs à Copenhague et à Paris, doit être rectifié ainsi.

TABLE DES MATIÈRES

3631-02. — Corbeil. Imprimerie Éd. Crété.